フィールド科学の入口

海の底深くを探る

白山義久・赤坂憲雄 編

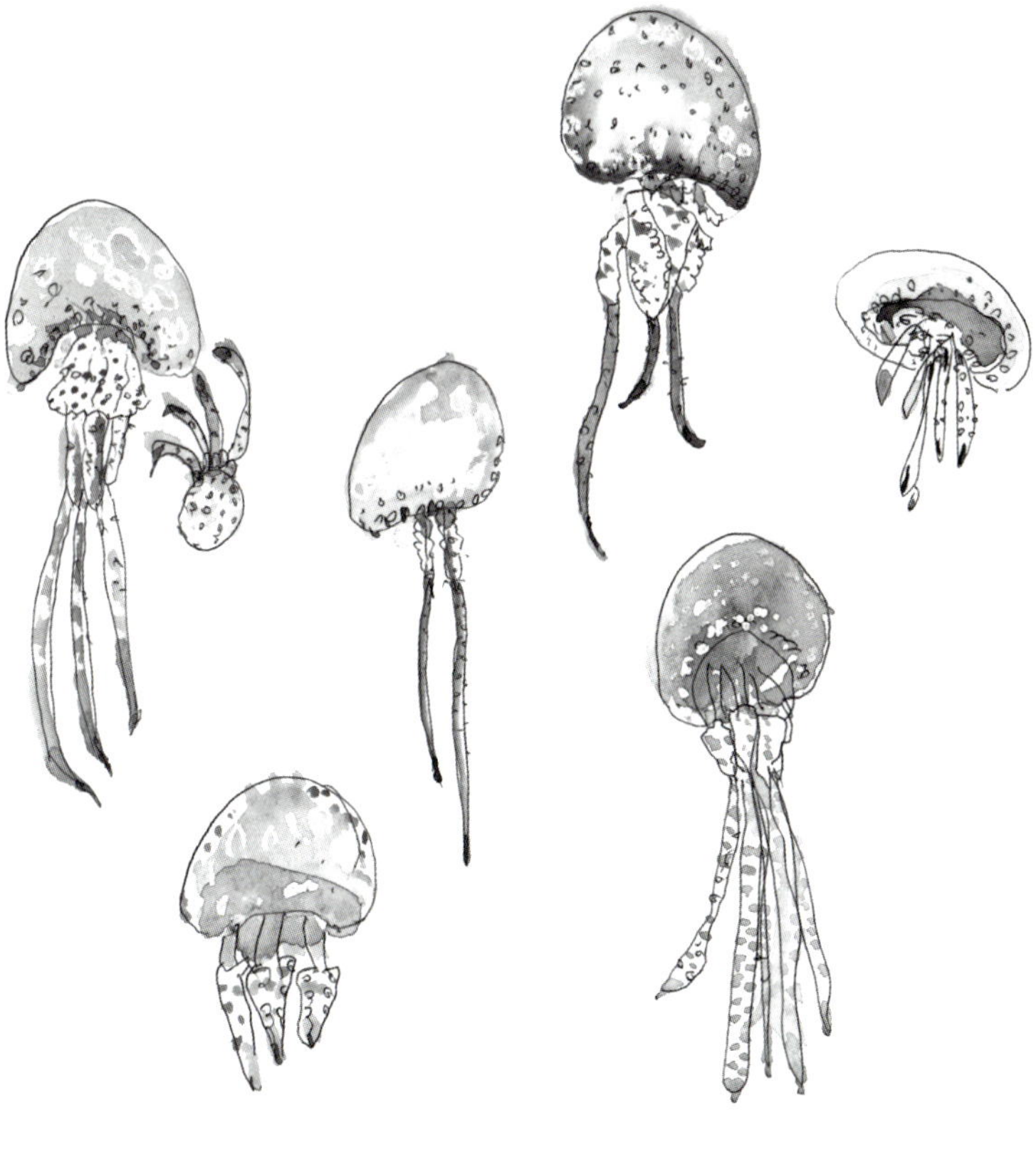

玉川大学出版部

海の底深くを探る

目次

I部●対談

深海の星空の可能性

白山義久×赤坂憲雄

東日本大震災が「科学」にあたえた大きなインパクト

赤坂　海洋学は専門ではないので、きょうは聞き手として気になったことを質問させていただくかたちになると思いますが、最初に、ちょっと話させてください。

わたしは民俗学者ですけれど、民俗学がしばしばとりあげてきた海にかかわるテーマは、じつは渚とか海岸を舞台としたものです。人間と海、文化と自然とが交わる境界的な場所に、さまざまなものが打ち寄せられる。「寄りもの」と呼んでいます。海の彼方から漂着するもの、この寄りもののフォークロアは、たいへん関心が寄せられてきましたし、それなりに研究の蓄積もあります。

白山先生がフィールドにされている「深い海の底」は、むかしの人たちにとってはまったく手のとどかない世界でした。そこには、浦島太郎でいえば竜宮城があるとか、海の向こうにあの世があって、死んだらそこにいくんだとか……いわばそこは異郷であり、異界や他界だったわけです。そうした異界や他界であった海の底が、テクノロジーの進展とともに、観察が可能なフィールドになりつつある。わたしのような部外者からすると、たいへん刺激的ですね。

地球上から「秘境」と呼ばれる場所がほとんど消えていった時代のなかで、海の、深海の底は、人類にとって最後の秘境として発見されつつあるのかもしれません。同時に近年、海洋学が急速にわれわれの身近なものになってきた印象もありますね。

白山　海を研究対象にしているわたしの感覚もほとんどおなじです。とくに最近では、社会が海にいろいろな面で大きな期待を寄せているので、たいへんうれしく思っています。

赤坂　身近なものになってきたというのは、たとえばレアメタルとか、次世代のエネルギー資源といわれるメタンハイドレートとか、海の底に資源が豊かにうずもれていることが知られるようになったことですね。その資源を掘削してとりだす技術が確立されることによって、海の景観とか、海そのもののイメージや意味といったものがガラッと変わっていく。そういう予感を、われわれ素人も感じはじめていると思います。

われわれがいま遭遇しつつある海と人間との関係が大きく変わりつつある時代のなかで、「海洋学」はわれわれにどのような世界を開示してくれようとしているのか、それをお聞かせいただきたい。

このシリーズは、とくにフィールドの知の可能性にこだわってきましたので、海もしくは海洋というフィールドの豊かさとフィールドワークのおもしろさについて、お話ししていただけると、多くの読者が関心をもってくれるかなと思っております。

長くなりましたが、まず手はじめに……海洋学とは、どういう学問なのでしょうか?

白山　海洋学を定義すると、「海を研究対象とする科学」です。海洋生物学、海洋物理学、海洋化学、海洋地質学など、海洋を対象としたありとあらゆる分野の基礎科学です。わたしの専門とする海洋生物学は、海にすんでいる生物を研究対象にする生物学ということです。

赤坂　なるほど。具体的にいいますと、東日本大震災によって海底の地形とか自然が大き

レアメタル
非鉄金属のうち、地殻中の存在量が比較的すくなかったり、採掘と精錬のコストが高いなどの理由で、希少とされるものの総称。蓄電池や発光ダイオード、永久磁石などのエレクトロニクス製品の性能向上に必要不可欠。

メタンハイドレート
見ためが氷に似た、包接水和物《ほうせつすいわぶつ》の一種。火をつけると燃えるため「燃える氷」ともいわれる。燃焼時に水が排出され、石油や石炭に比べると、燃焼時の二酸化炭素排出量が約半分、大気汚染の原因となるイオウがゼロというクリーンエネルギーであるため、地球温暖化対策としても有効なエネルギー源とされる。

く動いて、それが非常にきびしいかたちで人間に影響をあたえたわけですが、それを受けて、われわれ自身の海と人間との関係にかかわる認識が大きく変わろうとしていると感じるんです。海洋学のうえにも、この震災は影を落としているんでしょうか？

白山　海の科学にかかわらず、科学そのものにたいする非常に大きなインパクトがありましたね。

赤坂　はい。

白山　原子力の問題もふくめて、東日本大震災で、科学と社会、人間社会とのかかわりあいが大きく変わった。それ以前は、どちらかというとサイエンスがあたらしいイノベーションで社会をひっぱる感じがあったと思います。たとえば、情報科学の社会になった。情報科学者があたらしいノートパッド（ｉＰａｄ）をつくって――われわれは「カッティングエッジ」っていってるのですが――最先端のものがしだいに社会の全般的なものに変わっていくという、そういう感じだったと思いますね。

原子力は、その最先端のひとつであったはずだけど、残念ながらその技術は落ち度もあったということですね。

じつは、テクノロジーというのは失敗の積み重ねのうえにしだいにいいものができていくので、「失敗学」という学問でもある。失敗に学ぶわけです。その「失敗に学ぶ」という姿勢をもってはいけない部分が、原子力にはあったと思います。あまりにも強大なエネルギーだった。

地震の学問も、それまで日本の政府に研究のお金を申請するときは、「いまはできないけれど、科学がだんだん進んだら、地震は予知できます。だから、それによって防災に

カッティングエッジ
cutting edge。もとの意味は刃先。最先端、革新的であること。

役に立ちます」っていうことを、くり返し述べてきていた。

赤坂　はい。

白山　現実には、そのサイエンスがある一定のレベルまできて「防災・減災の見通しが立つ」というレベルに達するまえに、一〇〇〇年に一回しか起こらない地震が起きてしまった。それまでの投資が必ずしも社会に十分に役に立ったとはいい切れないという現実が、目の前にある。

その現実を前にして、サイエンスと社会とのかかわりがどういうふうに変わったかというと、「何十年か先に地震が起きるとして、地震が起きるまでにサイエンスがどんどん進んで、きっと役に立ってくれるだろう」という社会の期待を、地震の学問は、みごとに裏切ってしまった。その結果、明日にとはいわないまでも、せいぜい一年から二年、長くても五年以内という非常にショートタームで、目に見えて「こんなに社会に役に立ちます」というサイエンスが、きわめて強く求められるようになった。これこそ、今度の震災がサイエンスにあたえた大きなインパクトだったろうと思います。

これは非常に悲しいことで、本書の執筆者のひとりでもある青山潤さんがウナギの仕事をしていますけど、青山さんの先生の塚本勝巳《かつみ》さんっていう人は、ウナギの産卵場所を探すために二〇年——二〇年じゃきかないな。わたしが大学院生のときからなので、たぶん三〇年以上——たって、産卵場所をほぼ確定し

図1　ウナギの回遊（元図提供：青山潤氏）

ました（前ページ図1）。けれども、はじめの五年間とか一〇年間は、まったく成果がないです。いまの時代だったら、「もう、そんなのやめろ」っていわれて、おしまいだと思います。

あるところで失敗したという結果は、無限にあった方法あるいは仮定や仮説がすこし減って、ターゲットが絞られてきている、その一歩なわけです。

短期間で役立つ成果を求められることは、はじめから「一〇〇点とれ」っていわれることとおなじなんです。まったくの素人に「おまえ、スキー場のジャンプ台から飛んでみろ」といっているようなもので、無茶な話です。でも、一歩一歩ステップをふんで研究することが、いまは非常にきびしくなっている。遠いターゲットがここにあって、そこまで一歩一歩話を進めていくという方法が、いまのサイエンスではものすごくやりにくくなったわけで……。

将来には人類への大きな恩恵があるかもしれない。だけどいまはまだヨチヨチ歩きだというサイエンスが、数多くある。すぐ目の前に成果を見せられないサイエンスにとっては、非常にきびしい時代になった。「あの人じゃなきゃできない」っていう個人の先端的な、あるいはユニークな発想が、今後、育つ土壌がかなりやせてしまったように、わたしは思いますね。

逆に、だれがやっても答えが出るようなサイエンスにはお金がついて、ちゃんと進むんですよ。

赤坂　この時代は、あらゆる学問分野で成果主義が横行していますね。しかも、非常に短期的な成果を求められ、それが評価の中心にすえられるシステムというのがあって、こ

塚本勝巳
一九四八―。海洋生物学者。東京大学大気海洋研究所名誉教授。「世界のウナギ博士」として知られる。二〇〇五年、世界ではじめてマリアナ諸島西方の海山付近でウナギのプレレプトセファルス（ふ化直後の幼生）の大量採集に成功。採集されたプレレプトセファルスは、遺伝子解析によってニホンウナギであることが確認された。

れが研究者にたいして窮屈な抑圧を強いていると思いますね。

白山　たとえば、深海に生息する一センチメートルほどの二枚貝は、その大きさに成長するまでに一〇〇年ちかくかかります。深海の生物学は、このくらいの時間スケールで生きている生物を相手にする学問で、一年で成果を出すことには無理がある。いっぽうで、人間社会は深海の資源開発をしようとしています。非常にゆっくりとした時間が流れる深海の生態系を保全しつつ資源を開発するためには、陸上とは異なった時間軸でものごとを評価していかなければいけません。

赤坂　すこしもどります。たとえば、われわれが東日本大震災で知ったことのひとつに、原子力の問題があります。「原子力発電は安くて安全で」っていわれていたけれども、いったん事故が起こってしまってわかってきたことは、そもそもそこで生まれる核のゴミ処分のしかたもまだ開発されてない、非常に未熟な技術だったということですね。原発は、どうも商業主義とつながることでもてはやされ、それゆえに、みずからの技術的な未熟さを隠さざるを得ない状況におかれていたのかもしれません。

白山先生の著書をいくつか読ませていただいて、わかったことがあります。先端的なサイエンスがテクノロジーと結びついて、たとえばあたらしい海洋資源を発見し、それを掘りおこして利用する開発がはじまるとしても、すでに研究段階で、開発がもたらす環境への負荷というものをきちんと視野にくりこんで、いわば開発と環境の保全をセットで考えることが前提になっているんですね。現在、サイエンスにたずさわる人たちはすでに環境の保全をモラルとして課せられている時代だと思いますが、原子力は、開発と環境の保全をめぐるモラルが非常にゆるいところで推し進められてしまったのかなって、そんな気がしますね。それが科学の全般に広げられてしまうのは、不幸なことですね。
さて、なぜ、白山さんは海洋生物学者になったんですか？　そのあたりのところからお聞かせください。

壊れたものを直すより、壊れてないものを守る

白山　高校で大学を選ぶとき、だいたい一度くらいは自分の将来を考えるだろうと思うんですけれども、わたしが高校生のときには、四日市の公害とかが非常に大きな社会問題になっていた時代です（写真1）。

赤坂　そうでしたね。

白山　じつは、わたしの母は三重県津市の出身で、わたしも子どものときは三重県にしょっちゅういっていて、海で遊んだ経験もインプリントされていました。それと、わたしの父は工学者だったので、「テクノロジーが人間の社会を豊かにする」というイメージが、それはそれでまた逆に、かなり刷りこまれていたと思いますね、自分自身がそう思う。公害なども、テクノロジーが進歩すれば、たぶん解決してくれるのではないかという感じです。だから、大学を選ぶときには化学工学をやろうと思っていたんです。
わたしは、高校生のときには水泳部だったですが、やりすぎで関節などがかなりダメになっていました。そこで、大学に入ると水泳部ではなく、なんとなく水泳にちょっとち

写真1　四日市コンビナート（1967年7月15日　写真提供：四日市市　撮影：澤井余志郎氏）

四日市の公害
高度経済成長期の、おもに一九六〇―七二年にかけて社会問題化した公害事件。三重県四日市市の沿岸部で、コンビナート企業の工場から出る排水や硫黄酸化物などの混じった煙によって水質汚染や大気汚染が発生し、多数のぜんそく患者が出た。その後、患者らが裁判を起

かいって感じでスキューバダイビングをはじめて、沖縄の海とかを見たわけです。そこで、「壊れたものを直すより、壊れてないものを守る」ほうが、どう考えても頭がいいのではないかと思いましてね。

だから、入学試験は物理と化学で受験したんですが、大学に入ってからは、生物学の勉強をはじめました。そして、海洋生物学者になったということです。「生態系の保全」ていうのが、基本的にわたしのなかにあったと。

赤坂　わたしもほとんどおなじ世代です。小学校六年生のときに都内見学をしたんですが、京浜工業地帯のあの不気味な赤と黒が混ざりあったような色の空を見て、恐怖を覚えた記憶がありますよ。われわれの子ども時代は、まさに公害が垂れ流しのようにおおっていた時代でした。

でも、考えてみると、この数十年、半世紀でテクノロジーはたいへんな進歩をとげている。あんな空はもうなくなりましたから、やっぱりそこはきちんと評価しておかないといけないっていう気がしますね。

白山　そのとおりだと思います。日本はたぶん、公害の問題を克服した世界唯一の国だと思いますね。

赤坂　そういう評価はあるわけですか?

白山　ええ、わたし自身はそう思っていますね。

赤坂　若い人たちは、日本にもそんな時代があったことを知らないけれども、とにかくとんでもない公害の垂れ流しがあり、それをなんとかテクノロジーによって克服してきた。そして、中国ではまさにいま、それがはるかに巨大化かつ深刻なかたちで起こっている

こし、企業に損害賠償を命じる判決を勝ちとった。

わけですね。

白山　そうそう、そういうイメージです。

赤坂　ひどかったですよ。空なんか、真っ赤でしたからね。そうした意味では、サイエンスやテクノロジーが劇的に、社会に貢献してきたと思いますね。

白山　そう思います。美濃部《みのべ》亮吉《りょうきち》さんが東京都知事になって、クルマにたいする非常にきびしい技術の規制をした。排ガスにたいするきびしい規制をしたわけです。当時のテクノロジーではとてもそんなことはできそうもないような、ものすごくきびしい要求をして、それでも自動車工業のかたがたは、ほんとうに必死に努力をされて、きびしい規制をのりこえたわけです。

それが、いまでも日本が世界にもっともたくさんクルマを売る国、会社をつくっていて、国の礎になっている。ほかのどの国にも追随を許さない技術力を、社会のニーズが支えたんだと思います。それゆえ、いまの日本の自動車工業がある。

自動車工業は完全に日本の基盤産業ですから、そういう意味では、日本の社会は公害をのりこえたことが支えていると、わたしは思います。

赤坂　脱線になりますが、原発以後のエネルギーで、現在、再生可能エネルギーがさまざまなかたちで脚光を浴びています。もしきちんと政策の転換さえできれば、日本はたちまち技術的に世界の最先端までいける国だと思っているんですが……。このままでは、政治が科学の可能性の芽を摘むことになりかねませんね。

白山　はい、そういうことになります。

赤坂　研究費がきちんと配分され、あるいは若い研究者たちが希望をもってそこに参入で

美濃部亮吉
一九〇四―八四。経済学者、政治家。日本社会党と日本共産党を支持基盤とする革新統一による知事として知られる。一九六七年から七九年の一二年間（三期）にわたって東京都知事をつとめ、福祉政策・公害対策を進めた。

再生可能エネルギー
太陽光、風力、波力・潮力、流水・潮汐、地熱など、自然の営みから半永久的に得られ、継続して利用できるエネルギー。有限でいずれ枯渇する化石燃料などとちがい、自然の活動によって

きる環境さえ整えられれば、劇的な転換が起こると思うんですけどね。まあ、それはおいておきましょう。

白山　はい。

エネルギー源が絶えず再生・供給されるので、地球環境への負荷がすくない。

熱帯雨林もサンゴ礁も、複雑性が魅力

赤坂　サンゴ礁の世界は、リーフのあたりまでが浅瀬で、その向こうには深い海が広がっているわけですけれども、サンゴ礁から見えてくる海の世界のおもしろさは、どういうところにあるのでしょうか?

白山　複雑性だと思いますね。

赤坂　複雑性ですか。どういう意味でしょう?

白山　わたしが大学院の海洋生物学講座に入ったとき、教授から「こういう研究課題があるよ」っていくつか出てきた。そのとき、わたしの同級生は、サンゴ礁を選ばなかった。彼がなぜそれを選ばなかったかっていうと、あまりにも複雑で「サイエンスとして扱えるという気がしない」から。だから「おれはサンゴ礁をやらない」といってました。いっぽうのわたしは、モチベーションとして「おお、サンゴ礁もある」(笑)。当時、若気のいたりでほとんど何も考えていませんでしたから、すぐに「サンゴ礁をやる」っていいました。

よく考えてみると、たしかに同級生のいうことはあたっていて、研究はたいへんだった。ですが、それでもなお複雑性が逆に魅力でした。熱帯雨林は人びとに非常にアピールす

熱帯雨林
年間を通じて温暖で雨量の多い地域に形成される森林、またはその地域のこと。常緑広葉樹を主とし、特定の優占種をもたない。約一〇〇〇万種と推定される生物種の半分は、熱帯雨林に生息するといわれる。

る。熱帯雨林もやっぱり複雑性だと思いますね。

赤坂　複雑性についてもうすこしお聞きしたいのですが、たとえば森林という自然生態系などは、高緯度にいくほど生物の多様性みたいなものはすくなくなっていく。樹種も、限られていく。赤道に近いほどそれが多様になるといわれますが、そうしたこととは関係がありますか?

白山　ええ。サンゴそのものが高緯度域にはすめないので、海の中でもおなじような現象が見られると考えていいと思います。

日本では常緑針葉樹、落葉広葉樹、次が常緑の広葉樹になりますが、そういう変化とおなじように、北の浅い海では、基本的にはコンブなどの海藻の群落がある。中緯度の東京の周辺になると、海藻とアマモと呼ばれる顕花植物、陸上植物で海に入っていった草の混合くらいです。南にいくと、あいかわらずアマモのグループはいるけれど、そこにサンゴが入ってくる。こういうイメージですね。

赤坂　サンゴって、なんですか?

白山　サンゴというのは、平たくいうとイソギンチャクのまわりに貝殻がくっついている、そういうものなんです。

赤坂　イソギンチャクのまわりに貝殻がくっついているわけですか。

白山　イメージとしてですね。生物の系統からいうと、イソギンチャクのいとこみたいなもの。イソギンチャクのグループで、自分の体のまわりに貝殻とおなじ炭酸カルシウムという殻をもっている生物を、造礁サンゴといいます。

赤坂　そうすると、サンゴはもちろん生きものなわけですよね。

アマモ
ヒルムシロ科の多年草。砂の多い浅い海底に群生。茎は扁平で枝がわかれ、淡緑色。葉は線形で、長さ〇・五～一メートル。

白山　動物です。

赤坂　動物。あれは動物なんですか。おもしろいですね。

白山　はい、動物。イソギンチャクの小さな個体がいっぱい集まっているわけです。そして、分裂によってあたらしい個体を次つぎと生みだして、サンゴの群体が成長していきます（写真2）。

赤坂　わたしのイメージでは、動物は動くものなんですけど、サンゴは動きますか？

白山　サンゴのあの群体は動きませんね。ただ、昼と夜でサンゴ礁を見ると、まったくちがう世界になります。昼間のサンゴ礁では、サンゴのひとつひとつの穴に入っているイソギンチャクは触手を伸ばしておらず縮こまっていますが、夜になると、触手を開いてイソギンチャクの格好になっています。

赤坂　サンゴは動いている。

白山　サンゴ礁がどうしてあんなに豊かな生態系かというと、イソギンチャクの部分に共生している藻類、植物がいる。それで、昼間はその植物が体の中でどんどん増殖してエネルギーをつくってくれる。昼は植物みたいにしているけれども、夜は動物に変わりますね。触手を開いて、泳いでくる動物プランクトンをつかまえて食べる。だから、二四時間エサをとって成長するという生物です。

写真2　造礁サンゴ

サンゴの繁殖と死滅の理由

赤坂　そのサンゴが死滅するということは、環境のどういう変化がそこに影を落としているんですか？

白山　大きくいえば、要因は三つぐらいあります。水の汚れとかいろんなものがありますが、いま目の前にあるサンゴが死滅する理由としては、とくに赤土が大きな問題だと思います。昼間の〝植物〟のときに上に砂をかぶると、太陽の光がたりなくなって育たなくなるというわけですね。

ふたつめは、直接サンゴを食うオニヒトデの問題で、自然の生態系のバランスが崩れてきていることです。

三つめは、赤土のような間接的なものではなく、人間の直接的な影響もあって、たとえばダイナマイト漁とか、毒を流して魚をつかまえる漁業などです。ただし、このような漁業は日本ではおこなわれていません。

赤坂　それはサンゴにも影響するわけですか？

白山　ダイナマイト漁の影響は、非常に深刻です。

まだ顕在化していないポテンシャルとして大きなインパクトの心配があるのは、海の酸性化の問題です。サンゴのイソギンチャクが自分のまわりに殻をつくるけれど、その殻がつくりにくくなっている。

現在の海水は、過飽和といって炭酸カルシウムの結晶がかんたんにつくれ、殻が一回できちゃえば溶けない条件なんですが、このまま人類が化石燃料由来の二酸化炭素の排出

ダイナマイト漁
ダイナマイトなど爆発物の衝撃波によって死んだり気絶したりして水面に浮きあがってきた魚を、回収する漁法。爆発によって生態系を破壊するため、多くの国では禁止されており、日本でも、魚毒漁などとともに水産資源保護法で禁止されている。サンゴ礁でおこなうと、その爆発の衝撃によってサンゴを破壊し、死滅させる。

をつづけると、あと五〇年くらいしたら海水は、サンゴが殻をつくるのにものすごくエネルギーが必要な条件になります。海水はもともとアルカリ性なんですけれど、それが中性にちかづくにしたがって、サンゴはたくさんエネルギーを使わないと殻をつくれなくなってしまいます。そのエネルギーコストがいま、だんだんあがっているところです。

それに加えて、温暖化による「サンゴの白化現象」がある。海水の温度が三〇℃を超えたあたりで、植物として体の中にいてくれている褐虫藻《かっちゅうそう》と呼ばれる藻類が、サンゴの体から逃げていってしまうんです。理由はよくわからない。そうすると、サンゴとしては、昼間のエサの源がなくなってしまいます。水温が下がれば再び入ってきてくれることもあるんですけど、もし高い水温が長くつづいてしまうと、褐虫藻が帰ってくるまえに、サンゴは餓死してしまいます。

赤坂　そうですか、餓死ですか。

白山　餓死ですね、それは。

赤坂　なるほど。温暖化によって、そのサンゴが繁殖する環境の緯度が高くなるということはないんですか？

白山　あります。すでに現実として観測されていて、高緯度化する速度は驚くほど速いです。

赤坂　そうですか。日本列島でいうと、いまどのあたりまでサンゴは観察されているんですか？

白山　「むかしはここまでしかいなかったけれど、今年はここまでいる」というデータが

サンゴの白化現象
近年、沖縄県八重山諸島近海やオーストラリアのグレートバリアリーフでは、海水温の上昇が原因とみられるサンゴの白化現象が発生し、大きな問題となっている。サンゴは、共生する褐虫藻の光合成にたよってエネルギーを補給しており、褐虫藻が失われると白化現象が起こり、これが長期間つづくとサンゴは死滅する。

あって、正確な数値はよく覚えてないですが、ある種のサンゴの平均値で年に一四キロだったかな……。

赤坂　すごい速さですね。

白山　たしか、そうだったと思います。

赤坂　いま、どのあたりまできていますか?

白山　九州の北のほうぐらいまでですね。

赤坂　もうそこまできていますか。

白山　冷たい水に耐えられる特別な種類は、むかしからもっと北まで——千葉とかそのくらいまで——いますけれど、むかしは比較的南のほうにしかいなかった種が、いまではだいぶ北上してきてますね。

赤坂　そうか。温暖化による影響は、陸上だけじゃないんですね。

白山　はい。それは、サンゴ以外にもいくつもあります。

赤坂　海でとれる魚の種類が変わってきているとは、よくいわれていますね。

白山　「磯焼け」もそのひとつで、温暖化が影響していると思いますし、ところどころに顕在化しています。

赤坂　ところで、サンゴ礁のフィールドワークはどのようにおこなうんですか?

白山　じつは、サンゴの複雑性は、サンゴ以外の生物にとって非常に魅力的なんですよ。たとえば、熱帯雨林のなかにはオランウータンや極楽鳥などいろんな動物がいて、おなじようにサンゴ礁のサンゴの枝のすきまには、カニやエビなど、いろんな生きものがすんでいます。

磯焼け
海藻の極端な減少、あるいは海藻の減少にともなう海藻をエサとする生物の減少が、生態系全体に波及することをさす。「海の砂漠化(sea desert)」ともいう。

サンゴには、枝状のものだけじゃなく、固まりのころっとした種もいて、それに穴を開けてすむのが好きっていう種もいます。サンゴが多様だと、そこにすむほかの動物も非常に多様なんです。実際に、その多様性を理解しようという研究をしました。

赤坂　潜るわけですね。

白山　潜ってサンゴをとってきます。

赤坂　何メートルぐらいの深さの海ですか?

白山　だいたい水深二五メートルぐらいですかね。先ほどいったように、サンゴが育つためには太陽の光が大事です。太陽の光がすくなくなると、サンゴはすめなくなるんです。

赤坂　どういう格好をして潜るんですか?

白山　アマチュアのスキューバダイビングのダイバーとおなじです。特別な許可をいただいて、サンゴそのものをとってきて、中にどんな生物がいるかを全部調べます。穴を掘っている種もいるので、サンゴを全部砕いて調べるわけです。

「このサンゴの種類には、こういう生物がいる」。べつの種類では、べつの種類がこれだけいる」。あるいは、「じゃあ、それは種類で決まっているのか、形がおなじだったらどこにでもいるのか?」というような記載をして、理解して。わたしは、そういう研究をしました。

サンゴにくっついている魚の研究をしている人は、写真で調査をします。多くの場合、サンゴそのものを研究している人は、非破壊といって、サンゴをとってくることはせず、写真を撮って調査するのが基本だと思います。

くる日もくる日も海に潜って、あたらしい動物を見つけて……。それは、いまからふり返ってもほんとうに楽しい日々だったですね。当時は、大きなサンゴ礁生態系の研究プロジェクトが進んでいて、わたしはほんのかけだしで、チームの一員に加わらせてもらっていたのですが、いっしょにフィールドワークをしてくださった先輩がたとは、三〇年以上たったいまでもおつきあいがあり、会えばいっしょに当時を懐かしみます。いわゆる「おなじ釜の飯を食った」仲間ですね。

赤坂　卒論は何をテーマにされましたか?

白山　わたしは東京大学の動物学教室を出たんですが、当時、動物学教室は卒論という単位がなかったので、卒論はやってません。

赤坂　では、修士論文は何をテーマにされましたか?

白山　修論では、サンゴにすむ動物をやりました。

メイオベントスとは

赤坂　博士課程に入って、メイオベントスの研究をはじめられたとのことですが、その「メイオベントス」というのはなんですか?

白山　「メイオ」は、ギリシャ語で「smaller」。やや小さいという意味です。「ベントス」は、海底にすむ生物という意味です。

赤坂　「微小生物」ということになりますか?

白山　そうです。「smaller」ってことは、比較する対象があるわけです。「マクロベントス」もあります(表1)。

表1　サイズによるベントスの区分

ミクロベントス	＞0.001mm(＝1μm)
ナノベントス	0.001mm(＝1μm)＜0.05mm(=50μm)
メイオベントス	0.05mm(=50μm)＜0.5mm〜1mm
マクロベントス	1mm〜10mm

むかしから海底の生物を研究している人は、サンプリングがいちばんしやすい砂とか泥をとってきますが、そこから生物をひろうのはすごくたいへんですから、省力化のために、篩《ふるい》でふるって砂とか泥は全部洗い流し、生きものだけを篩の上にのこす手順をふみます。そのときに、多くの場合、ふるい目一ミリぐらいの篩が使われた。たしかにそれなりにいっぱい生物がとれますが、一ミリの篩を通り抜けている生きものがいるはずです。一九四二年だったと思いますが、メイアーというイギリスの女性が、一ミリの篩は通り抜けるけれども、もっと細かい篩ではつかまる生物に「メイオベントス」という名前をつけて、けっこう豊かでおもしろい生物相だという研究を発表したんです。

赤坂　当然、顕微鏡の世界ですよね？

白山　そうです。一ミリより小さいですからね。

赤坂　浜辺を一歩歩くと一万匹のメイオベントスをふんでいる（笑）とか、すごくリアルですね。

白山　一平方メートルで、ざっと一〇〇万匹ぐらい。

赤坂　海によってちがうでしょうけれどね。日本の近海では、何種類ぐらいですか？

白山　推定値と現実に知られている種類では極端に差がありますが、メイオベントスのなかでいちばん数的に種類が多いのは、多細胞の生物では線虫と呼ばれるものです。だいたい八割ぐらいが線虫です。その次に多いのは、カイアシ類で、その他に動吻動物《どうふんどうぶつ》とか専門家以外はほとんど見たことがないような動物のグループが二二ほど知られています（次ページ写真3）。

いま、日本の周辺で、論文に記載された線虫の種類は七〇種類しかいません。世界中で

メイアー（Mare, M. F.）　生没年不詳。イギリスの女性海洋生物学者。一九四二年に英国海洋生物学会誌に発表した論文で、当時底生生物を堆積物試料から濃縮するために使われていた一ミリの篩では、多数の小型の生物が流出していることを指摘して、このサイズの生物に〝メイオベントス〟という名称をあたえた。

も一万五〇〇〇種ぐらいです。世界に何種類ぐらいという推定はいろんな人が出していて、すごくはばが広い。いちばん多い推定は、一億種。もっともすくないもので数百万種。数百万種としても、われわれが知っている種類はその一%ぐらいです。

赤坂　当然、渚とか浜辺から離れて深くなるにつれて、種類も変わるわけですね。

白山　そうですね。

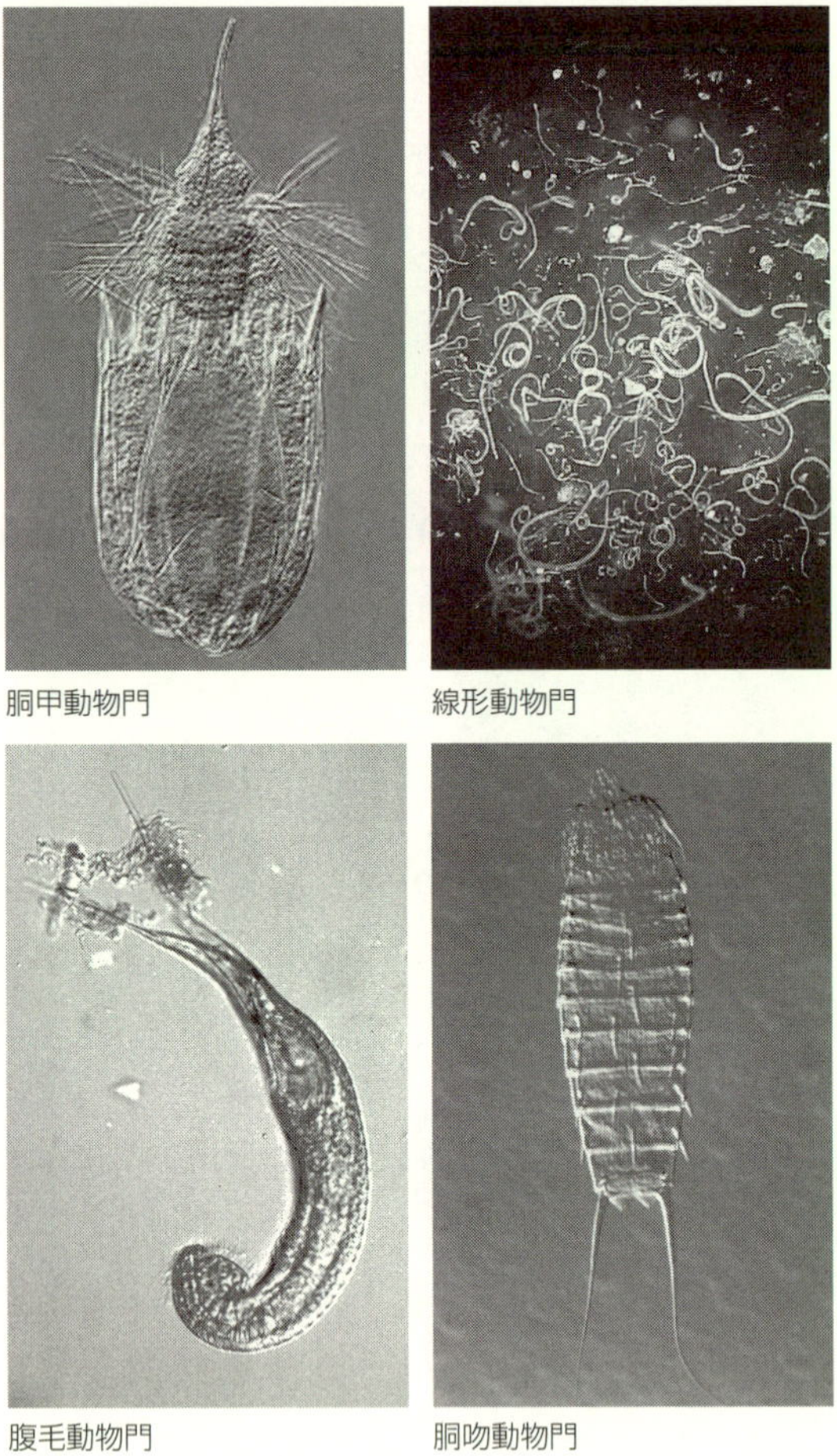

写真3　代表的なメイオベントス

赤坂　メイオベントスの研究には、どういう魅力がありますか？

白山　魅力というより、修士から博士のときに研究の対象をサンゴ礁から深海にガラッと変えたわけで、そのなかでもっとも研究対象として有利だと思ったんです。深海からサンプルを採取する機会はきわめてすくないですから、そのときにすくないチャンスでたくさん生きものをとれれば、それなりにレベルの高い研究ができる。でも、断片的にしかとれない、サイズが大きくて数がすくない生物の研究をいくらやっても、三年じゃとても博士号はとれない。学生ですからねえ、「ドクターとれないのはいやだな」という感じもあって、完全に現実的な視点から、どう考えてもメイオベントスのほうがいいと考えました。加えて、当時メイオベントスと呼ばれるグループを研究している研究者は、日本では三人ぐらいしかいなかった。

赤坂　そうですか。

白山　たぶん、いまだに世界で二〇〇から四〇〇、数百人ぐらいです。ようは、「やるべき仕事は山のようにあるから、とにかく」という感じで選びました。

赤坂　それはまだお若いころですね。そうすると、いまほど船の性能とか深海を掘削する技術はなかったんでしょうね。

白山　非常にプリミティブです。

赤坂　どういう船に乗っていかれたんですか？

白山　話せば長いけど、当時、日本で深海のサンプルをとれる船は、東京大学海洋研究所が保有する二隻だけでした。白鳳丸《はくほうまる》と淡青丸《たんせいまる》です。学術研究船といって、全国の研究者

東京大学海洋研究所
東京大学の附置研究所のひとつ。海洋学に関する研究をおこなう、全国共同利用研究所として設置されていた。二〇一〇年、東京大学気候システム研究センターと統合し、新たに東京大学大気海洋研究所となった。

白鳳丸
海洋研究開発機構（JAMSTEC）が管理する学術研究船。世界中のほぼすべての海域の航行が可能な、「みらい」とならぶ日本の海洋学調査を主導する大型調査船。一九八九年より稼動している現在の船は二代目にあたり、二〇〇四年に東京大学海洋研究所（現・東京大学大気海洋研究所）から移管された。

が共同で利用する船でした。全国の研究者の多様なニーズにこたえることができるように、さまざまな観測機器を搭載して、長いワイヤーをまいたウィンチをいくつも装備していました。とくに大型の白鳳丸は、船員のかたをふくめると八〇人くらいの人が乗る大きな船でした。わたしは、この船を管理運用している海洋研究所の大学院生だったので、船に乗る機会が得やすかったと思います。サンゴ礁から深海に研究対象を変えた理由のひとつが、この立派な船に乗ることができるということでした。

赤坂　深海って何メートルぐらいですか？

白山　深海っていうのは、定義からいえば水深二〇〇メートルよりも深い海のことです。

赤坂　二〇〇メートルからですか。

白山　二〇〇メートルというのは非常に浅い深海ですけれど、そこから生物を採集するには、船から採泥器という機械を降ろして、泥をとってこなくちゃいけない。泥をとってくる器械は、当時わたしが学生のときは、スミスとマッキンタイヤーのふたりが開発した「スミス＝マッキンタイヤー」型採泥器が唯一で、わずか二〇〇メートルの深海から泥をとるのでも、なかなかうまく動かない器械でした。動くときもありますが、失敗することがけっこうあったんですよ。もっと深い二〇〇〇メートルの水深からの泥をとろうとしても、ほとんど成功しませんでした。

その水深から試料を採集するには、だいたい一時間半ぐらいかかります。大きい船ですから、採取場所にいって、そこにとまるだけでも一〇分ぐらいかかる。そこから、いろいろガタガタ「ここでとります」っていって、船でそこにいくわけです。大きい船ですから、採取場所にいって、ワイヤーの先に器械をとりつけて、ずーっと降ろして海底に着く。そこで器

淡青丸
JAMSTECが所有、運用していた学術研究船。おもに日本近海で海洋生物、地球物理・化学、地震などの調査研究をおこなっていたが、二〇一三年に退役した。

「スミス＝マッキンタイヤー」型採泥器
つかみとり方式の採泥器。左右に開いた試料採取部（バケット）を海底上でとじることで、底質をつかみとる。

械が作動して、船にもどってくるというわけです。

深海のメイオベントスをとるには

赤坂　ショベルカーみたいな器械ですか?

白山　そうです。一時間半かけて、深海底にいって帰ってくる。ワイヤーをくりだす速度には、限りがあります。毎秒一〇〇メートルとか二〇〇メートルも出せるわけじゃない。イメージでいえば、ケーブルカー。乗っているときにはコトコトコトコトとしか進みませんね、その速度でしかワイヤーは動かないわけです。それを、一〇〇〇メートル、二〇〇〇メートルと出したり入れたりするわけです。毎秒一メートルいけばいいほうで、ふつうは〇・八メートルぐらいです。そうすると、一〇〇〇メートルいくためには片道三〇分ぐらいかかり、往復一時間。全部で一時間半になります。

赤坂　一回でどのくらいとれるんですか?

白山　スミス＝マッキンタイヤーの器械では、一〇分の一平方メートルがとれます。中には、ゴカイとか二枚貝が数匹入ってます(笑)。だけどメイオベントスだと、一〇分の一平方メートルに一〇万匹ぐらい入っているわけです。研究対象としては、メイオベントスのほうが短期間に成果を出すことができます。

赤坂　なるほどね。

白山　わたしが大学院のドクターに入る寸前に、アメリカで画期的な採泥器が開発されました。「ボックスコアラー」といいますが、その日本第一号機が、わたしがドクターになるときに海洋研究所にきて、「これをなんとか使いたい」と思いました。これを使ってサイエンスをやれば、当時として世界最先端の海底生物学に関する研究になるというので。加えて、メイオベントスを研究している人もいなかったため、「深海のメイオベントス」になったわけです（写真4）。

赤坂　お話をうかがっていて感じたことですが、そんなに大がかりな装置を動かしてとるとなると、たとえば博士課程の学生さんが「たくさんとってくれ」といっても許されませんね。

白山　そうですね。一介の大学院の学生がそういうことをやらせていただけたことには、当時の海洋研究所の先生がたに感謝しなくちゃいけないと思っています。古いほうの白鳳丸とはちがいますけれども、いま、東大の海洋研究所が運航計画をつくってJAMSTECが実際に動かしている白鳳丸は、一〇センチ動くとコストとして五〇〇円かかります。

赤坂　すごいですねぇ。

白山　ほかの人の研究といっしょだったんですけど、わたしのドクター研究のためにずっと太平洋の非常に広い範囲でサンプリングさせていただいて、しかも、日本にきたばかりの泥をとる最先端の器械を自由に使わせていただきました。

赤坂　それからもう、三〇年たっていますね。いまはどういう船とか器械が使われていますか？

写真4　採泥器（ボックスコアラー）©JAMSTEC

ボックスコアラー
採泥器のひとつ。ほとんど攪乱されていないコア試料を一度に四分の一平方メートル分も採集することができた。

JAMSTEC
国立研究開発法人海洋研究開発機構（Japan Agency for Marine-Earth Science and Technology）、略称ジャムステック。海洋に関す

白山　それまでの採泥器は、（ある程度はわかりますが）器械がどこに刺さるか、精度がよくわかっていません。それに、メイオベントス研究のために四分の一平米の泥がとれると、一生かかっても研究しきれません。ですから、小さい柱状の試料をとります。それが、コアを採取する場合、いまは「ここでとりたい」ということができる。それが、ケーブルでつながっている海底ロボットのＲＯＶだったり、有人の潜水艇だったりするわけです。泥をとる器械をもって、潜水艇で潜っていく。いまは、水深五〇〇〇メートルの海底にいって、目で見て「ここでこれをとりたい」といってとれます。

海の底を見ると、たとえば、海底にクジラの死骸がごろっとあって、そのまわりだけ、すごく環境が変わっている。そこにはクジラの死体がないと生きていかれない生物がいて、なんらかの活動がなされていることもわかってきています。けれども、「じゃあ、その骨の下はどうなっているのか」を知りたいと思ったときには――どこに骨があるかはわからないですから――自分で骨をおいて（笑）研究する。

赤坂　なるほど（笑）。

白山　いまは、一年たったらおなじところにいって、骨の下をサンプリングすることができます。

赤坂　それは何千メートルぐらいの海なんですか？

白山　実際にわたしがその実験をやったのは一九九〇年代、相模湾の一五〇〇メートルが最初です。なんの目印もないところに、まったくおなじ場所に一年後にもどれるわけです。もう二〇年まえの実験ですが、その技術力はいまも変わりません。二〇〇九年に、今度は沖縄近海の五四〇〇メートルのところで、おなじような実験をしました。

る基盤的研究開発、関連する地球物理学研究開発および海洋に関する学術研究に関する協力などの業務を総合的におこなう。調査船や潜水船を用いて、海洋、大陸棚、深海などを観測研究する。

コアを採取する
円筒状のチューブで堆積物を採集すること。

ＲＯＶ（Remotely Operated Vehicle）
遠隔操作ビークルの頭文字をとったもので、無人式の海中作業装置。航走しながら、目視観測や撮影、サンプルの採集、観測機器の設置・回収作業などをおこなう。ＪＡＭＳＴＥＣが管理する無人探査機「ハイパードルフィン」は、水深三〇〇〇メートルの深さまで調査観測作業ができる。

深海の星空

赤坂　あの「しんかい6500」（写真5）は、有人の潜水調査船ですね。

白山　はい、そうです。

赤坂　それには、先生も乗られましたか？

白山　はい。

赤坂　どのくらいの深さの海までいくんですか？

白山　「しんかい6500」は、能力的には安全係数をかけて、有人で六五〇〇メートルまで潜れます。

赤坂　白山先生は、どこまで潜ったんですか？

白山　わたしは五四〇〇メートルまでです。

赤坂　その海の中がどんなものか、ぜひ教えてください。

白山　まず、パイロットがふたりと、研究者ひとりの計三人が、チタン合金でできた球の中に入ります。直径がだいたい一・八メートルぐらいですから、畳二畳分ぐらいですね。

赤坂　閉所恐怖症の人はダメですね。

白山　はい（笑）。

窓が三つあります。先ほどのワイヤーは、毎秒〇・八メートルで入ってきます。かんたんにいうと、五〇〇〇メートルのサンプリングをしようと思うと往復で三時間半から四時間かかるわけです。

赤坂　海底まで降りていく時間ですね。

そのまわりだけ、すごく環境が変わっている
鯨骨《げいこつ》生物群集。深海底のクジラの死骸を中心に形成される生物群集のことで、隔離された環境下での特殊な生態系として注目される。日本近海で鯨骨生物群集がはじめて見つかったのは一九九二年。伊豆諸島鳥島《とりしま》の東方約一五〇キロメートルにある鳥島海山を調査していた潜水調査船「しんかい6500」が水深四〇三七メートルの深海底で偶然発見した。

自分で骨をおいて
人為的に遺骸が投入された鯨骨生物群集は、位置と開始時期（時期）が明確なことから、群集の推移を研究するうえで、重要な調査対象となる。

しんかい6500
JAMSTECが所有する日本で唯一の大深度有人潜水調査船。一九八九年に完

白山　人が乗っているときにはもっとゆっくり降りていきますから、行きに二時間弱かかります。で、潜航できる時間が全部で七時間とか八時間とか決まっているので、帰りの二時間を考えると、海底で二、三時間ちょっとというイメージですね。

赤坂　海底に着いてから、三時間で何をなさるのですか？

白山　それは毎回ちがいます。「これをやりたい」と思っていくわけです。

じつは、わたしは「しんかい６５００」には一回しか乗ったことがないんです。たぶん「しんかい２０００」っていうのには一〇回ちかく乗ってます。

「しんかい２０００」ではじめて潜ったのは、東北地方釜石の沖でした。事前にかんた

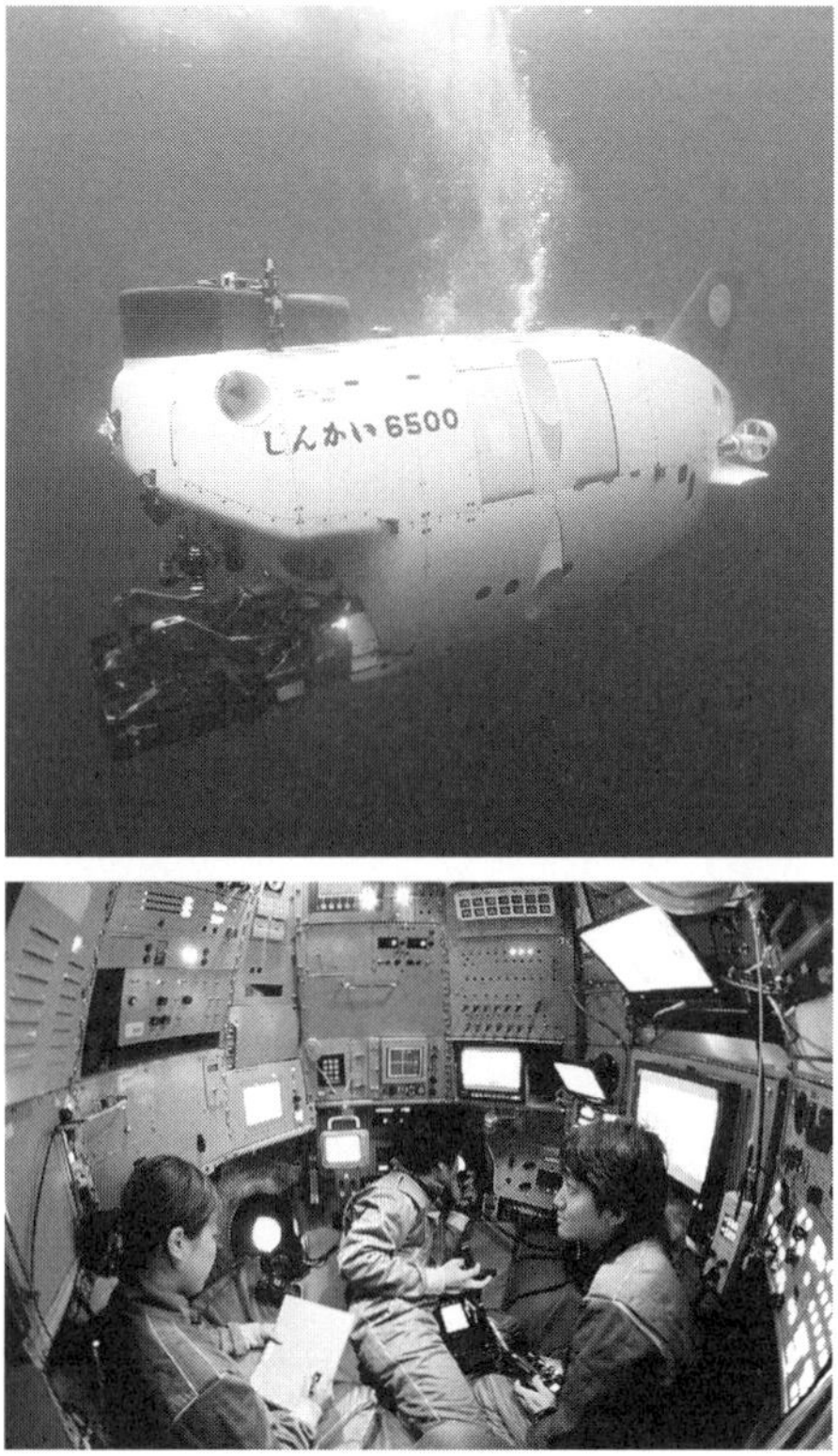

写真5　しんかい6500（上：外観　下：内部）
©JAMSTEC

成、二〇一四年で二五周年を迎えた。活動範囲は広く、日本近海、太平洋やインド洋、遠くは大西洋にまでおよぶ。二〇一四年一一月現在で延べ一四一一回の潜航をおこない、日本のみならず世界の深海調査研究の中核を担う重要な役割を果たしている。

んな訓練があって、もしもふたりのパイロットが動けなくなって緊急に浮上するときにはどのボタンを押せばいいのかを教わりました。まあ、使うことはないはずですが、一応万が一のためです。

これを聞くと怖いと思うかもしれませんが、実際は、潜航がはじまると、周囲の景色がどんどん変わっていき、興奮して怖いと感じている暇はありません。長時間の潜航なのでトイレの心配もありますが、こちらも潜航して海底で観察している時間はすっかり忘れていて、浮上がはじまったときに思い出しました。

先ほどいったとおり、「6500」のときは、まえの年においたところに潜れるので、ほかの人がまえもってクジラの骨と材木をおいておいてくださった。

なぜ骨だけでなく材木もおいたかというと、海底では陸上から落っこちてきた木がよく見つかる。木にはフナクイムシ、キクイムシなどいろんな生物が穴を掘って暮らしています。このような木は、水深一〇メートルぐらいだとたくさん見つかりますが、たまま深海からポッとあがってきたものでも、穴を掘る生物がいっぱい入っている。

それを調べたいと思って、骨だけでなく、材木もおきました。

この水深五四〇〇メートルのところにおいた骨と木を次の年に回収して、中にどんな生物が穴を掘っているかなと。それを目的に潜りました。

赤坂　そのときの成果はいかがでしたか?

白山　いろんな生物が一年でほんとうに入るかどうかは、最初の非常に大きなクエスチョンですね。なぜかというと、深海は生物にとって非常にエサがすくない環境ですから、全体として生物の活性が低い。

赤坂　真っ暗ですよね。
白山　完全な暗黒ではないですけれども。
赤坂　どういう暗さなんですか？
白山　星空みたいな感じ。
赤坂　星空ですか。
白山　自分で光る生物がいっぱいいますから。
赤坂　ぼくの知り合いの友人の石川直樹っていう探検家が、ヒマラヤのエベレストにしょっちゅう登っているんですよ。八〇〇〇メートル級の山の上は、「深海みたいな場所だよ」って語っていました。それ以上つっこんで聞かなかったですけれど……。
白山　まあ、そんな感じでしょうね。
赤坂　なるほど、星空ね。それは窓から見えるわけですか？
白山　窓から見えます。もちろんライトはもっていきますから、作業のために一回一回光をあてる。光を消して見ていれば、星空です。光をあてても、とどくのは最大で二〇メートルくらいなので、見ることができる範囲は非常に限られています。でも、その狭い範囲にも無数の生物がいる（はず）。生物そのものが見えなくても、彼らが生きていた証拠は、海底にたくさんのこっています。ですから、試料をとったとき、その中の生物を見ることを想像して、ワクワクしながら、たいせつに船上にもって帰ります。
潜水艇の内部は、狭いという以外に寒いというのが特徴です。まわりは摂氏二度くらいの水温です。エネルギーが限られていますから、暖房はありません。だから、とっても寒い。そこで、厚手の作業服を着ます。もっと正確には、レーシングスーツを着ます。

船内で火が出るとたいへんなので、耐火性の服を着るんです。

赤坂　われわれ研究者でない人間も、たとえば観光のようなかたちでそういう体験ができますか？　見たいな。海の中に「星空だ」なんていわれたら、一度は見たいと思う。

白山　宇宙では、ビジネスとして「観光」がはじまるようですけれども、お金を出して潜らせるビジネスも、ありえるかもしれませんね。

赤坂　研究費を稼ぐとか。そういう世界をふつうの人たちに知ってもらえば、研究費だって集めやすくなったりします。余計なお世話ですけど（笑）。

白山　まあ、独立行政法人なので……。ルール的には、そういうこともできるのかもしれないなと思いますけれども……。「しんかい６５００」は……いくらだっけな、一回潜ると、三〇〇〇万とか四〇〇〇万円かかります。

赤坂　一回で三〇〇〇万ね、そういう世界でしょうね。そうすると、そこに費やした予算に見合う成果を出せというふうになりますか？

白山　当然、そういうことが求められます。

赤坂　行きの二時間、どんな変化があるんですか？

白山　船の上で、まずハッチが閉まりますね。つりあげて海面に降ろす。そのあいだは非常に高いところに潜水艇がある。水面からすごく高いところにふらふらしていて、しかも船は揺れますから、観覧車が風で揺れている感じですね。海面に降りると、いわゆる丸太船みたいなものです。船の姿勢を保とうとする装置はないので、非常に揺れます。ですから、水面に浮いている一五分くらいのあいだは、船酔いする人がたくさんいます。わたしは船には強くないので気分はあんまりよくないですが、行きは、やっぱりこれからの作業を空想して興奮してますから（笑）、比較的大丈夫。

赤坂　帰りはダメですか。

白山　あがってきてから、おなじように揺れます。帰りはちょっと気が抜けてますから……やっぱり、帰りのほうがしんどいですね（笑）。

海面に降ろされて水面でぷかぷかしていると、つりさげているヒモがはずれて、「潜ってもいいよ」っていう指示が母船からきて潜る。タンクに空気が入っているんですが、その空気を抜くわけです。空気を抜くと、タンクの中に水が入って重くなり、沈みはじめる。実際には錘《おもり》をもっているので、沈みます。海底に着くと錘を半分捨てて、浮力ゼロの状態にしたうえで、海底での仕事をします。そして、浮上するときは、のこりの半分を捨てて浮上します。

沈んでいくときは、はじめは明るい。けれども、ものすごく暑いです。太陽はさんさん、完全密閉で、エアコンなんかついてませんから（笑）。深く沈んでいくと、すこしずつ冷えてくる。まわりが暗くなってきて、もちろん表層にはたくさん生物もいますが、だんだん減っていく感じです。

水深二〇〇メートルくらいになると、薄暮という感じになってきて、一〇〇〇メートルぐらいになると、ほとんど真っ暗にちかい。そこに、発光する小さい生物がいっぱいいる感じです（次ページ写真6）。

そのまま、あとはずっとおなじですね。ダイオウイカみたいなのはめったにいませんが、ときどきシューンと大きな生物が――。ほかにも、イカとかエビがたくさんいますね。それが、目の前をシュウっと通りすぎる。イカなんか、びっくりしてスミをぱっと吐いたりする。それを見ながら二時間です。

お話ししたように、船内は寒いので、潜っていくと、内部が結露します。それをまめに何度も拭いて、外を見ます。窓は、ガラスではなくて硬質のアクリルガラスでできていますので、傷をつけないように、ガーゼでやさしく拭くんです。

船内のいたるところが結露します。ふっとハッチを見ると、そこも結露しているんですが、もうひとつ、ハッチはすこし形が平たくなる設計になっています。それを実際に見ると、「ああ、水圧がかかっているんだなあ」と実感します。しかし、船内の気圧が変わるわけではありません。

オニアンコウの仲間

上あごの上についている釣り竿の先端とあごひげの先端が光る。写真の個体ではあごひげは切れている。いずれもエサをおびき寄せるために光るものと考えられている。釣り竿の先端はバクテリアによる発光、あごひげは自力発光だと推定されている

ホテイエソの仲間

目のうしろやあごひげの先端、体の腹側などに発光器を備えている。目のうしろのものは投光器、ひげの先端のものはルアー、腹側のものはカウンターイルミネーションに利用すると考えられている

ミノエビ

口から発光液を吐きだす。敵に襲われたときなどに目くらましとして利用する

写真6　発光する生物（写真提供：藤原義弘氏）

海底が近づいて、錘を半分捨て、浮力がゼロになってから、ゆっくりと海底に向けてさらに潜航していくと、ライトの光を反射して海底が見えてきます。わたしが潜った沖縄トラフの海底は地形が非常に複雑で、きつい斜面でした。ときどき岩が転がっていたりして、まえの年においてもらっていた材木や骨を見つけられるかどうか、不安になりました。

実際、発見には非常にてまどり、三〇分くらいさがしまわっていたと思います。船の左舷側遠くに、なんとなく金属的な光をわずかに見つけて、じっくりと旋回し、しっかりと視認できたときは、正直ほっとしました。それと、人間の目の性能の高さをあらためて実感しました。

その後、いろいろな試料のサンプリングをして、お弁当（サンドウィッチ）を食べて、またひと仕事をして——まだまだ海底にいて、生物のようすを見ていたいのですが——うしろ髪をひかれる思いで離底をしました。

沈んでいくときと浮上するときでは、外の景色に大きなちがいがあります。潜っていくときは、目の前をあたらしい世界がめまぐるしく変わっていきますが、浮上するときは、潜水艇のひさしの部分が渦をつくるので、おなじようなプランクトンがずっと目の前にいたりすることもあります。

やがて、周囲がまた薄明るくなって水面にもどると、まぶしい世界が広がっています。そして、再び母船がつりあげてくれて、船のデッキに固定されると、ほっとひと息。ハッチが開くと、やはり新鮮な空気を思いっきり胸いっぱいに吸いこむという感じです。

赤坂　テレビ番組でも、サンゴ礁の海を潜ってますよね。二〇〇メートルでもいいから、

トラフ
舟状海盆ともいう。海底が細長い溝状に深くなっている場所で、深さ六〇〇〇メートル以下のもの。細長くないものはたんに海盆と呼び、深さ六〇〇〇メートルを超えるものは海溝という。海溝はすべてプレートの境界域に形成されるが、トラフの成因にはさまざまなものがある。

潜ってみたい。やはり観光の資源になりそうですね。お聞きしているだけで神秘的だと思いますから。

白山　海洋機構では、水深一万二〇〇〇メートルまで潜ることができる「しんかい12000」（図2）をつくりたいと思っています。まだ設計にも着手していませんが、この究極の潜水艇ができたら、世界でいちばん深いチャレンジャー海淵の底にも潜ることができます。底には一二〇〇気圧に耐える特殊な生物の世界があるにちがいありません。潜るのに時間がかかりますから、おそらくこの海底旅行は一泊二日になると思います。もしも観光目的の潜航をするとすれば、料金は、単純に六〇〇〇の二倍として一億円弱というところでしょうか。

生命の定義と発生

赤坂　白山先生の研究テーマはメイオベントスで、深海の泥に深いかかわりがあるということです。わたしは、じつはまったく関係ないところから、深海の泥に関心をもっています。大学で「神話学」という講義をやっていまして、北アメリカのカリフォルニアのモノ族という部族の、こんな神話に出会いました。ちょっと読んでみますね。

むかし、水が世界をおおっていた。水から棒が一本出ていて、タカと鳥がとまっていた。

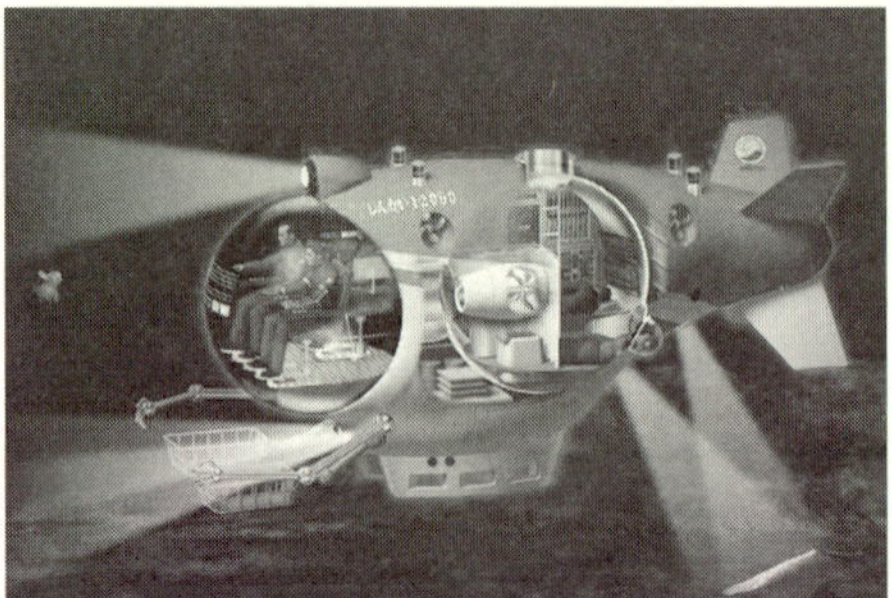

図2　「しんかい12000」構想図　©JAMSTEC

タカはカモに三の数字をあたえ、水に潜って底の砂をもってくるよう命じた。カモは潜ったが、底に着くまえに三日がすぎてしまった。カモは死んで水面に浮いてきた。タカは、カモを生き返らせた。

今度は、オオバンという鳥に二の数字をあたえて、おなじようにさせた。オオバンも、底に着くまえに二日以上たってしまい、死体で浮いてきた。タカはこれも生き返らせた。

今度は、カイツブリに四の数字をあたえた。カイツブリは、四日のうちに底に着いて、両手に砂をつかんだ。帰ってくる途中でカイツブリは死に、死体が浮いてきた。

タカはカイツブリを生き返らせ、「砂はとれたか」と聞いた。カイツブリは、「うん」と答えた。

「じゃあ、どうしたんだ?」

「死んだときに、指のあいだから流れ落ちた」

タカと鳥は、笑って信じなかった。しかし、カイツブリの手を見ると、爪と爪のあいだに砂があった。タカと鳥は、その砂をとって四方にばらまいた。こうして陸地ができたのだ。

こうした神話は、けっしてめずらしいものではないようです。海の底に降りていって、やっとのことで砂とか土を手に入れて地上に運んできて……。それがここでは陸地になっていますが、生命の起源を語る神話になっているものもあります。

たまたまどこかのウェブで検索した情報で見つけたんですが、生命の起源と深海の泥というものがつながっていると知りました。つまり、生命が誕生した場所をめぐる仮説の有力なもののなかに、海の底と火山のまわりの湿地があるらしい。思えば、そうした場所は、世界中の神話のなかでしばしば世界や人間の起源にかかわる舞台として選ばれているんですね。

白山　海洋機構で生命の起源の解明に挑戦している高井研が語っているようですねえ。

赤坂　海底の泥がもっている可能性、そこから開かれてくる研究は、生命がどのように地球上に誕生したのかといった問いにたいするある種の導きになるのかもしれないということですが、そのあたりは、先生の立場からするといかがでしょう?

白山　化学進化があって、次に生物が生まれるということだと思いますが。生命が生まれるということを考えるときには、そのころの地球の環境が、いまとはまるでちがっていたんだということを忘れてはいけません。

まず、分子状態の酸素がありません。酸素がないということは、成層圏にオゾンがないということなので、地上は紫外線が非常に強い世界です。

ほかにもいろいろ考えなきゃいけないことがありますが、「酸素がないところ、そこで当時の生命が発生したであろうころの環境にちかい環境が、この地球上にまだのこっているか?」という問いの答えとして「深海のある特定の場所には、それにかなりちかい場所があります」ということだと思います。

環境がおなじだとして、生命とは何か、どういうものかという定義を考えたときに、「自己複製ができて、膜でつつまれた空間があって、その中で化学工場としてのサイクルがまわる」という、そんなイメージ。

高井研
一九六九—。JAMSTEC上席研究員。深海や地殻内など、太陽の光がとどかない地球の極限環境に生息する微生物の営みや、生命の起源について研究している。

赤坂　化学ですか。

白山　膜があって、中で化学反応が起きるだけだったら、それは生命体とはいわない。自己複製ができてはじめて、生命であると思います。
いずれにしても、その原始生命は、酸素がないなかである一定の速度で化学反応を進めなくちゃいけない。そのためにはエネルギー源がいる。
いま、動物のエネルギー源は有機物と酸素の化学反応でつくっているわけだけど、「当時の生物は、どういう化学反応を使って生きていたのか」が、次の疑問として出てくる。多くの人たちが、いろんな考えかたをいまだに追っている。
共通のコンセンサスはないけれども、ひとつの有力な考えかたは、そのエネルギー源は水素だろうというものです。水素ってことになると、水素ガスが海水にたっぷり溶けていなくちゃいけない。そして、「そういう場所があります」といえる場所が、いまでもあります。深海の、とくに海底よりもっと下の場所に、そういう場所があるんです。

赤坂　どういう場所ですか？　具体的に。

白山　じつは、石と石がこすれると、そこに水素が発生する。

赤坂　そうですか。

白山　これは完全に、物理、化学の世界として発生します。断層や、まさにマンガンで熱せられている。そういうような場所で……。

赤坂　それで、海底火山が注目されているんですね。

白山　海底火山だと、酸素にふれてしまいます。海の表面であってはいけない。海の表面には酸素がいっぱいありますからダメで、もっと下です。水がないところもある。うんと深くなると、水がほとんどなくなっちゃうので、水素があっても水がない。水と水素がある場所でないといけない。そのような場所がまだある。そこに、太古とおなじものが生きているかどうかはわかりませんが、王道としては、そこにいる生物は調べる価値があります。生命の限界、あるいは生命の誕生を考えるうえで、非常に魅力のある場所のひとつです。

赤坂 そういう進化のプロセスでいうと、メイオベントスはどの段階にあたりますか？

白山 メイオベントスは、いろんな動物のグループの集合体です。体の大きさで決めた生物の集まりですから。

赤坂 そうか、なるほど。

白山 非常に原始的な単細胞の生物もいます。有孔虫や繊毛虫などです。海にはいませんが……ようするにゾウリムシとかです。

赤坂 プランクトンとはちがいますか？

白山 プランクトンとベントスは相対する概念です。プランクトンは水の中に浮いている生物のことをいい、ベントスは海底にすむ生物をいいます。ちなみに、もうひとつネクトンというのがありますが、これはプランクトンとちがって泳ぐ力のある生物です。魚とかイカとかクジラとか。

赤坂 唐突ですが、メイオベントスは、先生にとってかわいいんです

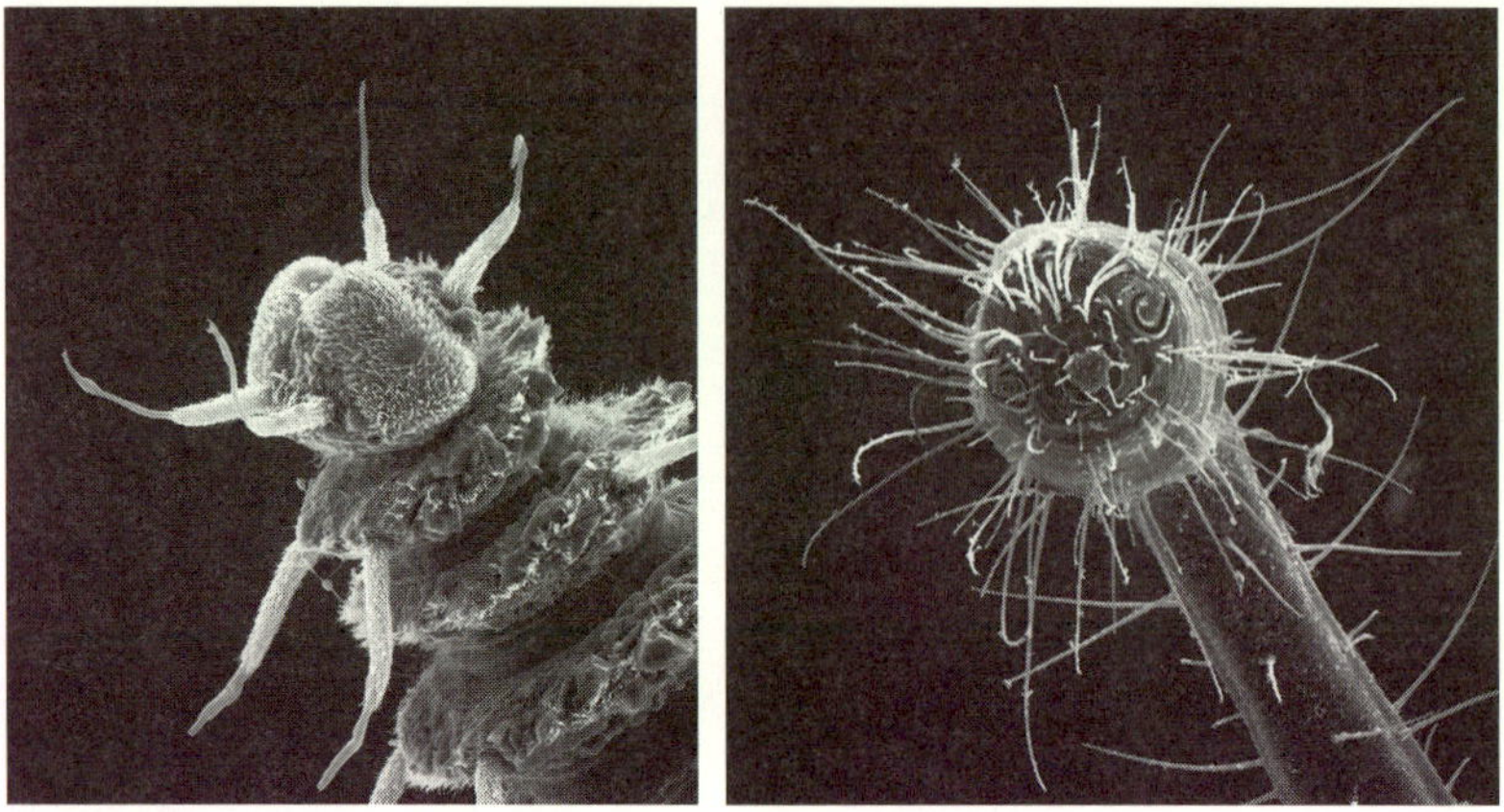

写真7　線虫の走査電子顕微鏡写真

か？

白山　ほんのいくつかの例ですが、線虫の走査電子顕微鏡の写真をお見せしましょう（写真7）。下の右側の写真、なんだか笑っているような感じがしませんか？

赤坂　ほんとに笑ってますね。

背中と腹の決めかた

白山　「動きがかわいい」っていう意味では、ふつうの線虫の仲間はあんまりかわいくない。動きでかわいいのは左側のもので、このグループは、背中にトゲが何本も生えています。

ふつうの動物は腹側を海底に向けて暮らしているわけですが、この線虫に限っては、背中側を海底に向けています。その毛のようなトゲを上手に使って、海底の上を移動します。背泳ぎをしている感じです（笑）。

赤坂　どうしてそれがわかるんですか？

白山　生きている線虫を観察すればわかります。

赤坂　背中っていうのは、どこをさしているんですか？

白山　腹と背中という意味ですね。

赤坂　腹と背中は、どういうふうに判別するんですか？

白山　もともとの腹と背中の定義は、海底側が腹です。

線虫でいうと……線虫を真正面から見た絵をイメージしていただくとわかりますが、回転対称ではないんです。なんていったらわかるかな……皆さんがよくご存じのものでいえば、イモムシやケムシを真正面から見ると、なんとなく完全に真円にちかい。ミミズでもいい。ミミズは完全に真円に見えますね。そうすると、背中と腹側なんて、ないようなイメージでしょう?

赤坂　ええ。背中と腹側があるんですか?

白山　あります。じつは、ミミズは左右対称だから、形をちゃんと調べると、回転対称ではなくて左右相称です。つまり、人間の体でいうと、真正面を向いたときに右と左が対象形ですね。これで体の右と左が決まり、前とうしろは、口に近いほうを前といいます。

赤坂　なるほど。

白山　じゃあ、腹と背中はどうしますかっていうことですが、これは、例外はありますけれども基本的に、口の開いている側が腹側です。

赤坂　なるほどね。そんなこと、考えたこともなかったです。

白山　神経は、人間の体の背中側と腹側のうち、背中側を走っています。背骨というくらいで。ところが、すべてのメイオベントスには背骨がなくて、主たる神経がおなか側を走っています。例外はもちろんありますが、基本的に大部分は腹側を走っています。ちょっと細かい、ややこしい話になりますが、ウニの発生の話です。一つの細胞が八つになり一六個になり、最終的にテニスボールみたいな格好になる。このボールの一か所が――「原腸陥入」というんですが――内側にくぼんで入りこみ、消化管をつくる(図3)。内側に最初に入りこんだ場所が将来の口になるグループと、将来肛門になるグループが

回転対称
図形を特徴づける対称性の性質のひとつ。ある図形をある回転角で回転したときに、もとの図形に重なる場合、その図形は回転対称性をもつ。

左右相称
シンメトリー。主軸にたいして左右の各部分が対称の関係にあること。

あります。

背骨のない動物の大部分は、最初にできたくぼみが口になります。ところが、人間をふくめて背骨をもってる動物とかウニとかは逆で、最初にできたくぼみが肛門になり、あとから口ができます。あとから口ができるグループは、大部分が背骨側・背中側に神経があります。最初に口ができるグループは、腹側に神経があります。

つまり、最初に口ができるグループと、あとから口をつくるグループでは、背腹の方向は完全にひっくり返っているので、おなか側どうしで合わせると、ほぼ対称になります。

赤坂　なるほど。そうでしたか。

白山　進化としては、おそらく先に口をつくるグループが先に出てきているので、進化の過程のどこかで、腹側から背中側に神経のつくりかたがひっくり返ったことになります。

エネルギーの橋渡しをするメイオベントス

赤坂　そうすると、おなかを出して海底を歩いているメイオベントスはどういう意味をもつんですか？

白山　意味とは、どういうことでしょう？

赤坂　どういう存在ですか？

白山　生態系のなかで、という意味ですか？

赤坂　はい。

白山　生態系のなかで考えると、大きさ数ミクロンのバクテリアのようなものと、数十

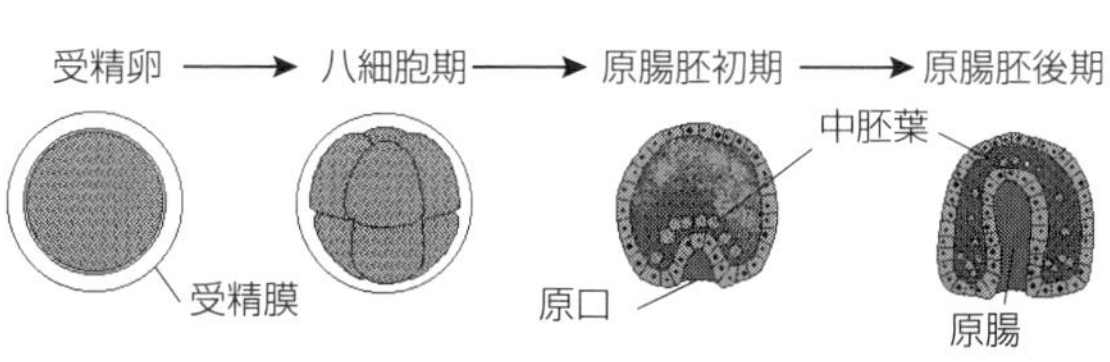

図3　原腸陥入のプロセス（http://www2s.biglobe.ne.jp/~nkazu/kenbi/uni.htmより抜粋引用）

ミクロンのメイオベントスの生物の関係は、ちょうど果物と人間の大きさの関係として考えることができます。しかし、人間にとってバクテリア一粒は、存在外の大きさです。逆にそれをエサにしようと思っても、無理な話です。

海の生態系でイメージすると、バクテリアは非常に大事な生物の栄養源だけれども、魚にとっては「バクテリアを食べてくれ」といわれても食べられない。あまりに小さすぎて、「ケシ粒を食べなさい」っていわれているようなものですから。

ところが、ケシ粒を集めてお団子くらいの大きさにしたら、これは食べられる感じがします。小型の魚にとって食べられるって思える大きさが、メイオベントス。メイオベントスから見れば、バクテリアは絶好のエサですけれども、魚から見れば、バクテリアは小さすぎてとても食べる対象にならない。生態系のなかで非常に重要な役割を果たしているバクテリアのエネルギーを、より大きな生物とのあいだでつなぐ橋渡しを、メイオベントスがする。それが、生態系のなかの機能としてはいちばん大きいでしょうね（図4）。

バクテリアが多様であれば、その多様なバクテリアに対応して、それを食べる多様なメイオベントスがいます。先ほどのおなかを上にしている特別な線虫は、体の表面にバクテリアを育ててそれを食べているので、体を丸めて表面に育ったバクテリアを食べるには、前屈しやすいようにおなかを上にしているほうが理に適っていますね。

赤坂　メイオベントスの研究者は世界に数百人といわれましたけれども、いま、どのくらいのことがわかってきていますか？

白山　どのくらいのことがわかっていないかのほうが、かんたんに説明できます。いままでだれも研究していない処女地で「泥をとって、メイオベントスをとりだして、種類を同定して、学名をつけてください」といわれたら、線虫だと一〇〇〇種いて二、三種つくといいほうでしょうね。

赤坂　まだ二、三種ですか。

白山　というぐらいわかっている。逆にわかっていない。近年の分子生物学の発展で、動物の同定作業は飛躍的に効率的になると思いますが、まだ名前のついていない標本に学名をつける手続きはあいかわらず手作業で、加速するのはなかなかむずかしい。しかし、写真から標本の線画をつくったり、コンピュータの質問に答えていくと自動的に新種記載の論文の文章ができるなど、情報科学の応用がいろいろと進んでいるので、ちかい将来には生物多様性の解明も加速すると期待できるでしょう。

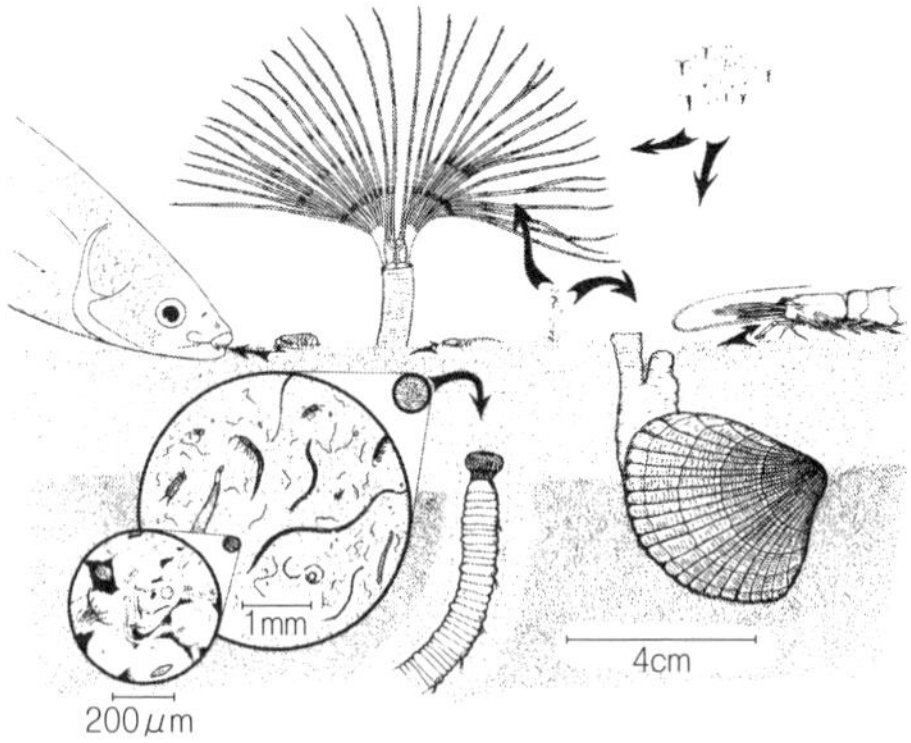

図4　バクテリアとメイオベントスと魚の大きさ（*Introduction to the Study of Meiofauna*, Smithsonian Institution Press）

エネルギーをつくりだすカイコウオオソコエビ

赤坂　「Blue Earth」のインタビューのなかに、カイコウオオソコエビとありますね。体長三〜五センチ。当然、これはメイオベントスじゃないですけど、海洋の深海に生きている生きものたちの研究とか調査はほんとにはじまったばかりで、カイコウオオソコエビがセルロースを分解するあたらしい酵素をもっていたと出てくるけれども、今後そういうことは多くなりますか？

白山　無限に出てくると思いますね。

赤坂　無限に出てくるのか。ちょっと、そこの説明もしていただきたいです。

白山　まず、カイコウオオソコエビというのは、マリアナ海溝の底に生息していました。

赤坂　一万メートルですね。

白山　ヨコエビは端脚類《たんきゃくるい》という動物のグループで、皆さんがご存じのものだと、その親戚はハマトビムシかな。海辺にいって海藻のうちあげられたものをちょっともちあげるとピョンピョン飛ぶ、昆虫のような……。

赤坂　はいはい、いますね。

白山　エビみたいな格好をした生物がいるのですが、あれもヨコエビの仲間なんです（写真8）。

赤坂　ヨコエビっていうんですか。

白山　それにちかい仲間です。木材の主要な成分はセルロースとリグニンという成分ですが、セルロースを自分で消化できる動物は、非常に限られています。われわれは、食物

「Blue Earth」
JAMSTECが発行する海と地球の情報誌。豊富な写真や図とともに、最近の研究成果や技術開発などがオールカラーでわかりやすく紹介されている。JAMSTECのホームページで、バックナンバーが閲覧できる。

カイコウオオソコエビ
海溝大底エビ。水圧が高くて栄養に乏しい環境の海洋の世界最深部、マリアナ海溝チャレンジャー海淵（水深一万九二〇メートル）に生息する。体は淡い茶色、またはピンクがかった白。ヨコエビとしては大型の部類で、眼は完全に退化している。尾部の遊泳脚が発達しており、高い遊泳力をもつ。

繊維が健康にいいとかいってありがたがって食べますが、消化できないわけですね。だから、お通じがよくなるっていう話なわけです（笑）。もしセルロースを消化できたら、紙をバクバク食べればいい。

例のヨコエビは、紙をバクバク食べて自分のエネルギーにできるんです。セルロースをエネルギー源にしている生物となると、それほどめずらしくはなくて、たとえばシロアリとかフナクイムシとか、木に穴を開ける生きものも木を食べている。

赤坂　木を食べているわけだ。

白山　木を消化しているわけですけれども、一般的には、動物の体の中で共生しているバクテリアが消化を担当します。そのバクテリアがもっているセルロースを分解して最終的にグルコースにする酵素というのは、ひとつじゃないんですよ。三種類の酵素を使って、一歩一歩進んでいって、三段階かけてようやくグルコースになるんです。

いま、再生可能エネルギーの生産現場でトウモロコシからバイオエタノールをつくるときには、いったんグルコースにして、それを発酵させてエタノールあるいは化学的にメタノールにする。グルコースにするまでに酵素反応を三つかけているから、非常に大きなコストになるわけです。ところが、このカイコウオオソコエビがもっているセルロースを分解する酵素は、一段階でセルロースをグルコースに変える。そこが画期的なんです。これまで三段階をかけ

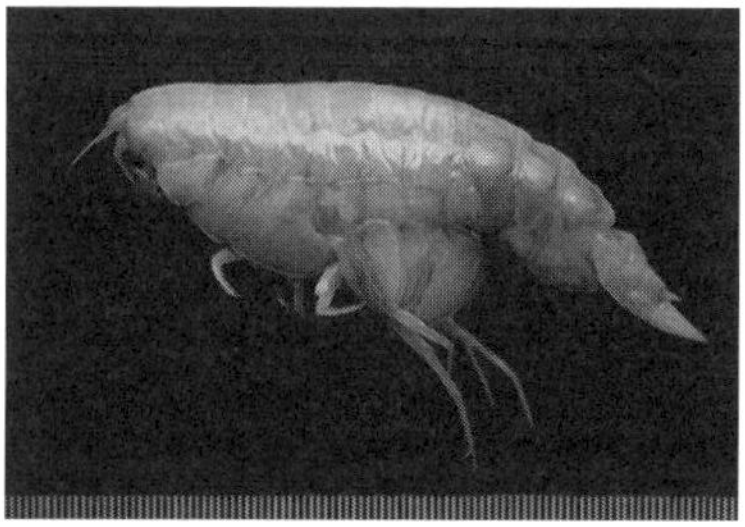

写真8　カイコウオオソコエビ

セルロースを分解するあたらしい酵素
カイコウオオソコエビがもっているセルラーゼ（セルロースを分解する酵素）を木材などと反応させることによって、エタノールの原料グルコースを容易に得ることができる。そのため、再生エネルギーとして期待されているバイオエタノールの生産などに大きく寄与することが、期待されている。

バイオエタノール
サトウキビやトウモロコシなどのバイオマス（生物由来の資源）を発酵させ、蒸留して得られるエタノール（アルコールの一種）のこと。エタノールは、石油や天然ガスから合成することもでき、そうして得られるエタノールは、合成エタノールと呼ばれる。

ていたものが一発でいければ、コストは非常に下がる。しかも、使うのは木なので、そのへんの間伐材を利用すればいいわけですよ。

赤坂　そうか、間伐材をバイオエタノールの原料にできる。

白山　工業化するところまでしっかり研究してやれれば、原料にできます。

赤坂　これを培養するというか、たくさんつくれば。

白山　基本的には、遺伝子がわかって酵素の構造がわかればできるはずです。遺伝子がわかれば、その遺伝子を大腸菌のなかに入れて増やせばいいだけですから。

赤坂　このような未知の生きものたちが、海の底にはたくさんいるわけですね。

白山　底だけじゃないです、海水の中にもたくさんいる。

赤坂　底だけじゃなくて、ほかにも？

白山　表層近くにいる生物でも、とんでもない力をもっている種がたぶんたくさんいるはずです。われわれが知らないだけで。

赤坂　たとえば月や火星に人を送りこんで資源の開発をはじめようとかいう話を聞いたことがあるような気がしますが、それよりも海のほうが身近であり、豊かな可能性がありそうですね。日本は海洋国家ですからね。

この地図（図5）を見ると、陸上では六一番めの広さしかない日本が、海洋の面積、領海と排他的経済水域（EEZ）を合わせると、世界で六番めの海洋大国なんですね（表3）。考えてみると、日本はほんとに海とさまざまなつきあいを重ねてきましたし、もっているテクノロジーも、ほかの国と比べるとずいぶん海にたいして活用してきたと思います。可能性の一端でも教えてください。

排他的経済水域
EEZ（Exclusive Economic Zone）。領海の外側にあって、沿岸から二〇〇海里以内の水域（一海里は一八五二メートル）。沿岸国に天然資源の開発・管理などについての主権的権利や、人工島・施設の設置、環境保護・保全、海洋科学調査に関する管轄権が認められる。

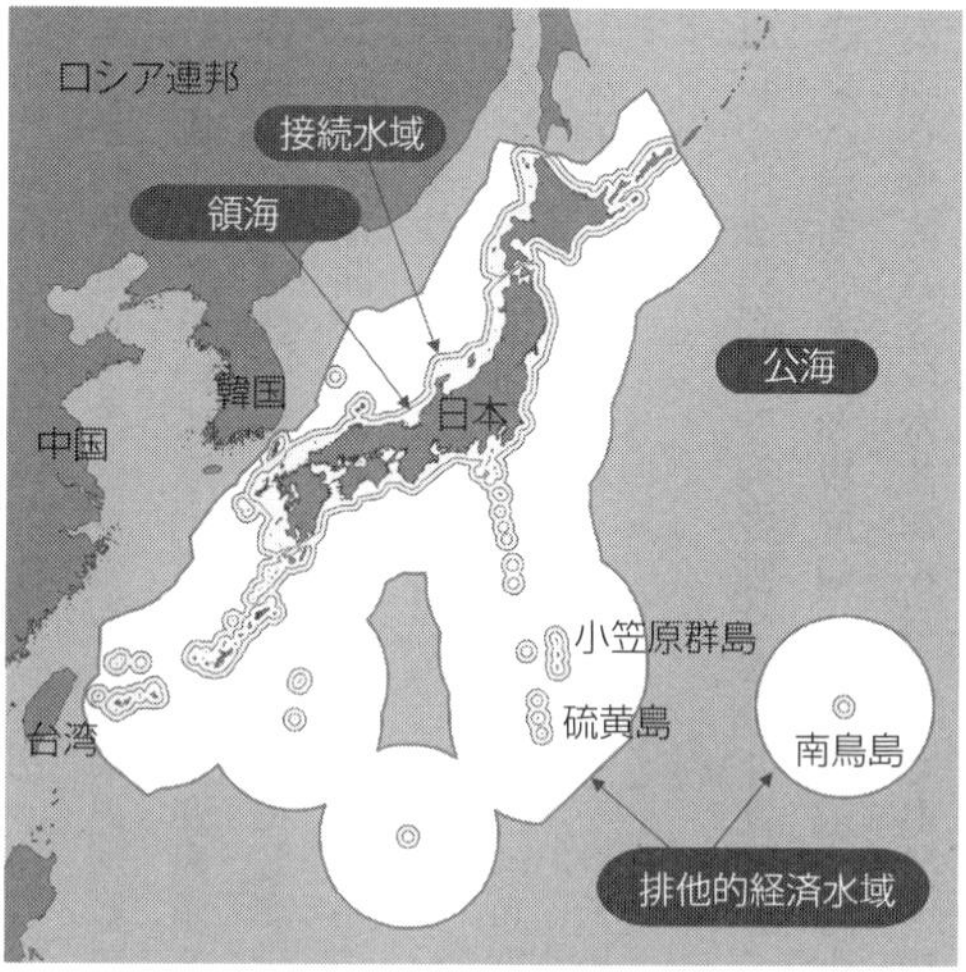

図5　日本の排他的経済水域と大陸棚の拡大が認められた海域（「日本の領海等概念図」海上保安庁：http://www1.kaiho.mlit.go.jp/JODC/ryokai/ryokai_setsuzoku.htmlを加工して作成）

国土面積	約38万km^2
領海（含：内水）	約43万km^2
接続水域	約32万km^2
排他的経済水域（含：接続水域）	約405万km^2
延長大陸棚	約18万km^2
領海（含：内水）＋排他的経済水域（含：接続水域）	約447万km^2
領海（含：内水）＋排他的経済水域（含：接続水域）＋延長大陸棚	約465万km^2

日本の領海をふくめた排他的経済水域は447万km^2（国土面積38万km^{2}の約12倍）で世界第6位。日本は、海洋国家としては大国だといえる

表3　EEZと領海を合わせた国別ベストテン

順位	国名	EEZ＋領海（km^2）
1	アメリカ	11,351,000
2	フランス	11,035,000
3	オーストラリア	10,648,250
4	ロシア	7,566,673
5	カナダ	5,599,077
6	日本	4,479,358
7	ニュージーランド	4,083,744
8	イギリス	3,973,760
9	ブラジル	3,660,955
10	チリ	2,017,717

白山　カイコウオオソコエビはほんの一例で、山のように可能性はあるでしょうね。鉱物資源が非常に注目を集めていますけれども、最大の生物資源はもちろん漁業、タンパク資源としての漁業です。非常に広い面積をもっている。じつは、現在知られている生物の種類が世界でいちばん多く集まっているのが、日本のEEZなんです。

赤坂　それだけ生物多様性もあるわけですね。

複雑な海は生物多様性を生みだし、その生物から学ぶ

白山　日本沿岸の生物多様性が非常に高い。

赤坂　複雑な海なんですね。

白山　それはそうですよ。日本のEEZのなかには、流氷のとどく海から、サンゴ礁が豊かに育つ海まであるわけですから。考えられるすべての生息地がある、べらぼうな多様性です。

赤坂　陸上の生きものとか、あらゆるものを遺伝子で登録してかこいこむことがはじまっていますが、海はまだまだ無尽蔵の可能性を秘めた場所ですね。そういう意味でいうと、日本の海にかかわるサイエンスやテクノロジーは世界の最先端となりますか?

白山　最先端でもまだまだ全然わかっていないことのほうがはるかに多いということですね。

赤坂　でも、お金がかかるでしょうね。

白山　そう、金がかかるということです。

赤坂　地図を見ているだけで、あるいはこういう座談会とか先生のインタビューを見せていただくだけでも、海洋国家としての日本がもうすこし広く知られるようになったほうがいいなあと素朴に思いますね。

とくに最近は、レアメタルとか海洋の鉱物資源とか、エネルギー資源の採算性がとれて、とりだすことができれば、暮らしの風景や産業構造などががらっと変わる可能性だってありますよね。それは、ほんとうに国家が政策として選択して集中的にお金をつぎこんでいかなければできない。民間の力でやれることには限界があるでしょうし。

白山　鉱物資源やエネルギー資源だけでなく、生物資源も重要で、視点をおくべきだと思います。

赤坂　たぶん、医学の発展にとっても非常に大きな可能性を秘めた場所ですね。

白山　そうです。アメリカにハーバー・ブランチという財団があります。アメリカで潜水艇をもっているのは、有名なウッズホール海洋研究所と、このハーバー・ブランチ財団だけです。

そのハーバー・ブランチをやっているのがジョンソンっていう人、「ジョンソン・エンド・ジョンソン」のジョンソンです。なんでそこでやっているのかというと、海の生物のなかには、彼らがやっている医薬品、医学にかかわるとてつもない物質があるんではないかということ。

赤坂　ユニクロあたりが、衣服の素材を海からとってくるとか、これからそういう動きがはじまるかもしれませんね。

白山　ええ。そういう意味で、いま非常に注目を浴びているのが、バイオミメティックスという考えかたです。生物からいろんなことを学びましょうと。模倣する生物の対象として、これまで海はあんまり考えられていなかった。これからは、海っていうものもおおいに考えるべきです。玉虫ってきれいな色をしていますね。水に漬けようが何しようが、絶対にあの色はなくならない。なぜかというと、染料でつくった色じゃないから。「構造色」っていいます。

赤坂　構造色っていうんですか。

白山　じつは、海の生きものでもまったくおなじように構造色をもっている、キラキラ光る種類がいますよ。海の生きものに目をつけたわけではありませんが、構造色という考えかたを活用して、たしか東レだと思いましたが、構造色でキラキラ光る繊維をつくって製品化した。女性のファッションでキラキラ光るけれどシルクではない素材があります。

赤坂　クモの糸も最近ありますよね。特別な繊維が大量生産できるようになっている。

白山　そう、クモの糸からっていうのも。

赤坂　山形の鶴岡にそれを試みている企業がありますね。どうやったら大量生産ができるか、試行錯誤の末にようやくできたとか。生物から学ぶという科学、すごくおもしろいですね。日本はやっぱり、サイエンスとテクノロジーで先頭を走って切り開いていくしかないですね。

最初の話で、基礎的な研究にたいしてお金が十分にまわらなくなってくるという状況は、三〇年、五〇年という日本の将来を考えたときには、大きな手かせ足かせになってきま

バイオミメティックス
生物模倣（biomimetics）。生物体のもつさまざまなすぐれた機能を模倣し、人工的に再現する技術。

構造色
光の波長またはそれ以下の微細構造によって生じる発色。シャボン玉、CDの記録面、玉虫やモルフォ蝶のはねなど、それ自身には色がついていないが、その微細な構造によって色づいて見える。

それを試みている企業
山形県鶴岡市に本社をおくスパイバー（Spiber）という繊維企業。慶應義塾大学先端生命科学研究所でクモの糸を研究していた関山和秀氏が、共同で開発にあたった小島プレス工業とともに、強靭かつ柔軟な「クモの糸の人工生成」の製品化・量産化を実現させた。

すね。

白山　はい。

基礎科学の国家戦略が重要

赤坂　今世紀になってから、ノーベル賞をとる日本の学者がすごく増えてきたのは、これまでずっと延々と基礎研究に力を注いできた、それが花開いているわけですから。

白山　はい、そうです。

赤坂　いまの状況になってしまうと、一〇年とか二〇年先は先細りになっていくというのが、目に見えていると思いますね。

白山　そういう危機感は、非常に強くもっていますね。日本学術会議――研究者コミュニティの声をまとめる場所で、自然科学だけでなく社会科学も入ってますけれど――でも、サイエンスが市民との対話を十分果たしていなかったという強い反省がありますね。基礎科学が非常に重要で、それによってはじめてイノベーションもあるし、あたらしいパラダイムシフトも出てきます。、ようするに、まったくコンセプトが変わるということです。すぐそばに見えるようなもののサイエンスをやっていたのでは出てこないということをメッセージとしては出したいが、いまの社会システムではなかなかうまくいかない。

ただ、日本が一生懸命基礎科学をやってきたのも、趣味でやっている学問を一生懸命サポートしようと思ってやってきたわけじゃない。そこには国家戦略があったわけです。

パラダイムシフト
科学革命。あるいは、ある時代や分野において当然のことと考えられていた認識や思想、社会の規範や価値観が劇的に変化すること。発想の転換。

基礎科学をしっかりやることが世界最先端のイノベーションにつながり、日本の国としてのアイデンティティが守られるのではないかという。そこには国としての戦略があったと思うんですよ。

赤坂　はい。

白山　いま、その国家戦略があるかっていうと、すこし心配な面がある。たとえば、基礎研究からボトムアップするための最大の財源はいわゆる**科研費**と呼ばれるもので、それはしっかり伸びている。そこはそれなりに担保されているふうに見える面もあると思います。

その科研費の財源をどのように確保しているかというと、これまで、国立大学でいうと公費という毎年必ずくれるお金があったわけです。Ａさんも、Ｂさんも、Ｃさんもおなじ金額がもらえていた。それを削りとって、科研費という**競争的資金**の財源にしているわけです。それは純増ではない。競争的資金が増えたが、それはべつのところを犠牲にしてはじめて増えたのであって、基礎研究全体の予算がバーッと増えているという話ではありません。

以前、わたしは京都大学にいたんですが、あそこは**ｉＰＳ細胞**の研究がすごく進んでいます。すごい速度で前に進んでますね。基礎体力はちゃんとあるので、まだそこが失われるほどは日本の研究者社会は崩壊してない。あるいは日本の教育システムは崩壊してないと思います。基礎研究をねらって、そこに戦略的にお金をかければ、成果は出ると思います。

ただ、昨今の競争的資金一辺倒のシステムは、研究者の倫理に重大な問題を引きおこし

科研費
科学研究費の略。文部科学省およびその外郭団体の独立行政法人日本学術振興会が、「学術研究」を格段に発展させるために資金を提供する。

競争的資金
科研費申請で応募された研究課題は比較・検討されて、採用するかどうかが審査される。採用された研究にたいしてのみ、研究資金は配分される。

ｉＰＳ細胞
二〇〇六年、山中伸弥《やまなかしんや》教授率いる京都大学の研究グループによって、世界ではじめてつくられた人工多能性幹細胞。英語名の頭文字をとってこう呼ばれる。再生医療を実現するための重要な役割を果たすと期待されている。

かねません。データの捏造などがあると、科学への信頼は一気に揺らぐので、ある程度のベースの研究費があって、もっと前に進めたいときにはじめて競争的資金にたよるくらいがちょうどいいと思います。

赤坂　この数年間でも、日本人のなかで海に対する意識は、ずいぶん変わってきたと思います。尖閣などの問題もあるのかもしれないけれど、同時にレアメタルが見つかったなどの情報がふつうにもたらされるようになっている。それはとても大事だと思うし、こんな地図をながめていると、なんで日本に「海洋省」がないのかなと考えます。水産庁とか国交省にわかれていると、対応できないんじゃないですか？

白山　はい。

赤坂　全然ちがうステージに出なくちゃいけないのに、そういう動きはないですか？

白山　はじめの一歩として、二〇〇七年に「総合海洋政策本部」が、内閣府のなかにできています。できてかなり時間がたっていますが、はじめにつくったときの意思、海洋にかかわる者の期待に十分にこたえているかっていうと、残念ながらそこまではいっていないかなと思います。「海洋省」がある代表は、フランスです。

赤坂　フランスにあるんですか？

白山　じつは、フランスっていうのは、ＥＥＺが日本より広い。仏領ポリネシアとかニューカレドニアなんかがふくまれてますからね。

赤坂　まだ植民地があるんだ。

白山　はい、たくさんあります。

赤坂　でも、彼らには遠いじゃないですか（笑）。われわれは、手のとどくところにこれ

総合海洋政策本部
二〇〇七年に成立した海洋基本法にもとづいて、海洋に関する施策を集中的かつ総合的に推進する日本の政府機機関として設置された。本部長は内閣総理大臣。

だけ膨大なエリアがあって、しかも非常に多様な海洋環境が存在する。

漁業活動と山の管理が地球環境を変える

赤坂　さて、対談の最後のテーマ「海洋環境の危機と保全」についてですが、危機ということは、状況として悪いことが起こっているわけですか？

白山　それは、データとしては出てきていると思います。

赤坂　温暖化とか、海が汚れているとか？

白山　温暖化、汚染はもちろんありますが、そのほかに酸性化について。いつもいろんな人にいっているんだけれど、結果として生物の量が減っていることはもうまちがいない。危機とか保全とかは人間の価値観が入ってきますから、サイエンスでいえば「変化」だけかもしれませんが、大きく変わってきていることはたしかです。今後も大きく変わるだろうということもたしかです。残念ながら、人間にとっての生態系サービスは減る方向にある。そういう理解だと思います。

赤坂　じつは、東日本大震災後、人口問題が非常に気になっています。五〇年後に日本列島の人口はおそらく八〇〇〇万人になる。そうすると、海洋環境っていうのもかなり変化してくるんじゃないかなって思っていますが、そういう予感はありますか？

白山　真剣にじっくりとそこを考えたことはないですが、直観でいえば当然ありますね。大きくふたつにわけないといけない。

ひとつは、「地球環境が変わる」。これは、日本の人口の減少とはあまり関係がない。もうひとつの、日本の人口、あるいは日本の陸上の社会構造変化が海にどういうインパクトをあたえるだろうかについては、定性的にいえば、たぶん四つぐらいの視点があると思います。

ひとつめは、もちろん漁業活動です。これについてわたしは、ちょっといやな予感がしています。いまの日本沿岸の水産業は、自分の地先の海を漁業者が管理して、釣りのような方法で漁をしている。だから、江戸時代からいままで、ちゃんと漁業の採算がとれている。

人口の減少でそういう漁業従事者がどんどん減り、なりわいとして零細漁業が成り立たなくなって、株式会社の水産業がはじまるでしょう。

赤坂　なるほどね。

白山　事業としての水産業っていうのは、基本的には破壊的な漁業です。

赤坂　略奪型ですね。

白山　ええ略奪型。漁師が減れば魚が増えるかっていうと、わたしはそんなに単純な図式じゃないと思います。

ふたつめ。陸上から海に、栄養源、海の生物のもとのもとになる肥料が流れこんでいますけれども、栄養源は山がつくるわけで、山の管理がしっかりしていないと、海に入ってくる栄養源のバランスが悪くなって、これも困りますね。

赤坂　「森は海の恋人」ですもんね。

白山　そのフレーズは畠山重篤《はたけやましげあつ》さんという人がはじめて提唱したんですが、真実を突いているとは思う。ただし、サイエンスとして、それをいまのところは必ずしも証明はで

畠山重篤
一九四三─。「NPO法人森は海の恋人」代表。日本の養殖漁業家。森から流れでた養分が川を通って海に注ぎ、植物プランクトンを育んで魚や貝などの恵みをもたらすという考えにもとづき、宮城県気仙沼湾で漁師として牡蠣の養殖をしながら、地元の漁師の人びとともに植林活動をおこなっている。著書に『森は海の恋人』文春文庫、二〇〇六年などがある。

きていない。だけど、直観的にはたぶん正しいだろうと思っています。だから、山の管理ができなくなるということは非常に大きなインパクトがあるだろうとは思いますね。

赤坂　原生林がいいって、日本人の多くはどこかで信じている。

白山　たしかにそうです。針葉樹よりは広葉樹がよくて、広葉樹のなかでも落葉広葉樹がいい。海の立場からいえば、集水域が広葉樹林の河口域のほうが豊かであるだろうというのは、直観的・定性的なイメージとしてあります。ほんとうにそうなのかどうかは、サイエンスとしてはまだとらえられてはいませんが。

赤坂　三つめは?

白山　タンパク源としての海の価値が、たぶん下がります。残念ながら、いまの日本の文化としての海の価値を下げてしまうという気がして、いやだなっていう（笑）、非常に危機感をもっていますね。

赤坂　動物タンパク源というのは?

白山　動物タンパクとしての魚、いまでも魚ばなれとはよくいわれるし。魚の切り身しか見たことがないという、まあ揶揄したものの考えかた、コメントがありますが、加速されると思う。

赤坂　それにはきっと、わかれめ、分岐点があると思いますね。これだけ世界の人口が爆発的に増えていて、中国の人たちが牛肉を食いはじめたら、たいへんなことになりますね。

白山　マクドナルドでチーズを食べてチーズ好きになった中国人がチーズを食べはじめたら、日本のチーズの値段がボーンとはねあがった（笑）。

赤坂　なるほどね。

白山　最後は、海洋にかかわる産業がなくてもすむような社会になってしまうリスクがあると思います。もしも、そっちのほうに舵が切られてしまったときには、それこそ非常に広いＥＥＺを活用しない方向に……。いいかたは非常に悪いですが、「愚かな」選択。

赤坂　愚かですね。

大量消費は大量破壊へ、持続の可能性は

白山　愚かな選択をしていて、いまだに大量消費、大量破壊というマインドで社会を設計したら、海は使わない社会になりがちです。いっぽう、日本という社会を持続可能な方向につくっていこうと思ったら、海をどうやって活用するのかは非常に大事な視点です。広さからいえば国土の一〇倍以上あるわけで、それをどのように使うかが非常に重要です。賢い選択をしてサステナブルな社会をつくるための、ひとつの鍵だと思います。人口が減ったときに、社会構造としてどのようなものを構想するか。経済性だけではなくて持続可能性を加えて、「いまはちょっとコストが高いけど、一〇〇年持続可能だよ」っていうほうを選べるかどうかを考えたいと思います。

基礎科学としての海洋学は、海洋の基本的な理解をとおして、このような社会をつくりあげるために必要不可欠な科学的知見を提供することが、最大の社会貢献だと思っています。

赤坂　たしかに、瀬戸際かもしれないですね。いまは原発に集約されて語られていますけ

サステナブルな社会
持続可能な社会。地球環境を保全しつつ、将来にわたって持続が可能かどうかを表す概念。とくに産業や開発などにおけるエネルギー問題や環境問題についていう。たとえば、化石燃料や鉄、銅、レアメタルなど、限りのある物質を消費しつづける人間活動は、持続可能性がないといえる。

れど、ほんとに持続可能性っていうことを考えたときには、狭い陸上に呪縛されていると選択肢がすごく狭められてしまう。

でも、再生可能のエネルギー問題でも、洋上風力とか、潮力とか、波力とか、いろんな提案がなされていますが、じつは、宮沢賢治が「グスコーブドリの伝記」のなかで、そんなことを書いている。

たぶん、賢治という人はエネルギーはどういうところから生まれるかを、科学的に知っていた。だからそういうことを語っていたと思うけれども、あらためて、海っていうのが、領海とかいうレベルではなく、ある種の可能性の宝庫として再発見されていかないと、この国の将来イメージ、将来像っていうのがたぶん豊かに描けないな、って感じています。

海洋生物学って海洋学の一部ですか、とってもおもしろい学問ですね。

白山　ええ。きわめて総合的ですね。学際的というんですが、物理でも、化学でも、生物でも、地学でも、すべてをまたいでネットワークを組んでつくる学問だと思いますね。こういう学問を推進するうえでは、科学者間のコミュニケーションがたいせつですが、海洋学では、海洋観測船でおなじ釜の飯を食うという機会がたくさんあって、陸上を対象としている研究者よりは、交流が世界規模で盛んだと思います。

赤坂　われわれの世界でいうと、歴史へのみかたが、陸上中心の歴史観が支配的な時代と、海にすごく関心が開かれている時代が交互にきているような感じがします。宮本常一《みやもとつねいち》という民俗学者がいろいろな場所で語っていたように、海から見た日本、海とかかわる日本みたいなものをもうすこしていねいに掘りおこしていく必要があるし、そこに新たな

宮本常一
一九〇七―八一年。フィールドワークに徹した民俗学者。生涯にわたって日本各地をめぐり、膨大な記録をのこした。『私の日本地図』全一五巻、『日本民衆史』全七巻、『宮本常一著作集』など、未來社から刊行がつづいている。

希望が生まれてくると、ぼくは感じますね。

先ほどの「日本の排他的経済水域と大陸棚の拡大が認められた海域」のようなイメージ図（51ページ図5）ですか、あれを多くの人に見ていただきたいですね。日本はこんなに自由に使える広大な海をもっている海洋国家なんだということです。広報戦略としてもたいせつなテーマだと思いますね。

いつのまにか、時間がすぎてしまいましたね。すごくおもしろかったです。ありがとうございました。

Ⅱ部

深海生物研究のフィールドワーク

——藤倉克則

海の水の流れの計測

——柳　哲雄

深海生物研究のフィールドワーク

――藤倉克則

はじめに　採泥器から有人潜水調査船へ

自然科学のフィールド生物研究では、最初に野外で実際に対象を観て（観察して）、その後、サンプルを採集したり、計測したり、実験室で解析したりする。地上だけでなく、水中に棲む生物についてもその研究方法はおなじだが、現実には、水中――とくに深海――で生活する生物を実際に「観る」ことは非常にむずかしかった。それが現在では、有人・無人の深海探査船の発達などによって深海を「観る」ことができるようになり、深海生物の研究は大きく進んできた（図1）。

深海生物フィールド研究のはじまり

深海生物の本格的なフィールド研究は、欧米諸国で一八〇〇年代後半からはじまった。当時は、長いロープやワイヤーで水深を測り、ときには採泥器などのサンプリング機器（採集機器）をつりさげて深海から生物などを採集していた。作業の内容を推測するに、相当な苦労をして得られたサンプルは、いま以上に貴重なものだったろう。その貴重なサ

深海
深海とは、水深二〇〇メートルより深いところをいう。おおむね二〇〇メートルになると、到達する光の量がすくなすぎて植物が光合成できなくなる。これを境に浅海と深海を区別するのが一般的。海の平均水深は約三八〇〇メートルなので、海のほとんどは深海になる。世界でもっとも深いところはマリアナ海溝で、約一万九〇〇メートル。

音響測深機
船から音を発信し、はね返ってくるまでの時間から水深を測る装置。水中では電波や光は使えないが、音は空中より速く、遠くまでとどく。

ドレッジ
金属製で箱や網型の、採集器具。

ンプルを詳細に観察・解析することで、深海生態系のベールをはがそうとしたのである[1]。

この伝統的な方法は、技術の発展にともなって容易かつ効率的なものになっているが、基本的な部分は現在も変わらない。多くの海洋調査船では、音響測深機で測ったデータをもとに海底地形図を作成し、長いワイヤーをまきつけたウィンチで張力やワイヤー長を測りながら、先端にドレッジやネットを装備して、深海生物を採集する。

しかし、深海から引きあげられるため、得られたサンプル――とくに大型の生物――は、「生きもの」ではなく「死にもの」となっていたり、破片しかのこらずほんとうの姿かたちがわからないものがほとんどである。その生物が深海でどのような生きかたをしているのかは、姿かたちから推定するほかないのだが、従来の方法では、フィールド研究の最初のステップである「観る」ことが十分にできない。

先進諸国の海洋生物研究者や技術者たちは、深海を現場で直接観察する方法の開発にとり組んでいった。日進月歩の技術進展にともなって、直接観察の技術のみならず、音

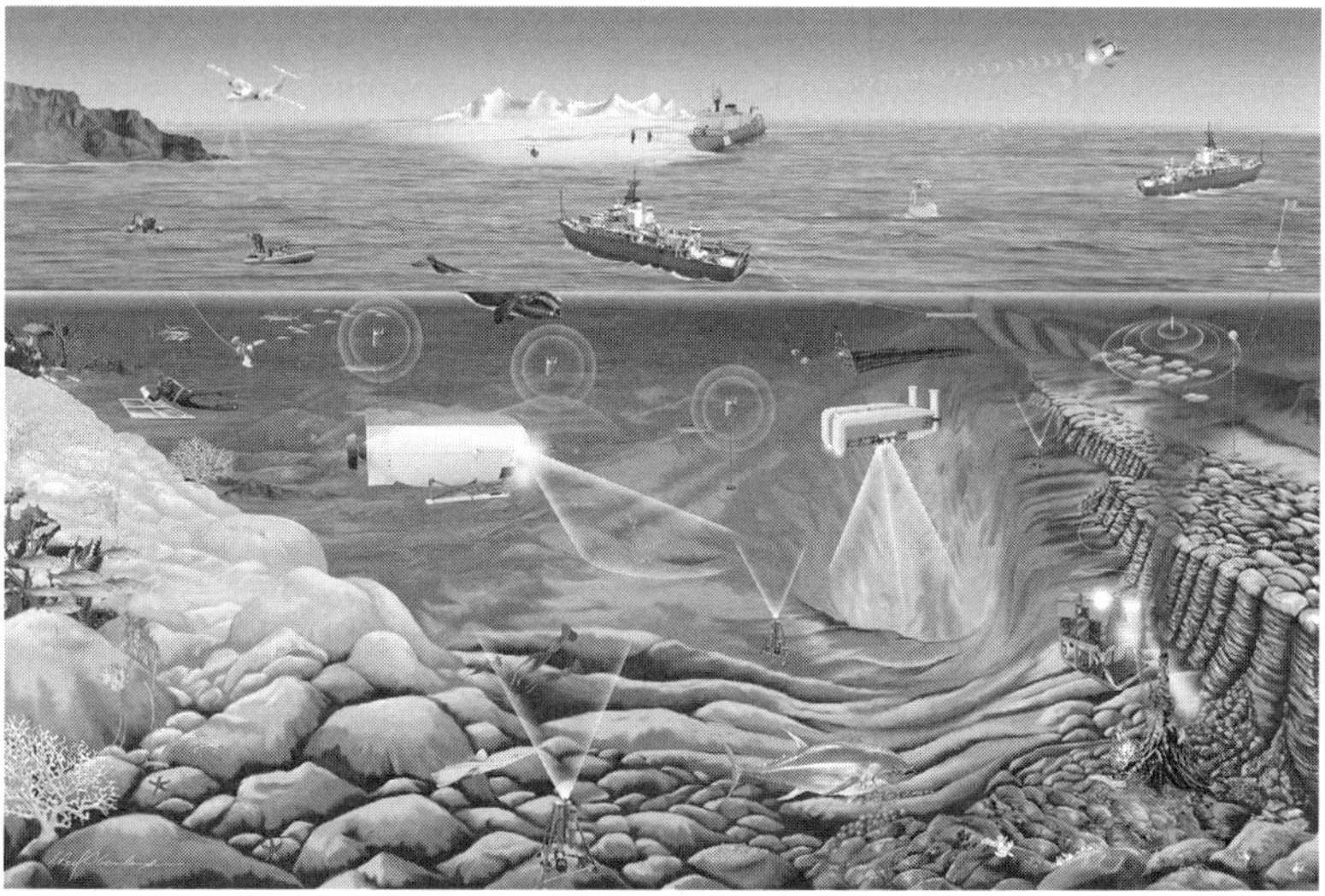

図1　海洋の生物フィールド調査はさまざまな技術を駆使して進められている（Census of Marine Lifeの Highlights of a Decade of Discoveryより転用）

を使って可視化する技術や、生物に直接計測機器をとりつけてその行動や深海の環境を測るバイオロギングといったさまざまな技術が開発されてきている。それらを駆使して、いまでは浅海から深海にいたるあらゆる海で生物のフィールド研究が進められている。

ただし、深海調査は、浅海に比べてはるかに大がかりな設備とたくさんの経費がかかる。わたしたちがこれまでに実際に観て研究することができた深海生物は、膨大な全体像のなかのごくひと握りである。

深海潜水船

深海を対象とした潜水船は、一九六〇年にマリアナ海溝の世界最深部まで有人で潜航したトリエステ号など「バチスカーフ」シリーズが有名である。ただし、これはあくまで探検的な目的の潜水船であり、あまり自由に動くことができず、科学調査ができるような十分な機能はもっていなかった。それでも、世界最深部に「人がいく」、そして「実際に観る」という大きな足跡をのこしたことはまちがいない。

機動的な有人潜水調査船のパイオニアは、日本が一九二九年に運用した「西村式豆潜水艇一号」(設計潜航深度二〇〇メートル)である。その後、先進諸国で深海曳航式テレビカメラ(写真1)、有人潜水調査船(写真2)、無人探査機(写真3)の開発が進み、研究者の眼で深海を観るこ

トリエステ号
ヨーロッパで建造され、米国に買いとられた潜水艇。乗船者はふたり。浮くための浮力材には、ガソリンが使われた。大量に積みこむ必要があったため、長さが二〇メートルもあった。

写真1 海洋研究開発機構(JAMSTEC)にある深海曳航式テレビカメラ。水深4000mまでの海中で動画と静止画が撮影できる。動画はケーブルを介して船上でリアルタイムに観察できる。水温、塩分、水深といった基本的海洋環境データの取得も可能 ©JAMSTEC

とができるようになった。

深海観察用の機器が登場したことによって、深海生物の生きた姿を観察するだけでなく、山あり谷ありの複雑な海底地形の場でも調査ができるようになった。ワイヤーの先端につけた採集機器を使っていた時代には、機器が海底にひっかかることを避けなくてはならず、地形が複雑な場所では調査ができなかったのだ。

「化学合成生態系」の発見

深海曳航式テレビカメラや有人潜水調査船で複雑な地形をした場所を調査したところ、一九七〇年代後半から、深海生物学上最大の発見である「化学合成生態系」の存在がわかった。

これは、海洋プレート拡大域の中央海嶺にある活動的な海底火山や海洋プレート沈みこみ域の断層において、海底下深くから供給される化学物質（硫化物やメタンなど）をエネルギー源にした生態系で、これまで地球上の生態系を説明していた光合成生態系とは異質なものである。

化学合成生態系では、通常の深海にはいない固有の生物が、きわめて高密度に生物群集をつくる（次ページ写真4）。活動的な海底火山では、ときには三〇〇℃を超える熱水が噴きだし、

写真2　深海潜水調査船支援母船「よこすか」の**Aフレームクレーン**でつりあげられる有人潜水調査船「しんかい6500」。全長9.7m、高さ4.1m、幅2.8m、最大潜航深度6500m。研究者1名、パイロット2名の3人乗りで、前方のコックピット（直径2mの球体）に乗りこむ。通常潜航時間8時間　©JAMSTEC

写真3　無人探査機「ハイパードルフィン」。全長3m、最大潜航深度3000m。ハイビジョンカメラで撮影した映像は、船上でリアルタイムに観察できる。「ハイパードルフィン」の**ペイロード**にさまざまな調査機器をとりつけているところ　©JAMSTEC

そのまわりには「熱水噴出孔生物群集」がつくられる。沈みこみ域の断層からはメタンに富んだ水が湧きだし、そこに「冷湧水生物群集」と呼ばれる生物群集がつくられる。

このような特殊な生態系の発見を皮切りにして、世界の深海生物研究は、化学合成生態系をテーマとしたものに移行している。そして、ここから得られた知見は、いまでは生命進化のメカニズムや生命起源の理解にまでせまろうとしている。

わたしが海洋科学技術センター（現・海洋研究開発機構）に職を得て深海生物研究の道にはいったのは、日本でも相模湾や沖縄トラフ（「トラフ」は細長い海底盆地で、深さ六〇〇〇メートルより浅いもの。深さが六〇〇〇メートルを超えると「海溝」と呼ばれる）で化学合成生態系が発見された一九八〇年代後半だったので、おのずとこのユニークな生態系を対象とした研究をおこなうことになった。

本稿では、わたしの実体験をもとにして、深海というフィールドでくり広げられてきた調査研究のトピックをいくつかとりあげた。つたない筆力でどこまで現実にせまれるか不安であるが、想像力を豊かにして読み進んでいただき、すこしでも現場の雰囲気を感じとっていただければ幸いである。

写真4　化学合成生態系のひとつである熱水噴出孔生物群集。右：ゴエモンコシオリエビ（甲殻類）が密集。各個体は大きさ6cm程度。左下部分は熱水の噴きだしにともなって海水が揺らいでいる。左：シマイシロウリガイ（二枚貝）が密集。各個体は大きさ15cm程度。いずれも、沖縄トラフ水深約1000mで撮影　©JAMSTEC

Ⅰ 「しんかい6500」の潜航調査

1 一回の潜航に乗れるのは、ひとりの研究者だけ

世界には、水深一〇〇〇メートルくらいまで潜ることができる研究用有人潜水調査船が十数台あるが、水深六〇〇〇メートルの超深海までたどり着けるものは、わずか五台しかない。そのうちの一台が、海洋研究開発機構（JAMSTEC）が運用する「しんかい6500」である。

JAMSTECの調査船で海洋を調査するには、「しんかい6500」にかぎらず、ほとんどの場合、研究プロポーザルを申請して審査を受け、採択されなければならない。二〇一三年度、日本全国から七八件の深海調査航海のプロポーザルが申請されたが、採択は約三〇％の狭き門となっている。そのため、調査航海に参画する研究者にとっては貴重な機会であり、万全の準備で調査にのぞむことになる。

「しんかい6500」を使う調査チームは、おもに公的研究機関に所属するメンバーでつくられる。一回の潜航で乗ることができるのは、たったひとりだ（「しんかい6500」の定員は三人。パイロットがふたり乗り組む）。このため、自分の研究目的の作業だけでなく、ほかの研究者たちのリクエストにもこたえなくてはならない。たとえ、その研究者の専門が生物学であっても、地質学、化学を専門とするべつの研究者のためにサンプル採集や計測、観察をおこなう必要がある。

潜航研究者は、航海の首席研究者を中心に、乗船メンバーと相談しながら決める。わた

Aフレームクレーン
海洋調査船の後部についているクレーン。「よこすか」の場合は、「しんかい6500」をふくめたさまざまな調査機器の投入・回収時に使用する。

ペイロード
調査機器を搭載する場所や搭載するもの。

海洋プレート拡大域
プレートがあたらしくつくられる場所。地球上の海底は十数枚のプレートでおおわれているが、地球内部からマグマが上昇しているプレートの境界では、両側にプレートが拡大する。

海洋プレート沈みこみ域
異なるプレートどうしがぶつかりあい、どちらかが相手プレートの下に潜りこむ場所。海溝やトラフなど地形的なへこみがつくられる。

しが首席研究員の場合は、一回めの潜航や数日後に悪天候が予想される場合はベテランの研究者を潜航させるようにして、できるだけ多くのデータやサンプルを得るようにする。その後は、目的に応じて経験の浅い研究者をおりまぜながら潜航者を選ぶことが多い。以下に、わたしが経験した「しんかい6500」での潜航調査のようすを紹介する。

2　出港と潜航のための準備

目的地に向かう

「しんかい6500」を搭載する深海潜水調査船支援母船「よこすか」は、国際総トン数四四三九トンの大型調査船である。調査海域に近い港から研究者を乗せて出港し、潜航地点まで、短いときは一日、長いときは数週間かけてたどり着く。

航海中、潜航する研究者は、オペレーションチームから、「しんかい6500」のしくみ、船内で使うカメラ類の使用方法、非常時の対応方法、潜航する際の注意事項などの説明を受ける。たとえば、船内は呼吸するための酸素をボンベから供給しているので、火災が起きやすい。そのため、静電気が起きやすいフリース生地の洋服は避ける。また、ライターや使いすてカイロなど火災の原因となりそうなものはいっさいもちこまない。化粧品から可燃性のガスが出ることがあるため、整髪剤もふくめて化粧も禁止である。

必ず覚えなくてはならないのが、「よこすか」との通話をおこなう水中通話機の使いかただ。万が一、ふたりのパイロットが「しんかい6500」の中で体調を崩したときは、母船から水中通話機で指示を受けて、研究者自身が操縦して浮上しなくてはならない。

熱水噴出孔生物群集
熱水が噴きだす周辺にある生物群集。日本周辺では、沖縄トラフ、伊豆・小笠原諸島周辺海域などにある。

冷湧水生物群集
熱水噴出孔のように高温の水が出ているところではなく、周辺の海水とおなじくらいの温度の水が湧きでているところにある生物群集。日本周辺では、相模湾、南海トラフ、日本海溝などにある。

生命進化のメカニズムや生命起源の理解
生命の進化は、ほかの生物が共生することでうながされていることも知られる。化学合成生態系には共生関係に依存する生物が多いため、共生による進化メカニズムを理解するためのいい研究材料生物がたくさんいる。地球の最初の生命は、

「よこすか」に乗船した翌日に潜航というスケジュールのときは、きわめていそがしい。たった一日で、ラボのセットアップ、潜航調査に使う機器の確認や乗船研究者チームのミーティングなどすべてを終えなくてはならないからだ。いっぽう、現場までの航海が長すぎると、調査までのモチベーションの維持に気を使わなくてはならない。わたしの経験では、三日間くらいの回航がもっとも適していると感じる。

通常、潜航する前日に乗船研究者が集まってミーティングをおこなう。翌日の潜航での詳細なミッション（任務）を決め、「しんかい６５００」のオペレーションチームと相談しながら、ミッションの順番やペイロードに搭載する機器類の配置などを決めていく（写真５）。体調管理も重要で、前日の夜は、缶ビールを一本くらい飲んで早めにベッドに入る。

「マイ潜航布バッグ」をもって

潜航当日は、五時ごろに起床して、六時にブリッジにいく。操舵室には、母船「よこすか」の船長、一等航海士、「しんかい６５００」オペレーションチーム司令が集まり、モーニングコーヒーを飲みながら、海況や天気予報を見て、その日の潜航ができるかどうかの判断や作業について相談する（「しんかい６５００」には簡易トイレがついているが、しょっちゅう用をたしていては作業時間がもったいない。わたし自身は、潜航前の水分を控え

熱水噴出孔で誕生した可能性が指摘されている。

研究プロポーザル
みずからの研究を達成するために、研究者は申請書を提出する。申請書は、専門家が集まる委員会で審査され、科学の発展にどれくらい大きなインパクトがあるかどうかを問われる。

写真５　「しんかい6500」のペイロード機器類。中央下の棒状のものは、堆積物を採集するためのチューブコア。９本搭載されている。中央部にはいまわる半透明のホースは、吸引式深海生物採集装置（スラープガン）のもの　©JAMSTEC

めにしている）。船長・司令が、すぐに「きょうは予定どおり潜航しましょう」といえば問題ないが、海況が微妙に悪くて「しばらくようすを見ましょう」となった場合は、船長と司令に「そんなこといわずに、潜航しましょうよ」と、声に出さないテレパシーを送ることになる。

朝一番でその日の潜航が決められたときはもちろん、海況がかんばしくなくて潜航開始まで待機となっている場合も、「しんかい6500」オペレーションチームは、朝早くから潜航直前の最終機器チェックとペイロード搭載機器の調整を念入りにおこない、潜航研究者や乗船研究者も、搭載機器の位置や使いかた、順序を再度確認する。

七時に朝食をとったあと、船内にもちこむ資料、服、タオル、筆記用具を「マイ潜航布バッグ」につめこむ。これは、結婚するまえから妻がつくってくれたもので、わたしの数十回の潜航調査時に毎回使い、お守り代わりにしている（写真6）。

わたしは船に弱いので、海況がよくない状態で潜航する場合は、酔い止め薬を飲むこともある。「しんかい6500」は、潜航中はまったく揺れないが、調査が終わって海面に浮上したときに三〇分ほどかなり大きく揺れるのだ。

八時すぎ、船内に「スイマースタンバイ、スイマースタンバイ」という号令が響きわたれば、「これから潜航作業を開始する」という意味になる。「スイマ

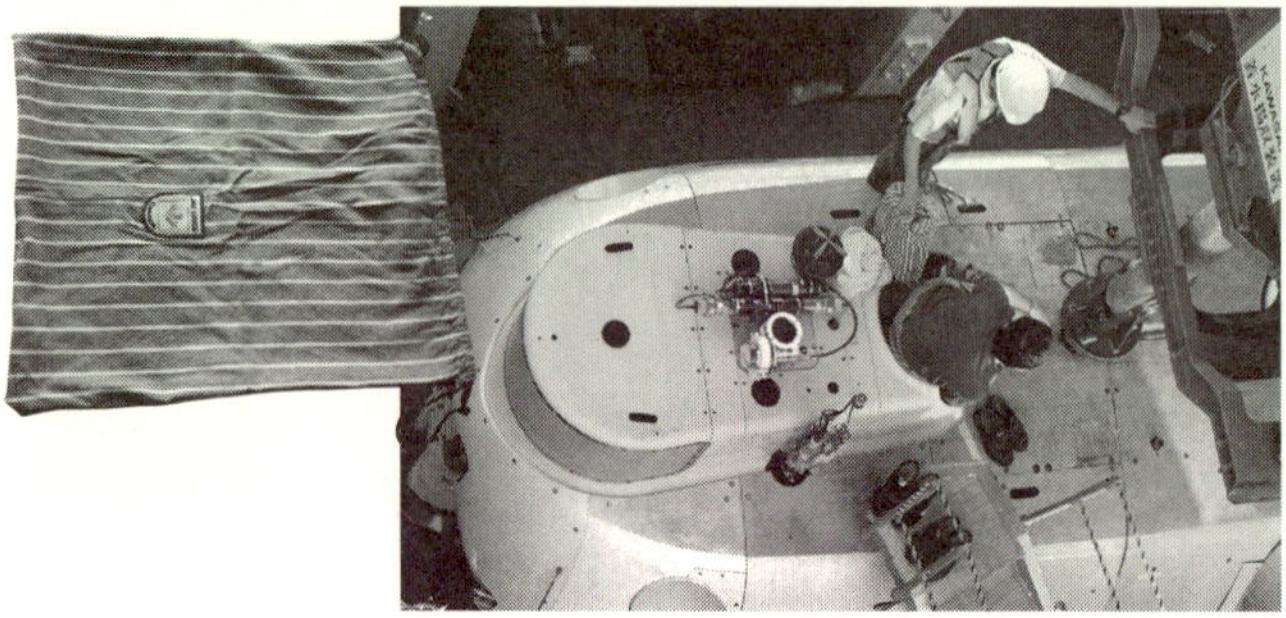

写真6　「マイ潜航布バッグ」（左上）とともに「しんかい6500」に乗りこむ　©JAMSTEC

ー」というのは、母船から「しんかい６５００」を切り離すときに、海上で切り離し作業をおこなう人のことだ。「よこすか」乗組員のうちふたりが、このアナウンスで更衣室に向かい、ウエットスーツに着替える。潜航研究者もふくめた全員の気がひきしまる。

号令を聞くと、わたしは「マイ潜航布バッグ」をもって「しんかい６５００」オペレーションチーム控え室にいき、ふたりのパイロットと司令とともに、潜航地点マップ（図２）を見ながらミッションの最終打ち合わせをおこなう。

打ち合わせが終わると、青い潜航服を着る（写真７）。潜航服は、防寒用（「しんかい６５００」の船内には省スペース、省電力、火災予防のためか暖房設備がないため、温度が

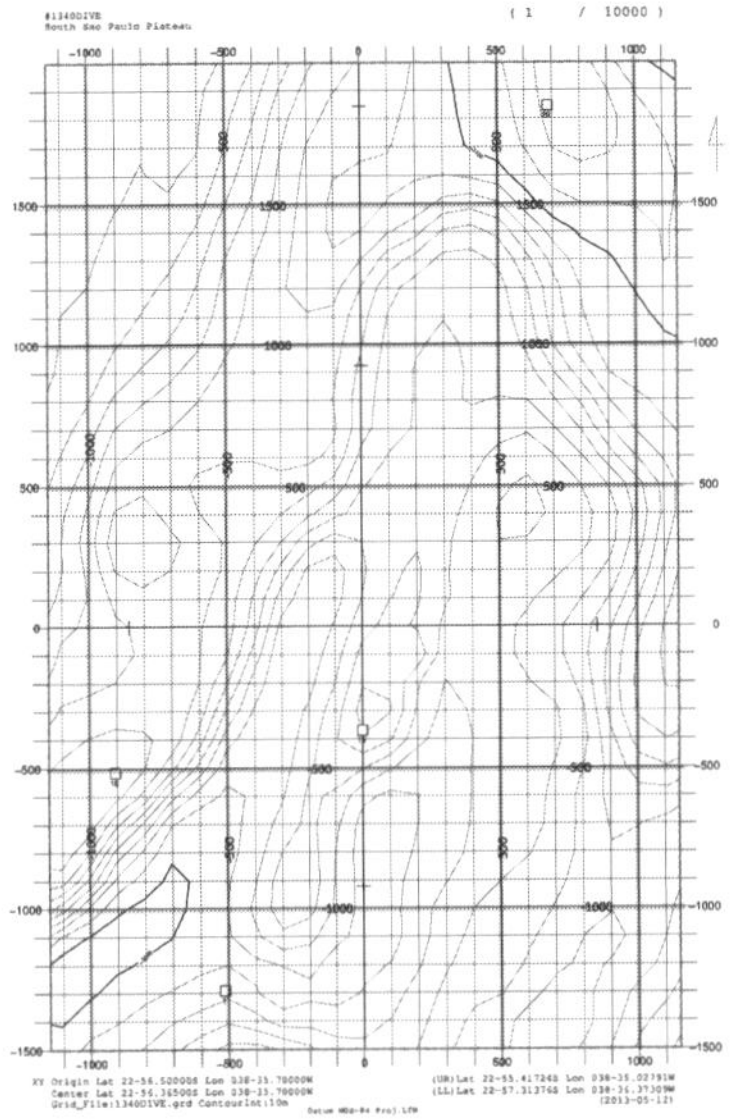

図2 「しんかい6500」にもちこむ潜航地点マップ。潜航中は、「よこすか」から「しんかい6500」の位置を、たとえば「X300m、Y500m」というように、座標上の位置として知らせてくる。筆者が潜航する場合は、見やすいように500mごとに赤鉛筆で線を上書きしておく

写真7 青い潜航服に身をつつんで「しんかい6500」に乗りこむブラジルの研究者 ©JAMSTEC

二、三℃しかない深海にしばらくいると、じょじょに冷えこんでくる）と、万が一火災が起きたときを想定して、カーレーサーが着用するレーシングスーツとおなじ難燃性の繊維素材でつくられている。

船内に入るや、ふたりのパイロットは、チェックリストを見ながらひとつひとつの機器の作動チェックに追われる。

ハッチ（コックピットへの入り口の蓋）がとじられると、コックピット内の三人は外界と隔離されたような感覚になる。「しんかい６５００」は、台車に乗せられたまま、ゆっくりと「よこすか」の後部に移動して、二本の太いロープと可動式の大きなＡフレームクレーンでつりあげられる。

3　潜航開始から終了まで

「ツリムよし」

Ａフレームが海の上にせりだし、「しんかい６５００」が海面に着水すると、スイマーがとび移って二本のロープと前方にある一本のロープが切り離される（写真８）。「しんかい６５００」は「よこすか」から完全にフリーになり、タンクの空気を排出して深海へと潜っていく。六五〇〇メートル地点までは、約二・五時間だ。

わたしが経験した最初の潜航調査は「しんかい２０００」を使っての

写真8　「しんかい6500」の上に乗ってロープをはずすスイマー。時化のときには、もっとも危険な作業となる　©JAMSTEC

もの（一九八九年、日本海）だったが、はじめての潜航は強く印象にのこっている。コックピットに入ると、「いよいよ、めったにいけない場所にいける」という喜びがこみあがってくると思いきや、そうではなく、むしろ「ヒトがいってはいけない世界に、いかなくてはならない」という恐怖が襲ってきた。手に脂汗がじわっとにじみでてきたのをいまでも覚えているし、それは現在でも変わらない。ところが不思議なもので、ハッチを閉められると、なぜか恐怖感がなくなる。下降中は、ひたすら観察窓から水中を観察し、一瞬で通りすぎる魚類、クラゲ類、甲殻類などの生物や、マリンスノーが潜水調査船にふれてはじけるときの青白い生物発光を、目をこらして観ていた。

その後、何度か潜航調査をおこなって慣れてくると、ときおり水中を観る程度になり、ミッションの優先順位や各ミッションに要する時間、ひとつの作業がうまくいかなかったときの対処などさまざまなケースを想定しながら、シミュレーションに時間を費やすようになっていった。また、わたしの場合、下降中に昼食の弁当を食べ、トイレをすませ、海底での作業をできるかぎり効率よく進めるための準備にもあてる。

海底からの高度が約一〇〇メートルになると、「しんかい6500」は、搭載している錘《おもり》の半分を投下して（また、タンク内の海水を微妙に出し入れして）完全な中性浮力状態にする。これを「ツリムをつくる」と呼んでいる。

「ツリムよし」となったらスクリューを使って海底付近に近づき、実質的な調査がスタートする。

研究者は、観察窓から海底を観察し、テレビカメラ、デジタルカメラなどで海底のよう

マリンスノー
植物プランクトン、動物プランクトンなど生物の死骸や排泄物がかたまりとなったもの。まるで雪が降るように水中をゆっくり沈む。

中性浮力状態
浮きも沈みもしない状態のこと。

すや作業を記録する。観察ターゲットを目視できたらパイロットに伝え、船体をターゲット至近に着底させる。

潜航研究者とパイロットは、あらかじめ決めておいたミッションにしたがって、調査を進めていく。サンプル採集、詳細な観察と映像取得、計測などめまぐるしい作業をおこない、航走・着底をくり返すのである。

ハプニングも多数

予定どおりに進まない場合も多い。たとえば、熱水噴出孔から出た熱水を採水しようとしたら、採水器がぶらぶらしないようにと軽く縛っておいた輪ゴムが切れず、採水器をとりだせなくなったことがあった。人の手でかんたんに切れる輪ゴムが、人間の手が直接使えない深海では切れないこともあるのだ。トラブル処理に時間をとられて次のミッションができなくなると困るので、このようなトラブルが起きたときに予定ミッションを中止することも、潜航研究者のたいせつな判断になる。

まったく思いもかけない事象に出会うこともある。一九九二年に地球化学研究者が小笠原諸島付近で潜航していたとき、海底に、クジラの骨らしき物体と、そのまわりに群がる底生生物を見つけた。地球化学研究者と乗船研究者は、このユニークな現象は科学的に重要だと判断し、当初の予定を変更して、以降の二回の潜航をクジラの骨らしき物体の調査に費やした。そしてこれが、日本初の「**鯨骨《げいこつ》生物群集**」の発見につながった。深海は人の目にふれないフィールドなので、より臨機応変な判断が重要である。

鯨骨生物群集
死んだクジラが海底で食べられたり腐敗する過程で、さまざまな生物が集まってくる。腐敗するとき化学物質が出るので、化学合成生態系のひとつのタイプである。

海上で支える

潜航中、母船の「よこすか」は、常に「しんかい6500」の位置を追尾している。陸上では、カーナビのようにGPS人工衛星からの信号を受信することで高精度な位置把握ができるが、水中では電波が使えないので、追尾は音波によっておこなう。「しんかい6500」が撮影した映像は、一〇秒に一回、音波を使って「よこすか」に送られる。これによって、海上の「よこすか」からも海底のようすや作業状況があらかたわかる。「よこすか」から潜航調査を見守る研究者たちは、送られてきた映像を観ながら一喜一憂することになる。

「しんかい6500」の電池消費量がリミットに達すると、「ブー」という警告音がコックピット内に鳴り響く。「あっというま」とは、まさに海底での調査時間の経過を表現するためのことばだと思う。海底での三～五時間は、とてもはやくすぎる。

慣れてくると、バッテリーの残電力を意識しながらミッションを進められるようになるが、慣れていない研究者には、パイロットが「あと〇〇分くらいで海底での作業は終わりになりますよ」とアドバイスしてくれる。

海底での作業が終わると、「しんかい6500」は錘ののこり半分を切り離し、海面に向けて浮上をはじめる（海底には鉄の錘がのこされるが、これはやがて溶けてなくなる）。

上昇するまでの時間は、パイロットと海底での作業についてよかった点、悪かった点を話し合いながらすごす。とくに、悪かった点を洗いだすことは重要で、これが次回の潜航調査時の改良につながっていく。

「しんかい6500」は長さ一〇メートル。小舟とおなじで、海面に浮上すると激しく揺れる。「よこすか」に揚収《ようしゅう》される（引きあげられる）までは、船酔いに耐える「魔の三〇分」となる。

夜中までつづく分析

一七時ごろ、「しんかい6500」が「よこすか」に揚収されると、すぐにサンプルや調査機器類がとりはずされる。潜航研究者とパイロットはハッチが開くまで出られないので、船上で待ちかまえていた研究者たちがサンプルに群がり、手ばやくラボにもち運ぶようすを、観察窓から見ているしかない。

ハッチが開けられてコックピットから出ると、外の新鮮な空気にほっとする。研究者の潜航が初体験だった場合、初潜航を祝して「水かけセレモニー」がおこなわれる（写真9）。

ほほえましい、つかのまのセレモニーが終わると、潜航研究者、乗船研究者はラボでサンプルやデータの分析にとりかかる。

一九時ごろには分析を中断してミーティングを開く。その日の潜航調査の詳細を伝え、翌日の潜航調査のミッションを決める。その後は、夜遅くまでサンプルやデータの分析がつづく（写真10）。

写真9　水かけセレモニー。はじめて「しんかい6500」で潜航した研究者には、初潜航を祝して水がかけられる

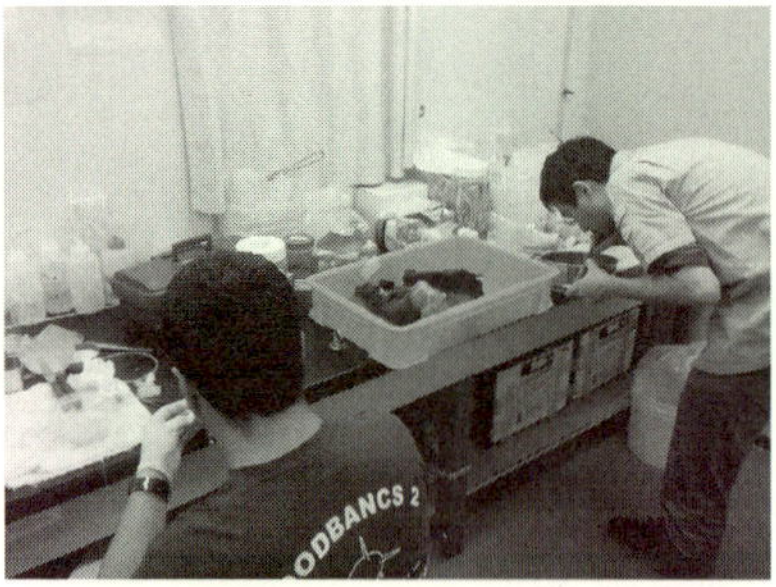

写真10　ラボでのサンプル分析作業。混ざりあった生物を種ごとに分類したり、遺伝子調査や化学分析用に固定したりする作業が、夜遅くまでつづく　©JAMSTEC

潜航調査中、乗船研究者は、このように朝早くから夜中まで作業をおこなう。連続で一週間も作業すると、疲れはどんどんたまってくる。長い航海ではなおさらだ。乗船調査には体調管理が非常に重要だ。

水かけセレモニー
ここ数年催されるようになったが、著者の初潜航は二十数年前だったので、幸か不幸か体験していない。

Ⅱ　深海生物の研究

1　深海生物の繁殖

生物の使命

すべての生物種にとって、最大の使命は子孫（遺伝子）をのこすことである。ほとんどの動物は雌雄異体であり、子孫をのこすために、卵と精子を効率よく受精させることが求められる。

海の動物も、多くは雌雄異体である。卵と精子を水の中に放出して受精させる場合、放卵と放精を同調させる必要がある。浅い海にいる動物の場合は、月の満ち欠けや潮の干満、塩分濃度の変化などをトリガー（きっかけ）にして、放卵と放精を同調させる。しかし、深海ではこのような環境変化のトリガーはほとんど使えないと思われる。

たとえば、水深五〇〇〜一二五〇メートルに生息するミツクリエナガチョウチンアンコウをふくむ数種のチョウチンアンコウ類は、オスがメスにかみつき、やがて融合することで、精子を確実にメスにわたす戦略をとっている。このような特殊な繁殖生態は、深海生物をあつかった読みものではよくとりあげられる事例だが、ほとんどの深海生物において、

雌雄異体
おなじ種類のなかでメスとオスの機能が個体ごとにべつべつにあること。ヒトは雌雄異体。いっぽう、多くのフジツボ類などのように、おなじ種類の同一個体にメスとオスの機能がある雌雄同体もある。

特殊な繁殖生態
多くの海洋動物は、水中に放卵放精をしたり、交尾してオスがメスに精子をわたしたりする。オスが体ごとメスに融合してしまうのはきわめてユニークである。

効率よく受精させるためのしくみはわからないままである。

　南北両極に近い高緯度海域では、春先に植物プランクトンが大増殖する。これがマリンスノーとして深海にたどり着くと、深海底では一時的に栄養分が豊富になる。このタイミングに合わせて繁殖期を迎える生物も知られるが、だからといってそれが放卵放精を同調させるトリガーを見いだしたことにはならない。たとえば、化学合成生態系の構成種である二枚貝のシロウリガイは、**共生細菌**から栄養を得ており、マリンスノーの栄養には依存していない。植物プランクトンの大増殖が繁殖に影響するとは、とても思えないのだ。

シロウリガイのぞき作戦

わたしたちは、シロウリガイの放卵と放精を同調させるトリガーを調べるには、どのようにフィールドで調査すべきかを考えた。生殖腺の成熟度について、年間を通じてサンプリングして組織学的に調べるということも考えたが、それでは繁殖期の有無や成熟サイズはわかるが、同調トリガーをあきらかにすることはできない。

　原始的だが確実な方法は、フィールドでシロウリガイを長期間連続して観察することである。いうなれば「シロウリガイのぞき作戦」である。ただし、陸上や沿岸における「のぞき作戦」は比較的容易だが、深海ではそうかんたんにはいかない。

　科学の進歩には、技術の進歩が同調する。一九九三年、ちょうどいいタイミングで、JAMSTECが深海の地震や環境をリアルタイムでモニタリングする新たな技術（リ

共生細菌
化学合成生態系の多くの動物は、みずからの体の表面や細胞内に細菌をすまわせている。それらの動物は、共生細菌を食べたり、それらから栄養を得たりしている。

アルタイム深海底観測システム）を開発した（図3）。海底に設置された観測ステーションにテレビカメラ、水中ライト、CTD、溶存酸素計、流向流速計、地震計などを装備し、そこから海底ケーブルを通じて送られたデータを陸上施設でリアルタイムに観測するという、当時としては画期的なシステムであった。

相模湾初島沖（静岡県）の水深一一七四メートルにある断層とその直上にあるシロウリガイ類などからなる冷湧水生物群集域に「深海底総合観測ステーション」を設置して、観測をスタートさせた[2]。

実際に「のぞいてみる」と、シロウリガイの放卵放精現象は、年間をとおしてかなりの頻度で観察することができた[3]（次ページ図4）。成熟したシロウリガイは繁殖期に季節性がなく、オスの放精は、集団でいっせいに起こっていた[4]（次ページ写真11）。

観測ステーションで記録された環境データとつきあわせて解析してみたところ、この放精現象は水温の上昇にともなって引きおこされるという傾向が見

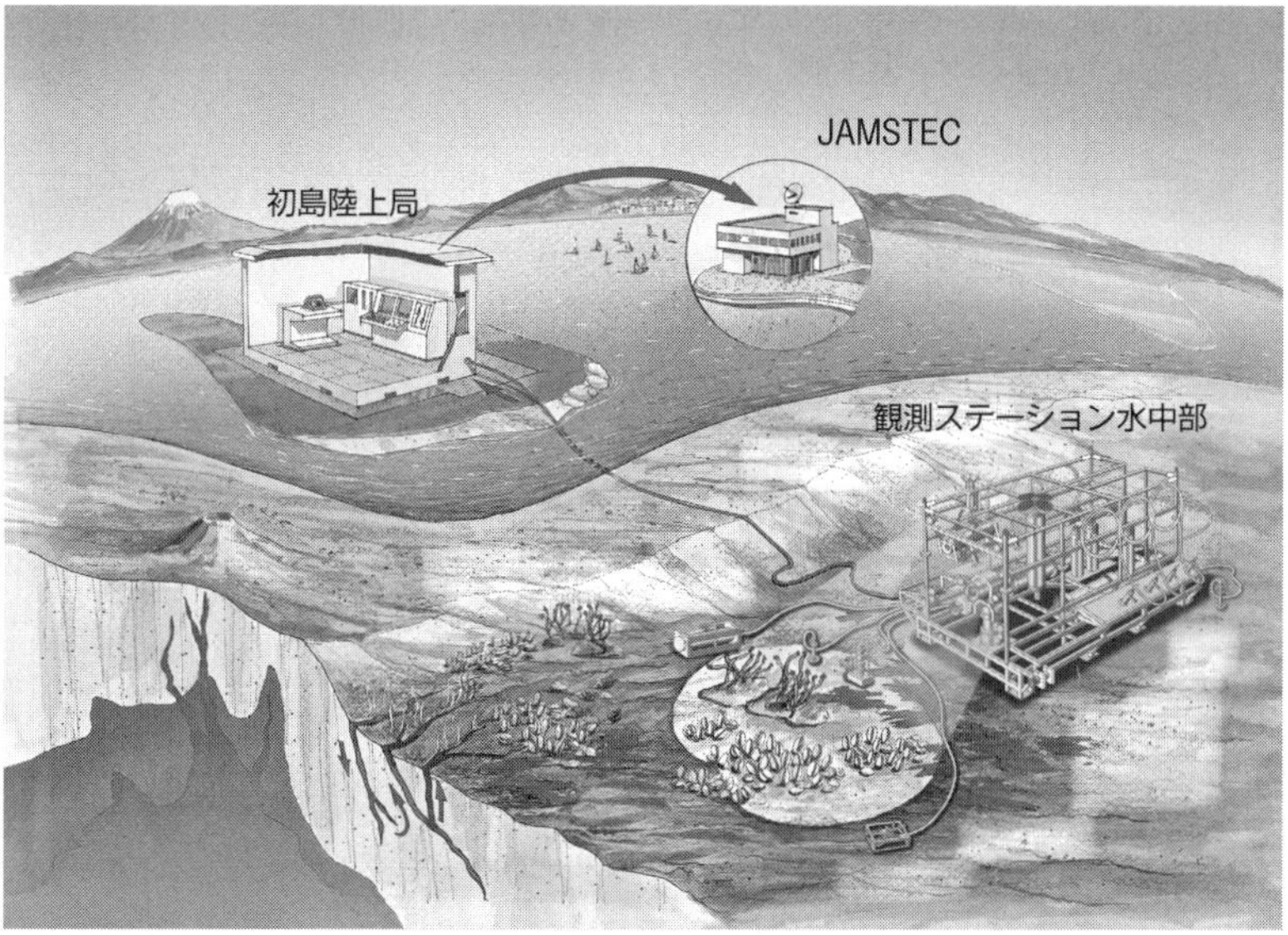

図3　相模湾初島沖の水深1174mに設置した「深海底総合観測ステーション」。水中部で得られる情報は海底ケーブルを通じて初島陸上局に送られ、そこからJAMSTECに伝送される　©JAMSTEC

られた。
それを確かめるために、現場環境でシロウリガイを暖めて実際に放精が起こるかどうかを実験した[4]。透明のボックスに加温用の水中ライトと温度計、内部の水を採水するポンプをとりつけた「加温ボックス」を作成し、潜水調査船に装備して現場実験をおこなった（写真12）。

実験結果は、予想どおりだった。水中ライトを点灯してボックス内の水温をあげると、中にいたシロウリガイが白い液体を放出したのだ。放出された液体をポンプで集めて電子顕微鏡で観ると、まぎれもなくそれは精子だった（写真13）。シロウリガイのオスは、水温の上昇が放精のトリガーになっていることが確かめられたのである。

いっぽう、メスは、オスが放精してからだいたい一〇分以内に放卵する[3]

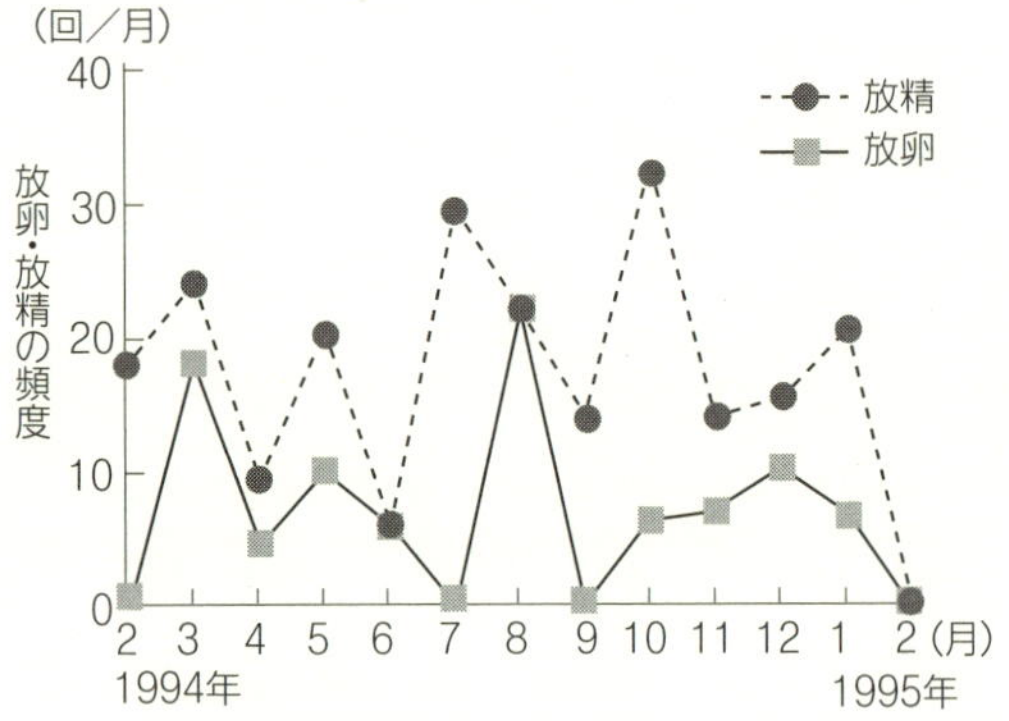

図4 「深海底総合観測ステーション」でとらえたシロウリガイ類の放卵・放精の頻度。1994年2月から1995年2月までほぼ1年間の観察。シロウリガイ類は、基本的に季節に関係なく放卵・放精をおこなっており、繁殖期に季節性がないことがわかる

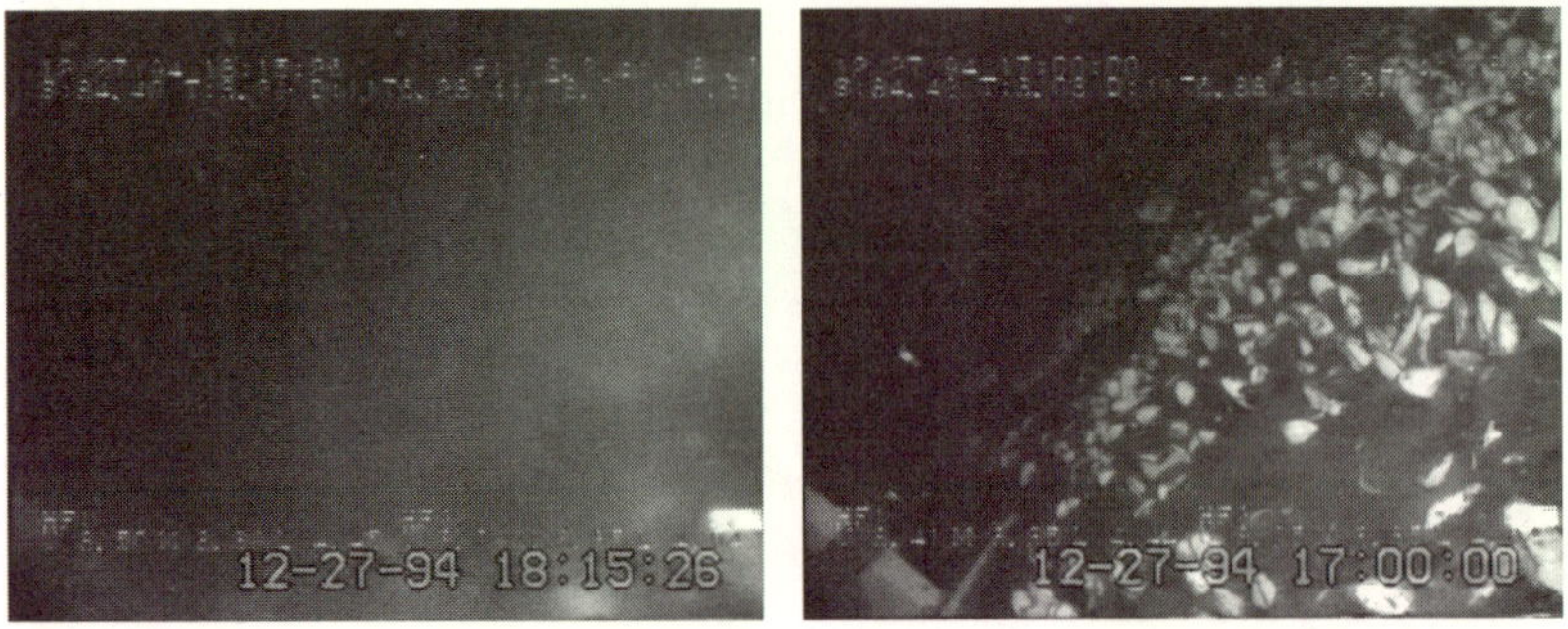

写真11 「深海底総合観測ステーション」で観察されたシロウリガイ類の放精。右は通常のシロウリガイ類の集団。おなじ場所で放精が起きると、海水は白濁する（左） ©JAMSTEC

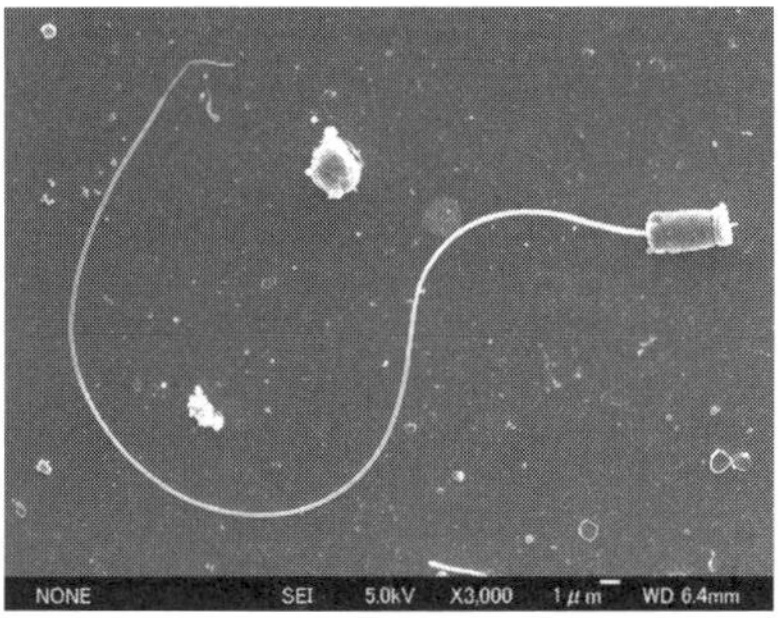

写真13　現場環境下で水温を上昇させて採集したシロウリガイ類の精子（電子顕微鏡で撮影）　©JAMSTEC

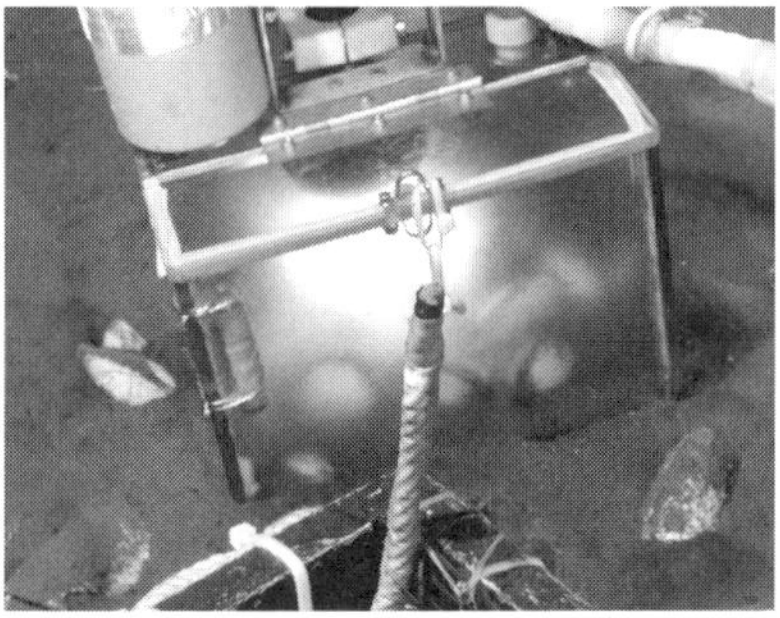

写真12　現場でシロウリガイの放精を誘導実験する加温ボックス。シロウリガイ類にボックスをかぶせて水中ライトで水温を上昇させる実験。ライト点灯数分後にシロウリガイ類は放精し、ボックス内は白く濁った　©JAMSTEC

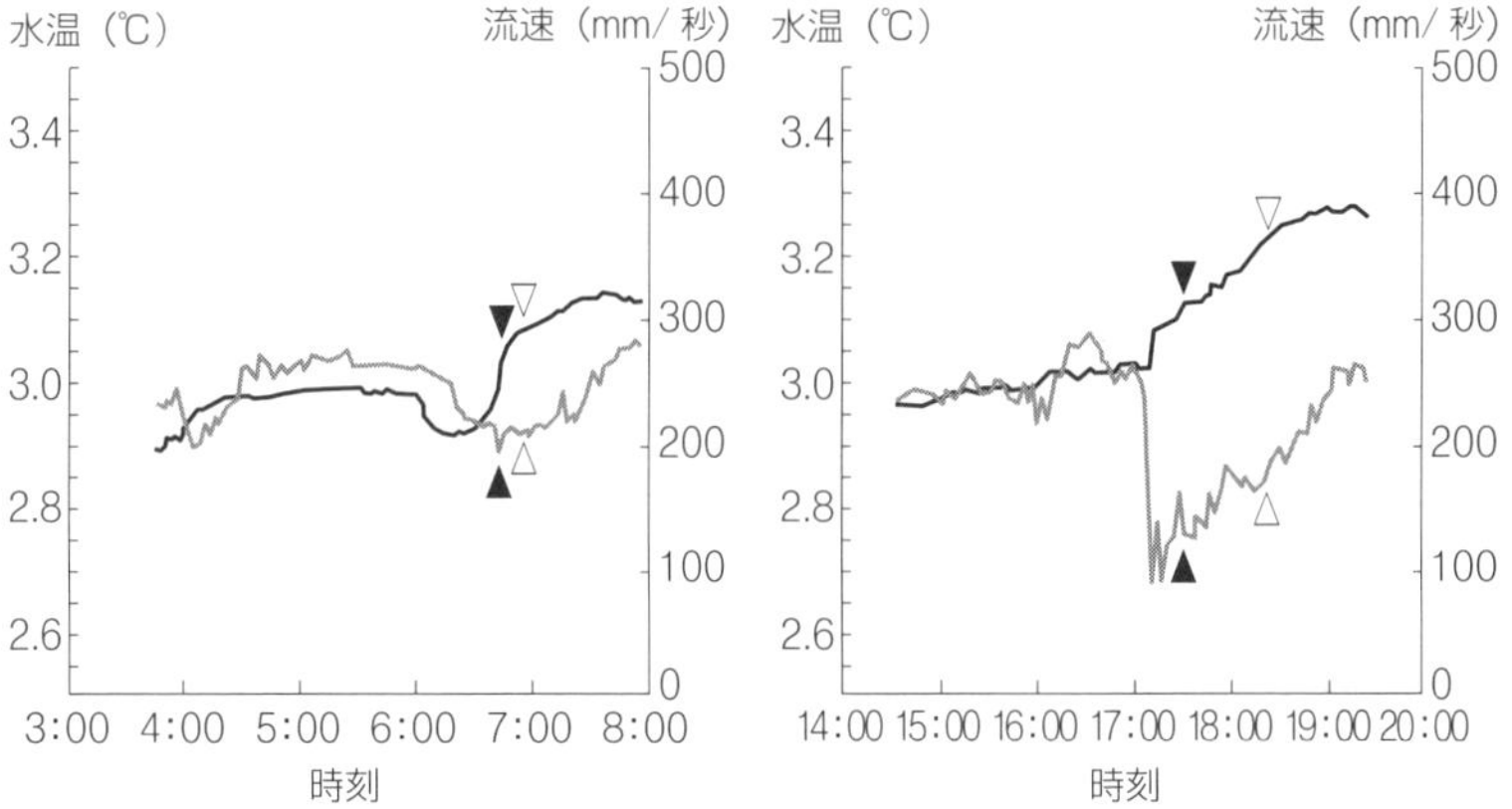

図5　シロウリガイ類の放卵・放精を引きおこすタイミングと水温・流速の関係。黒の実線は水温変化、グレーの実線は流速の変化を示す。▼はオスが放精を開始したとき、▽はメスが放卵を開始したとき。放精は水温があがっていくと生じる。放卵は放精の後、流速が低くなると起こる

CTD
水の中の塩分（電気伝導度）、温度、圧力（深さ）を計測する装置。

溶存酸素計
水の中にふくまれる酸素の濃度を計測する装置。

が（前ページ図5）、放精後に必ずしも放卵が起きるわけではない。メスの放卵トリガーは、水温の上昇以外にあるようだ。

もう一度、環境データと放卵放精のイベントをつきあわせて解析したところ、放卵は、放精が起きた後、海水の流れが遅いときにだけ起こる傾向があることがわかった。流れが速いと精子は瞬時に拡散してしまって受精効率が悪くなるため、メスは流れが遅く精子の密度が高くなる状況をねらって放卵するのであろう。

長期観測と現場実験というフィールド調査によって、シロウリガイは環境の変化をトリガーとして受精率を高めるくふうをしていることがあきらかになった。

2　ホネクイハナムシ（ゾンビワーム）の発見

クジラのような大型哺乳類が死んで深海底に沈むと、その周囲には、化学合成生態系のひとつである「鯨骨生物群集」がつくられる。

この生物群集は、化学合成生態系間を生物が分散するときのステッピング・ストーン（中継地点）になっている可能性が指摘されたことがある。熱水噴出孔生物群集や冷湧水生物群集といった化学合成生態系は、数百キロメートルも離れていることがふつうであるが、離れた場所でもおなじもしくは近縁な種が分布している。遠く離れた場所に移りすむのはかんたんではなく、鯨骨生物群集がステッピング・ストーンの役割をしているのではないかという仮説である。

また、鯨骨生物群集は、浅海域の生物が深海底に進出したあとに熱水噴出孔生態系や冷湧水生態系へ適応していく、進化のステッピング・ストーンとして機能している可能性も指摘されている。これは、浅い海にいた種が、鯨骨生物群集で細菌と共生できる機能を獲得し、そこから熱水噴出孔生態系や冷湧水生態系へ進出したというものである。つまり、鯨骨生物群集が、生物の適応進化の中継地点の役割を果たしているというものである。日本や外国のいくつかの研究グループは、海岸にうちあげられて死亡したクジラを海底に沈め、それがどのように分解され、その後にどんな生物が棲みつくのかといったことを調べる実験をくり返している[5]（写真14）。

骨を喰うムシ

深海底に沈んだクジラの遺骸の骨には、「オセダックス（*Osedax*）」という環形動物が、分布する。この生物は天然では死んだクジラの骨だけにしかいない。オセダックスはラテン語で「骨をむさぼり喰う」という意味で、英名では「ゾンビワーム」とも呼ばれている。この生物群集が発見されたのは比較的最近で、アメリカ・カリフォルニア沖のクジラの遺骸の骨から二種同時に見つかった[6]（発表されたのは、二〇〇四年）。

ホネクイハナムシは、動物でありながら植物の曼珠沙華のような形をしており、根のような器官（菌根部）をクジラの骨に張りめぐらし、根の中に細菌を共生させている。共生細菌は、骨からしみだす化学物質をとりこんで、ホネクイハナムシに必要な栄養をつくりだす。ホネクイハナムシは、細菌がつくりだした栄養を吸収

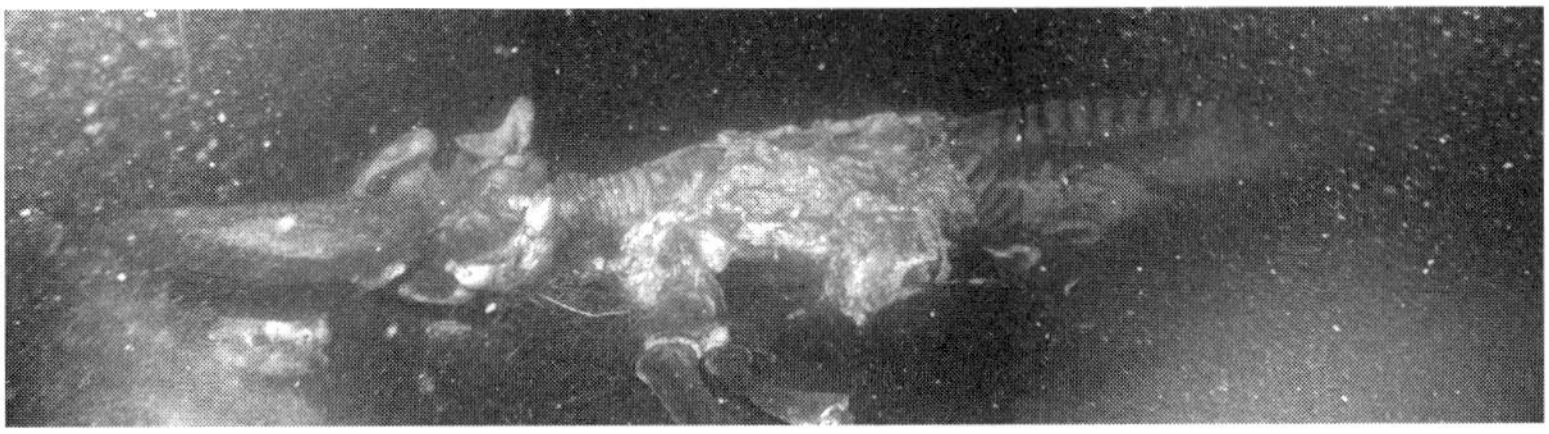

写真14　相模湾の水深400mに沈めたザトウクジラの死骸。肉はさまざまな生物の食糧となり、腐敗分解も進む（写真提供：藤原義弘氏）　©JAMSTEC

しているると考えられている。オスは目に見えないくらいに小さく（約〇・二ミリ　矮雄《わいゆう》）、幼生とおなじような形態をしていて、メスにへばりついている。そのユニークな形態や生態のため、深海生物学の世界で注目を集めている（図6）。

＊　＊　＊

二〇〇二年二月、薩摩半島（鹿児島県）の南西部にあたる大浦町《おおうらちょう》の海岸で一四頭のマッコウクジラが集団座礁した。一頭は救出したものの、のこりは死亡。自治体は、骨格標本にする一頭をのぞく一二頭を、同県・野間岬沖の水深二〇〇から三〇〇メートルの海底に沈めた。

日本の研究グループは、二〇〇三年から、無人探査機「ハイパードルフィン」を使って、このマッコウクジラの死骸に形成される生物群集を調査してきた[(7)]。わたしも、二〇〇三年の調査に参加した。

調査は、悪臭との壮絶な戦いだ。海底から採集されたサンプルは、腐敗したクジラである。それをラボにもちこんで、ふくまれる生物などをふるいわけていく。全員、防毒マスクを着けて作業した（写真15）。

このときの調査に、深海のさまざまなフィールド調査に参加し、深海生物のイラストを描いている画家のカレン（Karen Jacobsen）が参加していた。彼女は、乗船調査中に「クジラの骨の上に、ピンクの環形動物がいたよ。これは、クジラの死骸から出てくる特殊な環形動物として米国で最近注目されているものかもしれない」とつぶやいた。

このときわたしは、彼女のつぶやきを気にとめなかった。なにしろ、採集したサンプルには多種多様な環形動物が大量にふくまれていて、そのどれもがピンクもしくは赤だった。

環形動物
ミミズのような長虫状の生きもので、体を伸び縮みさせる。ミミズ、ヒル、釣りエサに使うゴカイなどがふくまれる。

矮雄
雌雄異体の動物のなかで、メスに比べてオスが極端に小さいもの。

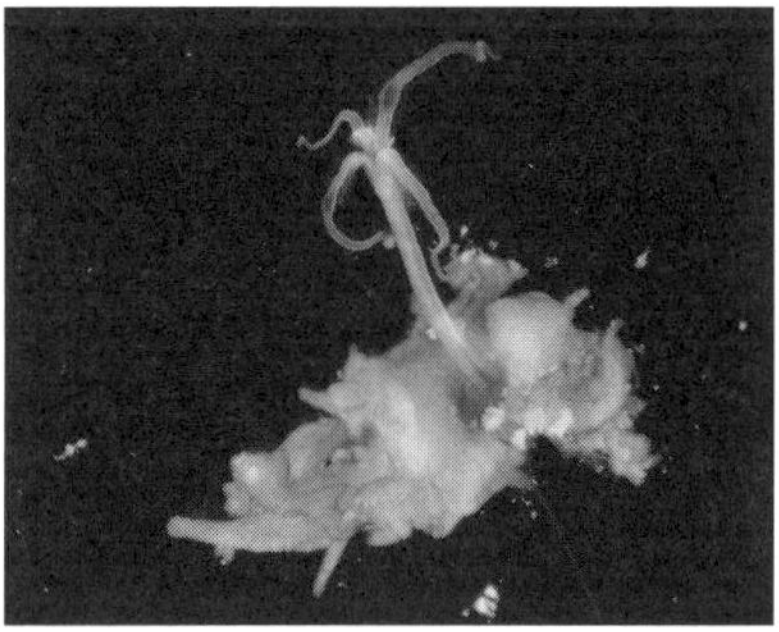

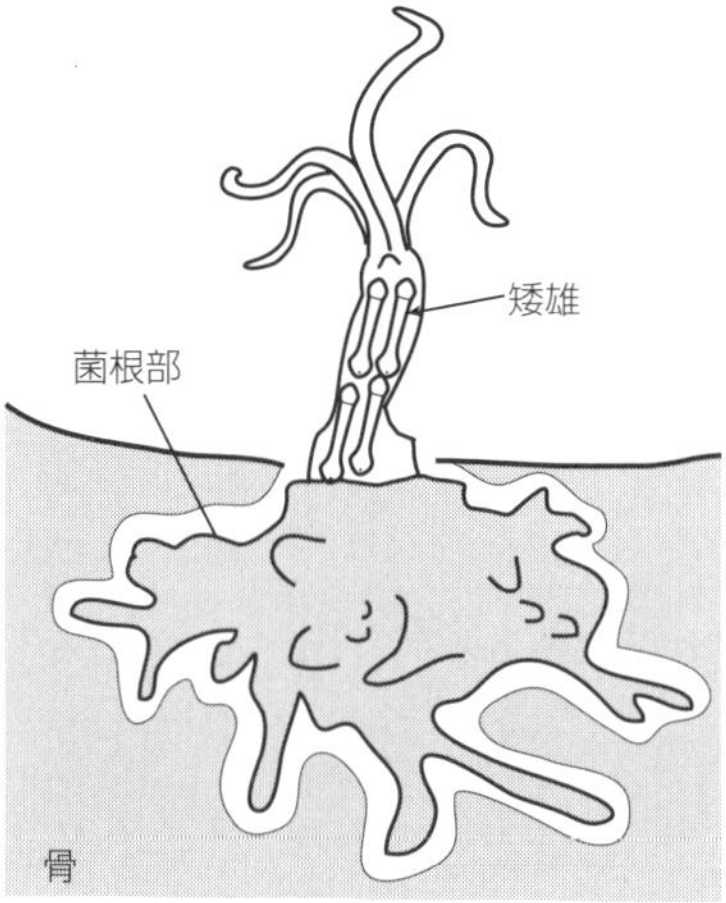

図6　左：鯨骨からとりだしたホネクイハナムシの一種（メス）。先端に4本の鰓《えら》、下部に根のような器官（菌根部）がある。大きさは約2cm。右：鯨骨にとりつくホネクイハナムシの生息模式図。矮雄は誇張拡大して示している（提供：宮本教生氏）©JAMSTEC

写真16　実験室内の水槽に入れた鯨骨に見つかったホネクイハナムシの集団。中央部にある半透明の粘液につつまれるようにして、多数が集団をつくっている。鰓は粘液の外に露出させる　©JAMSTEC

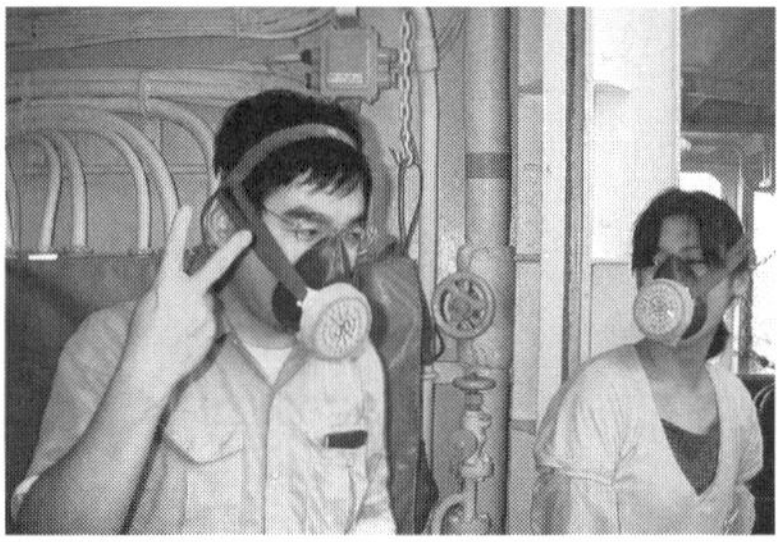

写真15　腐敗臭のするクジラの死骸サンプルを処理するために、防毒マスクを装着。左が筆者　©JAMSTEC

一見すると植物の曼珠沙華のような形のユニークなタイプはふくまれていなかった。

これが最大の失敗だった。彼女のつぶやきを真剣に考慮し、「野間岬沖のクジラの死骸にも特殊な環形動物がいるかもしれない」という意識のもとに現場観察をするべきだった。米国のグループが二〇〇四年に発表したオセダックスについての論文を目にしたわたしは、驚いた。

「カレンがいったピンクの環形動物というのは、このことだったのか」

わたしは、実験室にもち帰って飼育していた鯨骨を入れた水槽まで、一目散にかけていった。そして、鯨骨の表面を調べた。

よく見ると、まさにあのオセダックスのような生物が集団をつくっていた（前ページ写真16）。後悔先に立たずである。あのときカレンが発したつぶやきに真剣に耳を傾け、鯨骨表面を観察していれば、米国のグループよりも先にオセダックスの存在を発表できていたかもしれない。自分の観察力・知識の欠如を思い知らされた。

世界で四番めの種を発見

しかし、米国のグループに先をこされたからといって、そのままにしておくわけにはいかなかった。気をとりなおして、水槽の鯨骨からオセダックスのような生物をとりだして研究にかかった。

外部形態、分子系統、共生細菌の有無、矮雄の有無などを調べた結果、米国から出現する種とは異なる種であることがわかった。解析して論文を書いているあいだに北大西洋でも新たに一種見つかり、わたしたちはこれを、世界で四番めの種、西太平洋では最初のオセダックスとなる「ホネクイハナムシ（*Osedax japonicas*）」として公表した[8]。

その後、日本のホネクイハナムシを材料にした研究は一気に進んだ。ホネクイハナムシの共生細菌が培養できるようになり[9]、ホネクイハナムシの生活史が解明されて、水槽内で人工的に飼育できるようにもなった[10]。

最初は出遅れたが、これから詳細な繁殖生態や共生細菌の獲得メカニズムの解明に向け、世界をリードする研究が進められるものと期待している。

ホネクイハナムシの生活史
ホネクイハナムシは、子どものころは水の中を泳ぎ、骨にたどり着くとそこで成長して大人になる。

3 世界最深部から化学合成生態系を見つける

わたしたちは、深海化学合成生態系について、種・機能・生態系の多様性について研究をおこなっている。深海の化学合成生態系は、おもに海洋プレートの拡大域や、沈みこみ域などに形成される。沈みこみ域には水深六〇〇〇メートルを超える海溝があり、化学合成生態系がどのくらいの深さにまで存在できるのかも興味深い。

日本海溝では、化学合成生態系のひとつのタイプである「冷湧水生物群集」が見つかっている。「しんかい６５００」を使うようになって、水深六四三七メートルまではナギナタシロウリガイなどからなる冷湧水生物群集が広がっていることがわかった[11]。

一九九五年に水深一万一〇〇〇メートルまで潜航できる無人探査機「かいこう」が登場すると、さらに深い場所の調査ができるようになった。

わたしたちは、一九九八年に、日本海溝の水深六五〇〇メートル以深の調査にのりだした。そして、従来より約三〇〇メートル深い水深六八〇〇メートルのところで新たな冷湧

水生物群集のなかから新種のシロウリガイ類を見つけて、ナラクシロウリガイと名づけた。(12)

その後も、おなじ航海で日本海溝の潜航調査をつづけた。

日本海溝の冷湧水生物群集が断層のある斜面上に形成されていることは、これまでのデータからわかっていた。水深六八〇〇メートルより深くなると地形的に斜面がゆるやかになり、これ以上深いところには冷湧水生物群集はないだろうと、わたしたちは思いこんでいた。これまでよりたった三〇〇メートル深いところで新たな冷湧水生物群集を見つけただけで満足していたのだ。

機転をきかせて

前述のように、深海のフィールド調査では、思いもかけず興味深い現象と遭遇することがままある。そのとき、現場では、その現象の重要性を瞬時に理解して行動に移すことが求められる。

この日本海溝の航海での最後の潜航は、地質・地球物理学を専門とする玉木賢策さん（故人）の研究のため、水深七三〇〇メートルの断層らしき構造がある場所でおこなった。

生物研究を目的とした潜航調査では、生物採集用にシャベルのような装置や水中掃除機（吸引式深海生物採集装置＝スラープガン）をペイロード機器に装着する。しかし、地質学的に断層の存在を目視観察から裏づける目的での潜航は、ひたすら海底を観察するだけだ。テレビカメラの視野を遮らないように、ペイロード機器は最低限にした。堆積物採集用の円筒状チューブコアを数本と、岩石を入れるサンプルを収納する蓋つきボックスを搭載し

玉木賢策
一九四八―二〇一一。東京大学教授で、海底の構造やプレートテクトニクス研究をリードした研究者。

ただけであった。

海底は予想どおりほぼ平坦で、堆積物におおわれていた。ところどころに岩石がある程度で、生物研究者にとっては退屈な風景だった。

だが、水深七三三〇メートル付近で突然、「かいこう」が送ってくる映像のモニターに白い貝殻片のようなものが集積しているようすが映しだされた（写真17）。玉木さんは機転をきかし、急遽、集積場所に着底して詳細な観察をおこなった。カメラでズームアップしながら白い貝殻片を観察したところ、それはあきらかにナギナタシロウリガイやナラクシロウリガイとは異なっていた。

マニピュレータで海底の堆積物を掘りおこしてみると、そこは真っ黒く変色していた。

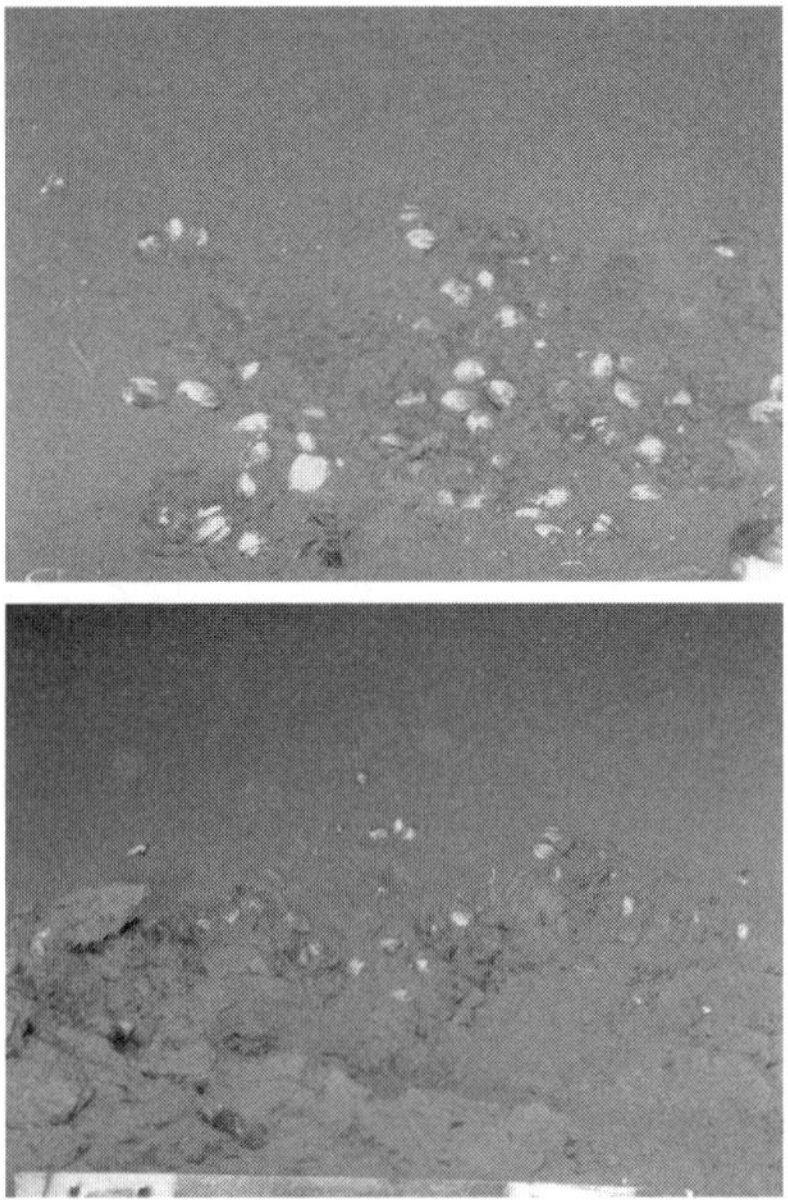

写真17　日本海溝水深7330mで見つかった世界最深部の化学合成生物群集。上：ナラクハナシガイの集団。下：堆積物中は黒く変色しており、硫化物による還元的環境にあることを示唆している　©JAMSTEC

マニピュレータ
潜水調査船や無人探査機についているロボットアーム。これを使ってサンプル採集や機械の設置などをおこなう。

これは、そこには硫化物などが存在し、堆積物の中が還元的環境になっていることを示唆している。そうなると、生物集団は化学合成生態系の可能性が考えられ、最深記録を塗り替えることになる。

正体を知るためにはサンプルを採集して解析しなくてはならないが、生物を採集するための機器はペイロードに搭載していない。マニピュレータでサンプリングしようとしたが、あまりにも貝がもろくてうまくいかなかった。サンプルを得られる唯一の方法は円筒状チューブコアを使うことだが、これは地質研究用に搭載されたものであった。

無理を承知で、チューブコアによる貝の採集をお願いしたところ、玉木さんは二つ返事で了承してくれた。

新種の二枚貝を発見

採集した堆積物からは著しい硫化水素臭が感じられ、あきらかに湧水現象の存在が示唆された。さらに、堆積物の中からは、これまで見たことのない生きた二枚貝が複数出てきた。二枚貝の鰓《えら》には共生細菌が存在しており、鰓の中にはイオウが高濃度でふくまれていた。

イオウの同位体が細菌起源で、化学合成生態系に普遍的なハナシガイ科の二枚貝であることから、この二枚貝は硫化物を利用する化学合成生態系のメンバーであることがわかった[13]。日本海溝の水深七三三〇メートルには世界最深の化学合成生態系があると判明したわけだ（その後の調査で、二枚貝はほぼおなじ場所の水深七四三四メートルにまで分布していることが判明した）。

還元的環境
この場合は酸素がすくなくなっている状態をさす。

二枚貝は後日、ハナシガイ科の「ナラクハナシガイ（*Maorithyas hadalis*）」として新種記載された[14]（写真18）。

これまでの常識では、ハナシガイ科の二枚貝は比較的浅い化学合成生態系から出現し、深い場所ではシロウリガイ類が出現すると思われていた。しかし、世界最深部の化学合成生態系にはシロウリガイ類がおらず、ハナシガイ類がいたことで、化学合成生態系の生物地理や進化に新たな課題が出てきた。

ナラクハナシガイは、鰓の細胞の中に二種の共生細菌を保有し、それぞれの共生細菌の機能が異なること、鰓の中での局在性が異なることがわかってきている[15]。

詳細な研究にふみこもうとしたやさきの二〇〇三年に、無人探査機「かいこう」のビークル部分がトラブルによって亡失した。二〇〇九年には米国のウッズホール海洋研究所が一万一〇〇〇メートルまで調査できる無人探査機「Ｎｅｒｅｕｓ」を建造して調査に使っていたが、二〇一四年に水圧で壊れてしまった。以降、現在にいたるまで、水深七〇〇〇メートルを超える水深で調査できる機能的な無人／有人潜水調査船はできていない。次世代の潜水調査船の建造に向けた議論ははじまっているが、早期の建造が強く望まれる。

写真18　ナラクハナシガイ貝殻の表裏。殻長35mm（写真提供：奥谷喬司氏）

Ⅲ　科学者の使命　巨大地震後の深海を調査する

三・一一東北地方太平洋沖地震

二〇一一年三月一一日一四時四六分、マグニチュード9に達する東北地方太平洋沖地震が発生し、巨大な津波とともに東日本大震災を引きおこした。わたしはその時刻、北海道で開かれていた日本生態学会での講演のために羽田空港へ向かう地下鉄駅のホームで電車を待っていた。結局、この日の地下鉄・飛行機は運航停止になって北海道にいけず、東京のＪＡＭＳＴＥＣ事務所まで歩いてたどり着いてひと晩を明かした。

東北地方太平洋沖地震は、太平洋プレートと北米プレートの境界域で生じたプレート境界型地震である[16]（図7）。巨大地震の多くがこの型の地震で、二〇〇四年のインドネシア・スマトラ沖地震（マグニチュード9・1）、二〇一〇年のチリ地震（マグニチュード8・6）などもそうだ。

自然科学にたずさわる研究者の立場から見ると、東北地方太平洋沖地震とこれまでの巨大地震のもっとも大きなちがいは、「地震・津波を科学的に記録できる国の近くで起こった」ことである。日本の自然科学研究者は、専門分野に応じて、東北地方太平洋沖地震がどのように起こり、どのような影響をおよぼすのかという科学にとり組む責任を感じたはずである。

東北地方太平洋沖地震の震源域は、日本海溝の海底下にあった。ＪＡＭＳＴＥＣは、長年、深海の地震・地球物理・地質・生物・化学の調査研究とファシリティ開発、運用をおこなっている、日本の代表的な深海の研究機関である。

マグニチュード
地震から生じるエネルギーの大きさを表す単位。いっぽう、震度は地震による揺れかたの度合い。

地震へのＪＡＭＳＴＥＣの対応は、はやかった。深海調査研究船「かいれい」は、それまで進めていた調査を打ち切り、現地調査へ急行した。「かいれい」は、海底の地震計測、海底下深くの地質構造探査、詳細な地形計測をおこなう船で、地震発生の三日後（三月一四日）から東北地方太平洋沖地震の調査に着手した。

日に日に増す被害の報告から状況の深刻さを知るにつれて、調査船を救助活動に使ったほうがいいのではないかという気持ちも大きくなった。ＪＡＭＳＴＥＣは、一九九五年の兵庫県南部地震による阪神・淡路大震災のときには、海洋調査船「かいよう」を現場に滞在させて、救助活動をおこなう医師団の拠点とした。しかし、今回の東北地方太平洋沖地震では、被災地の港が津波で破壊されて無数のガレキが漂流しており、救助活動の支援はむずかしいと判断された。わたしたちは科学者の使命を果たそうと考え、地震の科学データを、できるだけはやく、正確に集めることに専念した。

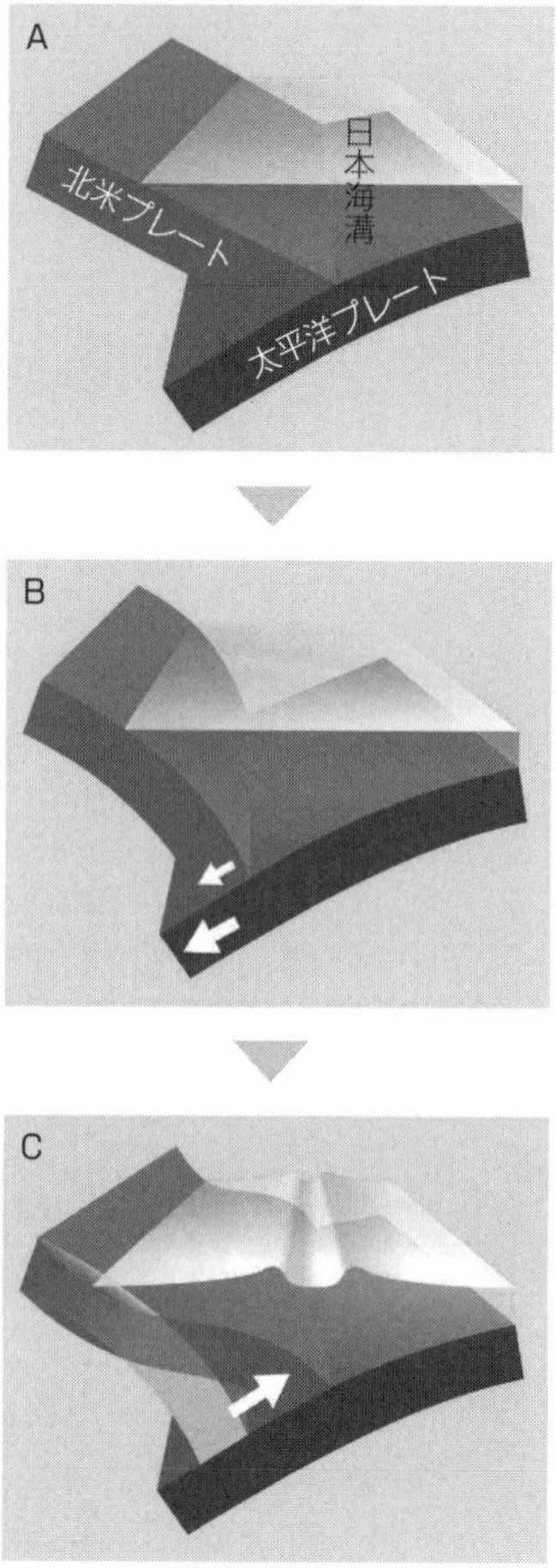

図7　東北地方太平洋沖地震の発生メカニズム。A：日本海溝で太平洋プレートが北米プレートの下に沈みこむ。B：太平洋プレートが沈みこみ、北米プレートが引きずられる。C：北米プレートが引きずられることに耐えられなくなって跳ねあがり、巨大地震と津波が発生する（「海と地球の情報誌Blue Earth」112号より転用）

東北地方太平洋沖地震がどのように起こり、どんな影響をおよぼすかを知るためには、JAMSTECの研究者だけでなく、各専門分野からオールジャパンの研究者が集結しなくてはならない。とりわけ、調査船によるフィールド調査と深海の現場観察は不可欠となる。わたしたちは調査船のスケジュールを組みなおすことからはじめた。

調査船は、年間のスケジュールがきっちり決まっている。調査船を使った研究が決まっていた研究者たちの理解を得つつ、調査予定を大きく組み替え、日本の研究者集団からなる地震対応の緊急調査航海にふりわけた(表1)。

JAMSTECは、地震発生以前に日本海溝の詳細な海底地形図を完成させていたため、地震前後の地形変化を比較することができた。緊急調査によって、震源近くから海溝軸にいたる海底が、東南東方向に約五〇メートル、上方に約七~一〇メートル移動したという衝撃的なデータがもたらされた[17][18](100ページ図8)。海洋プレートの動きは、通常は年間数センチのスピードだから、この変動がいかに急激で巨大なものかが理解できる。

生物学や化学の面でも、地震が深海生態系にどのような影響をおよぼしたのかを調べなくてはならない。たとえば、斜面で崖崩れが起きたことで死滅した生物はないか、濁りが発生して生物の分布や物質の循環が変わったところはないか、海底から何かが湧きだしていないか……などを、多くの研究者が議論し、考えた。影響を調べるには、海水や生物のサンプルを採集して分析することと、現場を観ることが不可欠である。

地震発生後の生態系を測る

地球化学と微生物研究者は、海洋地球研究船「みらい」や「よこすか」を使って、地震

表1　2011年3月から2012年5月にかけて行われたJAMSTECの調査船による東北地方太平洋沖地震にかかわるおもな調査（調査海域はいずれも日本海溝の地震発生域）

調査実施期	調査船	ミッション
2011年		
3月14日–31日	深海調査研究船「かいれい」	地殻構造探査、余震観測
4月14日–5月5日	海洋地球研究船「みらい」	採水による環境・生態系計測
4月28日–5月21日	深海調査研究船「かいれい」	地殻構造探査、余震観測
5月18日–29日	深海潜水調査船支援母船「よこすか」	採水による環境・生態系計測と深海曳航式テレビカメラによる海底観測
5月23日–28日	海洋調査船「なつしま」	地殻構造探査
6月2日–23日	深海潜水調査船支援母船「よこすか」	採水による環境・生態系計測と深海曳航式テレビカメラによる海底観測
7月11日–28日	深海潜水調査船支援母船「よこすか」	地形調査、余震観測、採水による環境・生態系計測と深海曳航式テレビカメラによる海底観測
7月25日–30日	海洋調査船「なつしま」	地殻構造探査
7月30日–8月14日	深海潜水調査船支援母船「よこすか」	「しんかい6500」による海底観測、サンプル採取
8月27日–9月11日	深海調査研究船「かいれい」	地殻構造探査、余震観測
10月21日–11月11日	海洋調査船「かいよう」	地殻構造探査
2012年		
2月20日–3月3日	海洋地球研究船「みらい」	地形調査、堆積物採取、余震観測
3月6日–30日	海洋地球研究船「みらい」	地震津波による生態系への影響評価調査
4月1日–5月24日	地球深部探査船「ちきゅう」	震源域掘削調査
5月14日–23日	海洋調査船「なつしま」	海底設置機器による震源域環境・生態系観測
5月20日–30日	海洋地球研究船「みらい」	津波ブイシステムの基礎実験

発生から三六日後、七〇日後、九八日後に、日本海溝の地震震源域での海洋調査をおこなった。センサーで水温、圧力、電気伝導度（塩分）、透明度を測り、さまざまな深度から海水を採取して、メタンやマンガンなどの化学組成と微生物の組成を解析した[19]。以前、相模湾や駿河湾付近で地震が発生した際には、海水中のマンガン濃度[20]やメタン濃度[21]が上昇するといった変化が起こっていたからだ。東北地方太平洋沖地震では、こうした過去の地震に比べるとはるかに大きな変動が予測された。堆積物や海底下深くには海水中とは異なる微生物が生息するため、海底の破壊によってこの微生物が一時的に放出されることや、化学環境の変化に応じて微生物の分布や組成が急変することも考えられた。

　調査の結果、海水中の濁りは日本海溝の海溝軸（プレート境界）付近の水深約五七〇〇メートルの海底から一五〇〇メートルも上の場所（水深約四二〇〇メートル）にまで広がっていることがわかった。濁りは、海底に近ければ近いほど大きくなっていた（図9）。

　濁りがある海水中では、濁りがないところに比べるとマンガンやメタンの濃度が最大で一〇〇倍ちかくまで増加していた。マンガンやメタンは、通常の海水中にはほとんどふくまれないが、堆積物中には多くふくまれる。それらが地震による海底破壊で放出されていた。メタンにいたっては、海底下一〇〇〇メートル以深の非常に深いところから、断層に沿って放出されていた[19]。

　地震発生から三六日後、濁りのなかの微生物の量は、通常の深海の海水中に比べると約三倍に増加していた。微生物組成を解析してみると、堆積物中に生息するものや海底下か

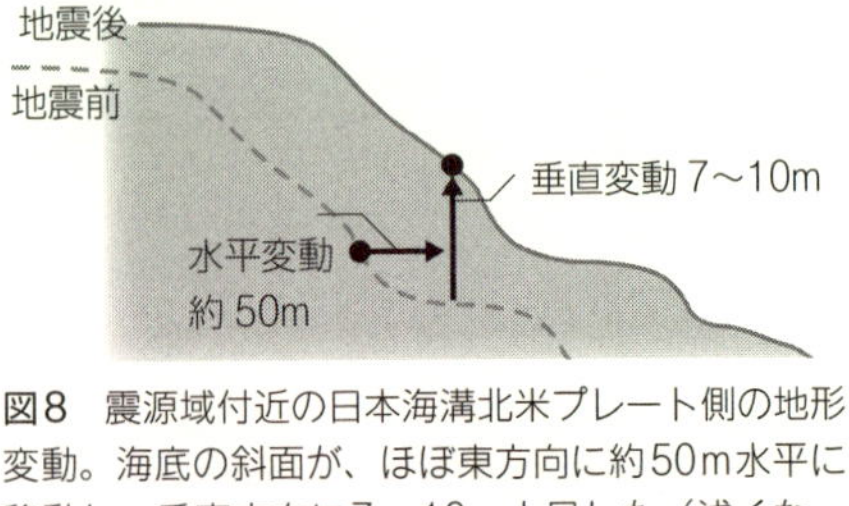

図8　震源域付近の日本海溝北米プレート側の地形変動。海底の斜面が、ほぼ東方向に約50m水平に移動し、垂直方向に7〜10m上昇した（浅くなった）（「海と地球の情報誌Blue Earth」118号の原図を改変）

ら海水中に放出された化学成分を利用する微生物が検出された。微生物の量は、七〇日後、九八日後と、時間が経過するとともに、じょじょに通常の状態へともどっていった[19]。

地震発生後の生態系を観る

自然現象を直感的かつ詳細に観察するもっともすぐれたツールは、研究者の眼である。わたしたちには、深海を直接観ることができる有人潜水調査船「しんかい６５００」がある。地震直後から、「しんかい６５００」で直接観察するプランをねりはじめた。

研究者はとかくサイエンス第一主義となり、猪突猛進してしまう傾向がある。しかし、潜航調査では人の安全が最優先で、余震がつづくなかで潜航するには、これまで以上に安全対策を施さなければならない。「有人調査船での潜航調査は、時期尚早だ。余震活動が落ち着いてからとり組むべき」という慎重意見もあった。

このような意見をふまえ、ほんとうにいまでき

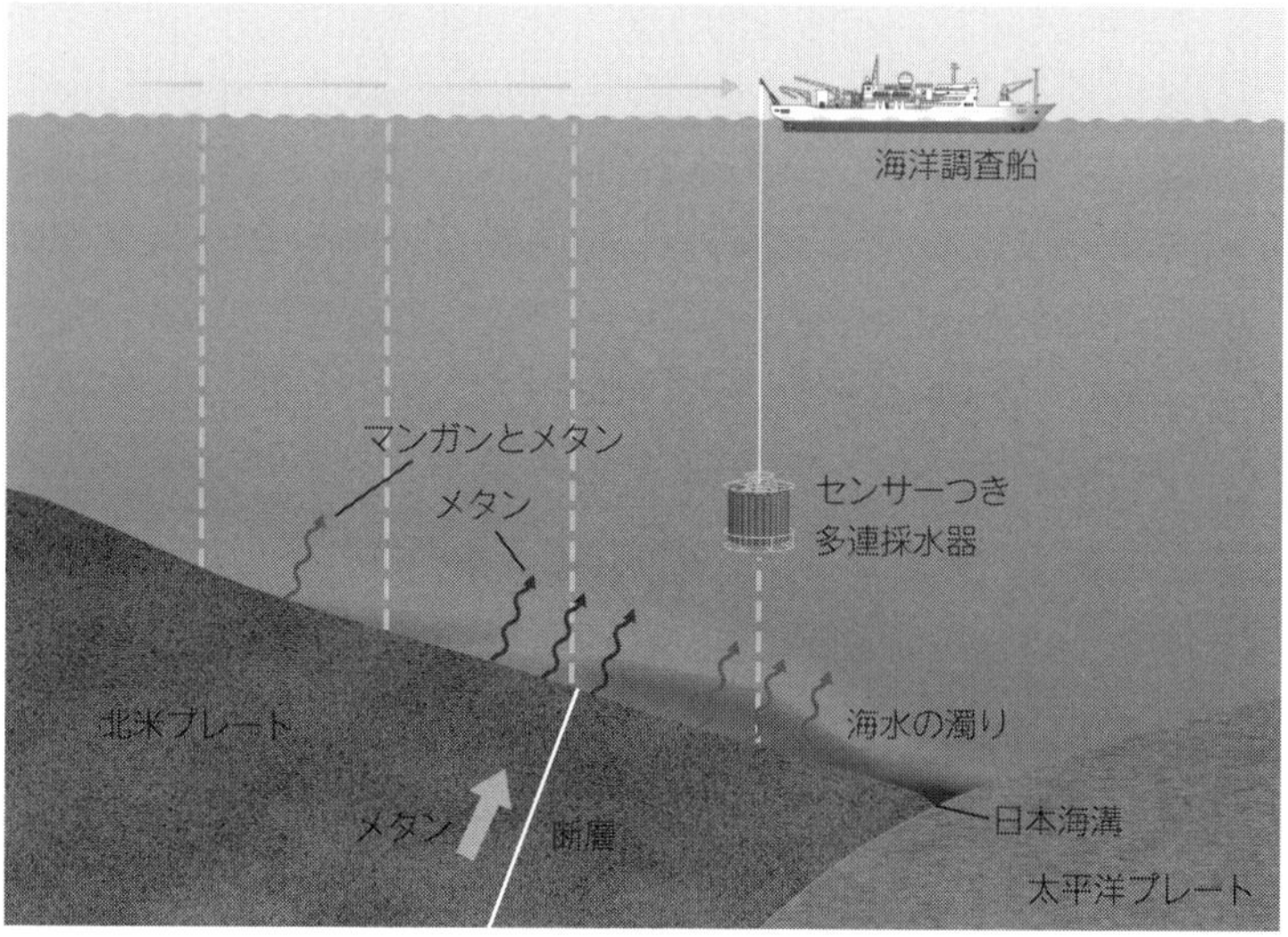

図9　日本海溝における地震後の海水の濁りと化学組成。海底が大きく揺さぶられて、堆積物中のマンガンとメタンが海水に放出された。また、断層に沿って海底下深くにあったメタンが海水に放出された。海溝軸に近い場所では、海底から1500ｍの高さまで海水が濁り、海底に近いほど濁りが強い（「海と地球の情報誌Blue Earth」118号の原図を改変）

るのか、やるとしたら安全最優先でどこまでできるのか、余震で崖崩れなどが起きた場合への対策は、濁りによる視界確保の対応は……と課題をあげて、それぞれの対策を考えていった。まとめると、以下のようになる。

・深海曳航式テレビカメラで事前調査をおこなう
・余震が起きた場合の対応ガイドラインをつくって潜航調査をおこなう
・地震速報を調査船上でリアルタイムに受信する
・「しんかい6500」の浮力を通常より増し、海底からの位置を高めに維持して、海底からすぐに離れられるようにする（通常は、海底からの高さが二〜三メートルで航走するが、それを四メートル程度にする）

地震による生態系への評価をおこなうには、地震前の状態との比較、断層や急斜面といった地震の影響が大きく現れる場所の推定が必要で、専門家による調査候補地点の選定が急ピッチで進められた。国内研究者による調査チームも編成された。だが、乗船してフィールド調査に参加できる人数は限られているため、得られるデータやサンプルは多くの研究者が共同で解析することを基本方針とした。

こうして、二〇一一年六月から七月にかけて、支援母船「よこすか」に深海曳航式テレビカメラを搭載して現場の安全確認をおこなう航海に出た。

海上には漂流ガレキが散在しているため、「よこすか」は周囲を見わたすことができる昼間しか航走できない状態にあった。通常の調査とは異なり、いつにも増して慎重に行動する必要がある。船長をはじめ、船員、曳航式テレビカメラのオペレーションチーム、研究者みんなの綿密な連携が必要となる。とりわけ研究チームを率いる首席研究者には臨機応変に多様な判断が求められ、経験豊富な人をあてることになった。

深海曳航式テレビカメラで深海を観察すると、水深が増すにつれて海水が濁っていくようすが映しだされた。濁りは一様ではなく、強いところ弱いところ、水深や場所によってさまざまだった。

オペレーションするチームは「しんかい６５００」のオペレーションチームも兼ねていた。チームのメンバーと、「これくらいの濁りなら、潜航してもなんとか視野は確保できるなあ」「うわっ、ここはひどい濁りだ」「崖が崩れているように見えますねえ」と、マッピングしながら情報を集めていった。海底一面が白く変色している場所や亀裂が走っている場所など、異常な驚愕の海底が画面に映しだされていった。

安全確認と事前調査結果を綿密に検討したうえで、地震現場への潜航となった。「しんかい６５００」を搭載した「よこすか」は、一六人の研究者からなる研究チーム、二九人の船員、一一人の「しんかい６５００」オペレーションチームを乗せて、二〇一一年七月三〇日に横須賀のＪＡＭＳＴＥＣを出港し、三陸沖に向かった。

潜航調査は順調に進んだが、途中、余震が何度か発生した。余震が調査地点の近くで発生した場合は、すぐに海底を離れ、高度を数十メートルまで上昇、海底に変化がなければ再び海底へ下降して調査をつづける。大きな余震が発生した場合は、ガイドラインにしたがって潜航前に深海曳航式テレビカメラで再度海底の安全確認をおこなった。

こうして、八月一四日までに合計八回の潜航をおこなった。「しんかい6500」の詳細な観察と採集したサンプルは、次つぎと新たな事実をあきらかにした。事前調査で見つかっていた亀裂は、南北方向に最低でも数十メートル走り、何本も並行していた。計測した亀裂は、幅二メートル、深さ二メートルだったが、亀裂の内部にはもとの海底土砂が落ちており、実際にはどれくらいの深さまで達しているのかわからなかった（写真19）。

驚いたのは、亀裂内部の海底表面が白く変色していたことだった。つまり、海底下からメタンをふくんだ水が湧きだしていたのだ。海底直下の堆積物中で海水とメタンから微生物が硫化物を生みだし、その硫化物をエネルギー源とした微生物が白くマット状に広がったと考えられた。前述したメタン湧水にともなう化学合成生態系のできはじめと、とらえることができる。

事前調査で見つかっていたべつの白い変色域は、底生生物が腐敗して生じた微生物が白くマット状に広がっているものと示唆された（写真20）。この変色域の堆積物を採集したところ、著しい腐敗臭がし、クモヒトデ一種（*Ophiura bathybia*）とウニ一種（*Aeropsis fulva*）の死骸が大量に集堆積していた（二種の同定は、藤田敏彦氏による）。

変色域はどれも斜面のふもとにつくられていた。地震によって斜面に雪崩のような乱泥流が生じ、クモヒトデやウニといった底生生物がまきこまれたようだ。乱泥流のなかでお

写真19　「しんかい6500」で確認された海底亀裂。水深5351m。地震によって海底が破壊され、亀裂が生じた。内部に白く見えるのは、海底下から湧きだしたメタンが堆積物中で微生物の作用により硫化物に変えられ、それを利用した微生物がマット状に広がったものと思われる　©JAMSTEC

同定
生物の分類学的な位置を決めること。

藤田敏彦
一九六一年—。国立科学博物館動物研究部。クモヒトデ、ヒトデ、ウニといった棘皮動物の分類や生態について研究。

なじようなサイズのものが集まり、斜面のふもとに集積して腐敗したのだろう。

人の目にふれやすい陸域から沿岸にかけて、巨大地震によるさまざまな影響の情報がもたらされたが、地震は、震源域に面する深海の生態系にも大きな影響をおよぼすことが、深海のフィールド調査でわかりはじめた。震源域より三陸の陸地により近づいた深海では、地震のみならず津波の影響も大きい。津波は大量のガレキを海にもたらした。その七割は海底に沈んだと見積もられている。実際、岩手県沖の海底谷（水深五〇〇メートル以深）を観察すると、そこには大量のガレキが集積していた。そしてクモヒトデ、ウミシダなどがガレキを住処として大量に生息していた。まわりには、キチジなどもガレキのない海底よりあきらかに多くなっていた。つまり、ガレキは生物の新たな住処となり、はからずも多くの生物を養っていたのである。

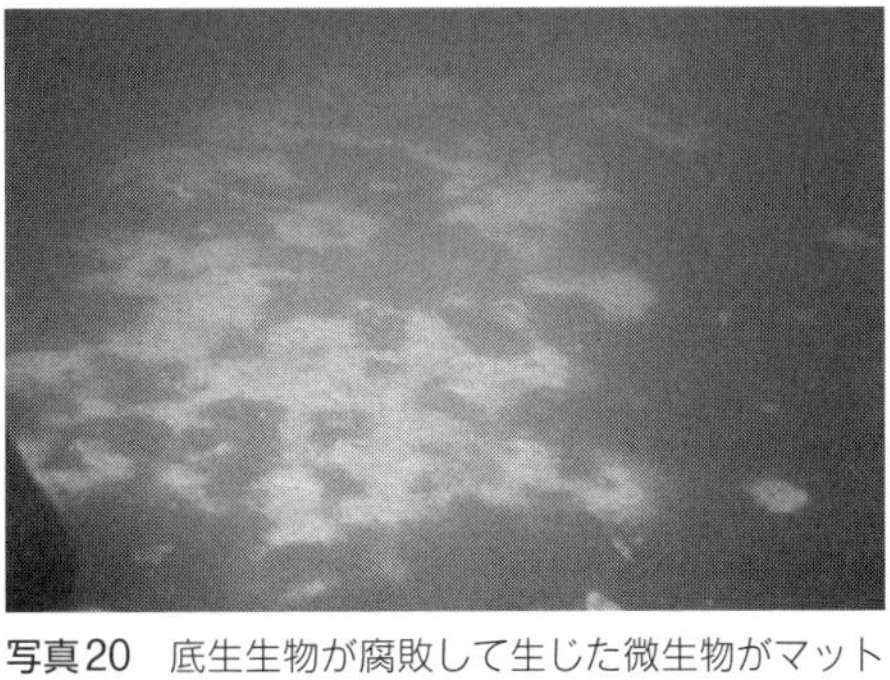

写真20　底生生物が腐敗して生じた微生物がマット状に広がる。水深3538m。この下には、クモヒトデ類やウニ類の死骸があり、死んだ生物種は、場所によって異なる　©JAMSTEC

おわりに　フィールド作業でしか得られないもの

二〇一三年、日本では、にわかに深海ブームがわきおこった。きっかけは、ダイオウイカの生きた姿をあつかった「世界初撮影！　深海の超巨大イカ」と、巨大な深海ザメの補食シーン満載の「深海の巨大生物　謎の海底サメ王国」というテレビ番組（ともに、

ダイオウイカ
もっとも大きくなるイカで、胴体の先から腕の先までいれると一八メートルにも達する記録がある。通常は深海に生息しているが、ときおり海岸に打ちあげられることもあり、そのたびにニュースになる。

NHKスペシャル）だろう。ダイオウイカは、NHKの一〇年にもおよぶ執念が実を結んだものである。

これに同期するがごとく、JAMSTECはNHK、読売新聞社、国立科学博物館などと共同で、特別展「深海　挑戦の歩みと驚異の生きものたち」を東京・上野の国立科学博物館で開催した（二〇一三年七月六日から一〇月六日まで）。また、名古屋市科学館では特別展「深海たんけん！」、新潟県立自然科学館では夏の特別展「深海探検　海底二万里の世界」、東京・新宿のコニカミノルタプラザでは特別企画展「〝海底散歩〟暗闇の中で美世界に出会う　超・深海展二〇一四」が開催された。

国立科学博物館の特別展「深海」には約六〇万人が来場し、連日長蛇の列となった。一九八一年以後、国立科学博物館特別展の入場者数トップ5は、いずれも恐竜に関する展示会で占められていたが、「深海」の入場者数は歴代四位で、はじめて恐竜の展示会の牙城の一角を崩したことになる。

深海の調査研究にたずさわるわたしたちにとっては、深海は身近な存在だが、世間ではまだマイナーな存在だと思っていた。正直にいうと、これほど大勢の人がきてくれるとは予想していなかった。このほかの展示会も盛況で、多くの人びとが深海に興味を示してくれたことはほんとうにうれしい。

ところで、親しい大学教官から、最近では学生とこんな会話がくり広げられていると聞いた。

教官　深海の調査航海があるから、いっしょに乗船しないか？

学生　おもしろそうですね。ぜひ参加したいと思いますが、ひとつ質問があります。乗船中は、携帯電話が使えますか？
教官　沖では電波がとどかないから、携帯電話は使えないなあ。
学生　それじゃ、インターネットは使えますか？
教官　外洋では使えないよ。
学生　じゃ、やめときます。

携帯電話やインターネットがなかった時代をすごしたわたしたちにとっては笑い話のような会話だが、現実に交わされた会話である。

現実には、最新の調査船にはインターネットが使えるものも登場している。「しんかい6500」に光ケーブルを接続して映像を「よこすか」に送り、インターネット経由で映像をライブ配信する試験もおこなわれている。

しかし、ダイオウイカしかり、展示会で展示したものしかり、本書で記述したことしかり……いずれも、携帯電話やインターネットが使えない、泥臭いフィールド作業のなかでしか、実際に出会うことはできない。また、乗船中はクジラに出会えたり（次ページ写真21）、船の乗組員が手づくりでモップをつくるようすに感心させられたりと、調査とはべつの体験も楽しい（同写真22）。

深海というフィールドを体感し、かかわる人びとの団結力と達成感には、底知れぬ魅力がある。アーティストのコンサートは、テレビやブルーレイで見るよりライブがいいに決まっている。フィールドワークもおなじである。

写真21　調査船に近づいてきたミンククジラ

写真22　あまったロープを使ってモップをつくる調査船の乗組員。洋上ではあらゆるものをたいせつにする　©JAMSTEC

〈参考文献〉

（1）藤倉克則・奥谷喬司・丸山正『潜水調査船が観た深海生物　第2版　深海生物研究の現在』東海大学出版会、二〇一二年

（2）門馬大和・満澤巨彦・海宝由佳・堀田宏「相模湾初島沖「深海底総合観測ステーション」の設置と長期観測」『深海研究』10、JAMSTEC、一九九四年

（3）Fujikura, K., K. Amaki, J. P. Barry, Y. Fujiwara, Y. Furushima, R. Iwase, H. Yamamoto and T. Maruyama (2007) Long-term in situ monitoring of spawning behavior and fecundity in *Calyptogena* spp. Marine Ecology Progress Series, 333: 185-193.

（4）Fujiwara, Y., J. Tsukahara, J. Hashimoto and K. Fujikura (1998) *In situ* spawning of a deep-sea vesicomyid clam: Evidence for an environmental cue. Deep Sea Res. I, 45:1881-1889.

（5）Smith, C. R., Kukert, H., Wheatcroft, R. A., Jumars, P. A. and J. W. Deming (1989) Vent fauna on whale remains.

Nature, 341: 27-8.
(6) Rouse, G. W., S. K. Goffredi and R. C. Vrijenhoek (2004) *Osedax*: Bone-Eating Marine Worms with Dwarf Males. Science, 305: (5684), 668-671.
(7) Fujiwara, Y., Kawato, M., Yamamoto, T., Yamanaka, T., Sato-Okoshi, W., Noda, C., Tsuchida, S., Komai, T., Cubelio, S. S., Sasaki, T., Jacobsen, K., Kubokawa, K., Fujikura, K., Maruyama, T., Furushima, Y., Okoshi, K., Miyake, H., Miyazaki, M., Nogi, Y., Yatabe, A. and T. Okutani (2007) Three-year investigations into sperm whale-fall ecosystems in Japan. Mar. Ecol. 28:219–232.
(8) Fujikura, K., Y. Fujiwara and M. Kawato (2006) A New Species of *Osedax* (Annelida: Siboglinidae) Associated with Whale Carcasses off Kyushu, Japan. Zoological Science 23: 733-740.
(9) Miyazaki, M., Y. Nogi, Y. Fujiwara, M. Kawato, K. Kubokawa and K. Horikoshi (2008) *Neptunomonas japonica* sp. nov., an *Osedax japonicus* symbiont-like bacterium isolated from sediment adjacent to sperm whale carcasses off Kagoshima, Japan. International Journal of Systematic and Evolutionary Microbiology, 58: 866–871.
(10) Miyamoto, N., T. Yamamoto, Y. Yusa and Y. Fujiwara (2013) Postembryonic development of the bone-eating worm *Osedax japonicus*. Naturwissenschaften, DOI 10.1007/s00114-013-1024-7.
(11) Ogawa, Y., K. Fujioka, K. Fujikura and Y. Iwabuchi (1996) En echelon patterns of *Calyptogena* colonies in the Japan Trench. Geology, 24: 807-810.
(12) Okutani, T., K. Fujikura and S. Kojima (2000) New taxa and review of vesicomyid bivalves collected from the northwest pacific by deep sea research system of Japan Marine Science and Technology Center. Venus, 59: 83-101.
(13) Fujikura, K., Kojima, S., Tamaki, K., Maki, Y., Hunt, J. and Okutani. T. (1999) The deepest chemosynthesis-based community yet discovered from the hadal zone, 7326m deep, in the Japan Trench. Marine Ecology Progress Series, 190: 17-26.
(14) Okutani, T., Kojima, S. and K. Fujikura (1999) Two new hadal bivalves of the family Thyasiridae from the plate convergent area of the Japan Trench. Venus, 58: 49-54.
(15) Fujiwara, Y., Kato, C., Masui, N., Fujikura, K., and S. Kojima (2001) Dual symbiosis in the cold-seep thyasirid clam *Maorithyas hadalis* from the hadal zone in the Japan Trench, western Pacific. Marine Ecology Progress Series, 214: 151-159.
(16)「海と地球の情報誌Blue Earth」１１２号、ＪＡＭＳＴＥＣ、二〇一一年
(17) Fujiwara, T., S. Kodaira, T. No, Y. Kaiho, N. Takahashi and Y. Kaneda (2011) The 2011 Tohoku-Oki Earthquake:

Displacement Reaching the Trench Axis. Science, 334: (6060), 1240.
（18）「海と地球の情報誌Blue Earth」118号、JAMSTEC、二〇一二年
（19）Kawagucci, S., Y. T-Yoshida, T. Noguchi, M. C. Honda, H. Uchida, H. Ishibashi, F. Nakagawa, U. Tsunogai, K. Okamura, Y. Takaki, T. Nunoura, J. Miyazaki, M. Hirai, W. Lin, H. Kitazato, and K. Takai (2012) Disturbance of deep-sea environments induced by the M9.0 Tohoku Earthquake, Scientific Reports, 2, 270, doi:10.1038/srep00270.
（20）Gamo, T., Okamura, K., Mitsuzawa, K. and K. Asakawa (2007) Tectonic pumping: earthquake-induced chemical flux detected in situ by a submarine cable experiment in Sagami Bay, Japan. P. Jpn. Acad. B-Phys. 83, 199-204.
（21）Tsunogai, U., Ishibashi, J., Wakita, H. and T. Gamo (1998) Methane-rich plumes in the Suruga Trough (Japan) and their carbon isotopic characterization. Earth Planet Sc. Lett. 160, 97-105.

藤倉克則（ふじくら・かつのり）

深海生態学研究者。海なし県の栃木県足利市で生まれ育ち、子どものときは釣り好きの父の影響で釣りや水生生物の採集に明け暮れた。最初のフィールドワークは、一九八五年の館山市の海洋生物実習。ハオコゼに刺され、カワハギのトゲを見て危険生物と思うほど、海の生物については無知であった。水生生物の生態に興味をもち、深海にまで手を伸ばしている。深海生物は奇妙な姿かたちと思われがちであるが、本当のユニークさは生態にあることをあきらかにしたい。

＊　＊　＊

■わたしの研究に衝撃をあたえた一冊『イワナⅡ　黒部最後の職漁者』

戦後、黒部川源流でイワナ釣りで生計を立てた職漁師の生きざまを、聞きとり、書きおこした本である。過酷な自然のなかで、いかに危険を回避して生きるか、イワナを効率よく釣るかが、日々の体験をもとに生のことばで綴られている。体力的・精神的にもハードな仕事と趣味の釣り人の増加で、述者は数年で職漁の世界から身を引く。この本を読むたびに、わたしのフィールドワークは「まだまだぬるい」と感じ、フィールドから学ぶことのたいせつさを思い知らされる。

曽根原文平述　志村俊司編
白日社
一九八九年

海の水の流れの計測

――柳　哲雄

はじめに

わたしたちが海の中のことを知ろうとするときには、その場所の「水の流れ（海流のようす）を測る」という作業が欠かせない。なぜなら、「水の流れ」こそが、その場所の〝環境〟を知るためにもっとも重要なポイントだからだ。

たとえば、海に存在しているある物質（生物）のことを知ろうとして、場所を決めて、そこでの物質濃度（生物の密度）の時間的な変化を測りつづけたとしよう。このとき、濃度は一定ではなく、時間の流れのなかで上昇したり下降したりしているという傾向を見せたとしても、その場所における水の流れの状態がわからなかったら、濃度変化の原因を特定することはできない。それが、生物の増殖・死亡といった物質の反応の結果によるものなのか、あるいはほかの場所から高い（低い）濃度（密度）の物質（生物）が輸送されてきた結果によるものなのかが判定できないからである。

「海の水の流れ」と聞くと、ふつうの人はどんなことを思い浮かべるだろうか？　日本列島の南岸に沿って流れる黒潮をイメージする人もいれば、瀬戸内海を東西に行き来する潮流を思い浮かべる人もいるだろう。ふたつはおなじ「海の水の流れ」だが、黒潮と潮流では、流れを起こしている原因も、特性もちがっている。黒潮は、おもに太平洋上を吹く偏西風と貿易風によって起こされ、ほぼ一定方向に流れつづける。これにたいして潮流は、月と太陽の引力によって起こされ、上げ潮流と下げ潮流（118ページ）とでは流れる方向が逆になる。

本稿は、このような「海の水の流れ」を測るさまざまな方法について紹介する。

そのまえに、海の水の流れを表すためにはふたつの量が必要だということを理解しておいてほしい。「速さ（＝流速）」と「方向（＝流向）」である。このように、ある状態――この場合は「海の水がどのように流れているか」ということ――を表すためにふたつ以上の量が必要な変数（変化する状態量）を、「ベクトル量」という。

これにたいして、気温や水温を表すときには、「温度」というひとつの量を測るだけで十分である。ひとつの量の変数は、「スカラー量」と呼ばれる。

スカラー量を測定するのは、比較的かんたんだ。たとえば、気温や水温を測定するためには、温度計がひとつあればことたりる。長さ（距離）を測定するためには、メジャーがあればいい。ところが、ベクトル量を測定するのはかなり困難である。流れの場合を例にとると、「流速」と「流向」というふたつの量を同時に測定しなければならないからだ。

海の水の流れと似たような変数に、大気の流れ＝風がある。風の場合も、流れを表すには「風速」と「風向」というふたつの変数が必要である。

偏西風と貿易風
偏西風は北緯（南緯）三〇～六〇度上空の東向きの風、貿易風は赤道上空の西向きの風。

流速と風速は、いずれも単位時間（通常は一秒）のあいだに海水や大気がどれだけ移動したか（通常はメートル）で表す。

ただ、ここでやっかいなのは、「流速と風速とでは向きが異なる」ということだ。たとえば、「西流」というのは「西に向かって流れる水の流れ」を表し、「西風」は「西から吹いてくる風」を表す。両者が示す方向は、正反対を向いている。

なぜこのような定義になっているのかに関するくわしい説明はない。たぶん、「人びとの生活にとって、どちらが重要か」ということが、定義のちがいになったのだと思われる。たとえば、船は、水の流れによって流され、流される先で浅瀬に乗りあげたり、陸にぶつかったりするため、流されていく方向が重要になる。いっぽう、風は、吹いてくる方向によって冷たい風や暖かい風に変わるので、どちらから吹いてくるかが重要になるわけだ。

Ⅰ　海の流れの種類

海の水の流れには、大きくわけてふたつの種類がある。「海流」と「潮流」である。

1　海流

海の中を、ほぼおなじ方向に、ほぼおなじ速さで、川のように流れている流れを、「海流」と呼ぶ。ここで「ほぼ」と書いたのは、海流はその方向も速さも一定ではなく、常に変動しているからだ。

黒潮は、太平洋を西進してきた北赤道海流がフィリピン東方で北方と南方とに分岐し、北上する部分がその源となる（図1）。台湾東方を北上して沖縄県の与那国島《よなぐにじま》西方で東シナ海の大陸棚縁にぶつかり、陸棚縁の二〇〇メートル等深線に沿って北東方向に流れ、屋久島《やくしま》と口之島《くちのしま》（いずれも鹿児島県）のあいだのトカラ海峡を抜けて再び太平洋に入って北上し、九州・四国・本州沿岸に沿って東に流れ、房総半島（千葉県）沖で離岸して黒潮続流となり、北太平洋海流として太平洋を東流する。流れはその後、アメリカのカリフォルニア沿岸にいたり、カリフォルニア海流として南下し、赤道の北で西向きに流向を変えて、再び北赤道海流になる。この一周する流れを、「北太平洋亜熱帯循環流」と呼ぶ。

　北太平洋亜熱帯循環流を生むおもな力は、偏西風と貿易風である。スーパーコンピューターを用いた数値モデル計算で、天気予報とおなじように、この北太平洋亜熱帯循環流も精度よく

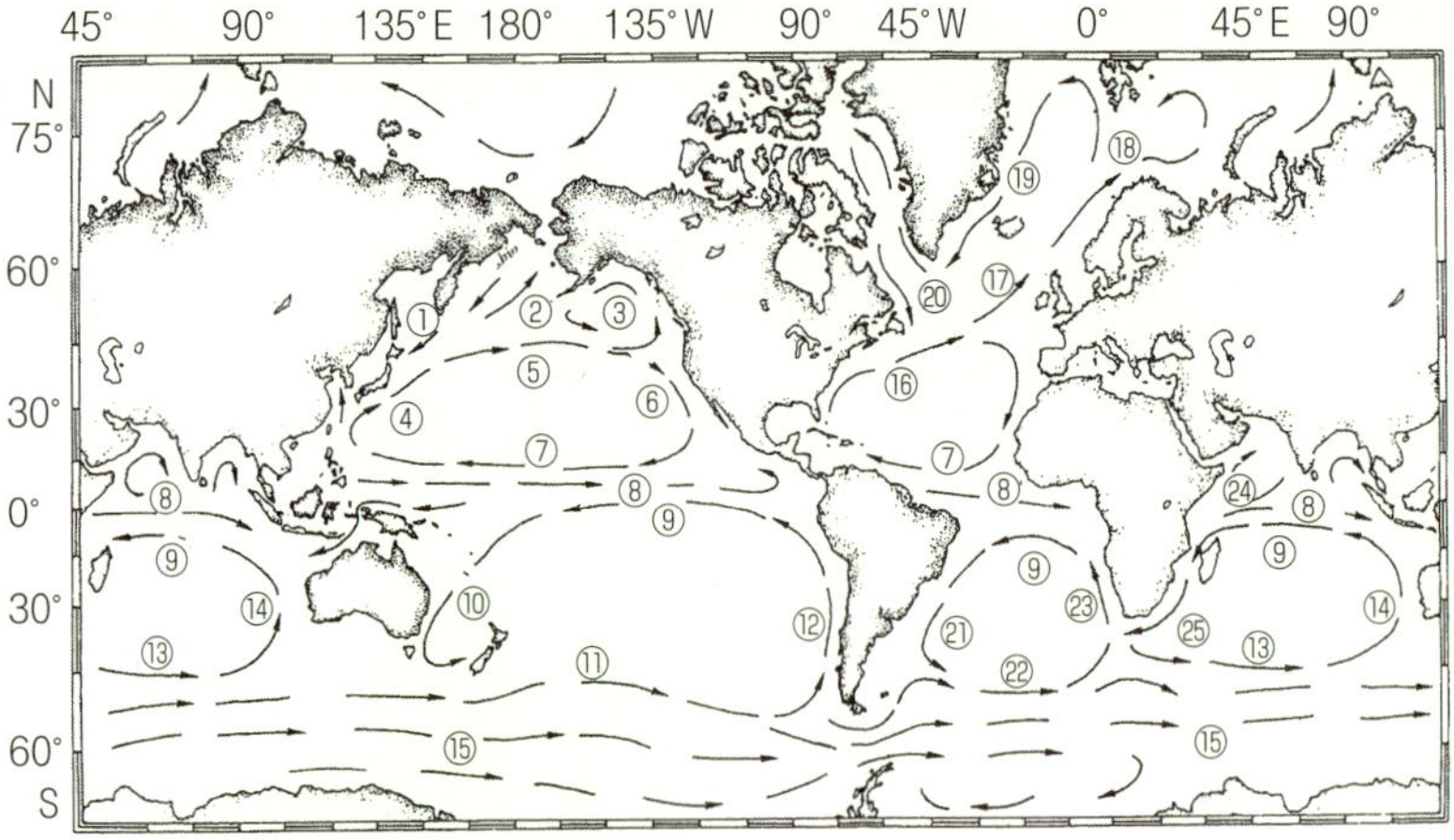

①親潮　②ベーリング海流　③アラスカ海流　④黒潮　⑤北太平洋海流　⑥カリフォルニア海流　⑦北赤道海流　⑧赤道反流　⑨南赤道海流　⑩東オーストラリア海流　⑪南太平洋海流　⑫ペルー海流　⑬南インド洋海流　⑭西オーストラリア海流　⑮南極周極海流　⑯メキシコ湾流　⑰北大西洋海流　⑱ノルウェー海流　⑲東グリーンランド海流　⑳ラブラドル海流　㉑ブラジル海流　㉒南大西洋海流　㉓ベンゲラ海流　㉔ソマリ海流　㉕アグラス海流

図1　世界の表層（0–500m）海流図

再現することができる。海水の粒子に印をつけて北太平洋亜熱帯循環流を一周するのにかかる時間を調べてみると、約六年ということがわかった。

海上を吹く風と海流との関係を理解するために知っておかなければならないことが、ひとつある。それは、「海の表層の水が、海上を吹く風の影響を受けて風下に流れることはない」ということだ。

たとえば、池の上を吹く風と池の水面の木の葉の関係を見ると、この場合、木の葉は風下に流れる。池の上のような狭い空間を短い期間吹く風の場合は、水面近くの水は風下に流れるのだ。ところが、太平洋のような広い空間で長い期間おなじように吹く風の場合は、地球の自転の効果が顕著になって、図2のような風と流れの関係が成立する。

海面付近の海水は、北半球では風下の右四五度の方向に流れる。深くなるにしたがって流速は小さくなり、流向は時計まわりに変化して、ある深さでほぼゼロになる。

流速と流向の変化は、螺旋《らせん》階段のようになる。この現象を最初に解明したスウェーデンの海洋学者エクマンにちなんで、このような流れのようすを「エクマン螺旋」と呼ぶ。

エクマン螺旋の流れを海面から吹送《すいそう》流速ゼロの深さまで加えあわせると海面付近の水の流量を知ることができる。それ

大陸棚
大陸の周辺の、傾斜のゆるやかな海底部分。

海水の粒子に印をつけて
モデル内の海水の一部分を赤く染めて、この海水がどう動くかを計算し、その動きを追跡する。

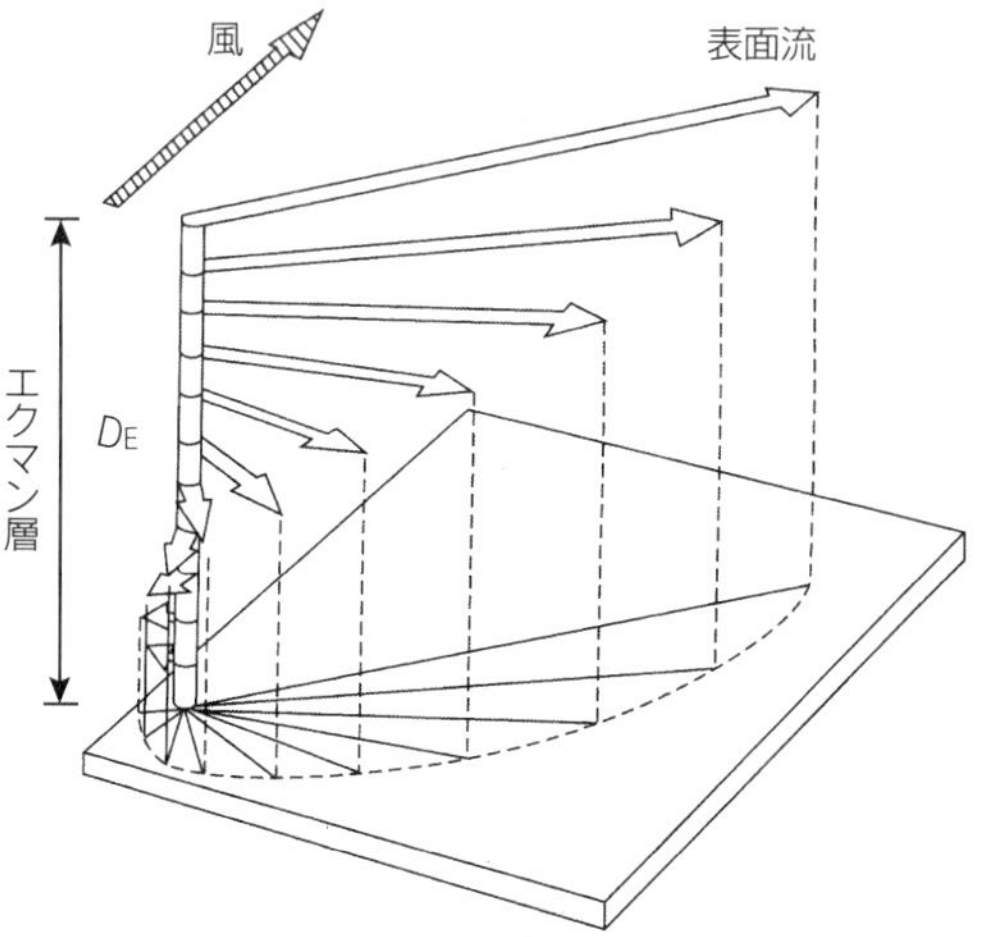

図2　海洋表層の風と流れの関係（「エクマン螺旋」）
D_Eは風の影響がおよぶ深さで、「エクマン層」と呼ばれる。D_Eは、通常数十m

は、風下右側直角方向に向かっている。このような風による水の輸送を、「エクマン輸送」と呼ぶ。

北半球で海面付近の流れが風下右四五度方向に向かうのは、地球が自転しているためで、地面の回転方向が逆になる南半球では、風下左四五度方向に向かう。このような現象は、ものの動きにたいする地球自転の影響を最初に研究したフランスの機械学者コリオリにちなんで「コリオリ効果」と呼ばれる。コリオリ効果によるエクマン輸送のために、北半球の偏西風と貿易風によって北太平洋の海面は中央部が一メートル程度盛りあがっている（図3）。この北太平洋中央部の海面の盛りあがりは、海面高度計を使った人工衛星からの計測で実証されている。

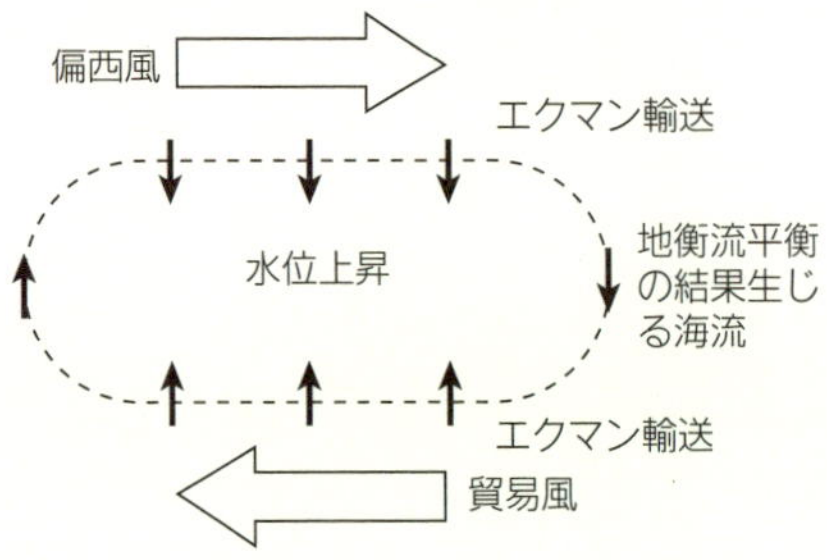

図3　北太平洋の風と北太平洋亜熱帯循環流の関係

海面の高い部分から低い部分に向かって圧力勾配力がはたらくが、この力によって流される海水粒子にはコリオリ力（地球自転の影響によって、地球上を運動するものには進行方向に向かって右側直角方向に「流速×コリオリ係数」で表される力）がはたらいて、流れる方向の右側に向かって方向を変え、おなじ高さの海面に沿って流れる。海水粒子の流れにたいするコリオリ力が圧力勾配力とつりあって、海水粒子はおなじ高さの海面に沿って流れつづける。このような流れを「地衡流《ちこうりゅう》」と呼ぶ。北太平洋のみならず世界中の海流は、地衡流として流れている。

海の中の圧力勾配力には、二種類がある。ひとつは、

エクマン
ヴァン・ヴァルフリート・エクマン。一八七四―一九五四。有名なノルウェーのフラム号による北極海探検のフィールドデータ整理をおこない、海面の浮遊物が風下からある角度をもって流れるという観察結果を説明するための理論考察をして、こうした結論に達した。

コリオリ
ガスパール＝ギュスターヴ・コリオリ。一七九二―一八四三。フランスの物理・数学・天文学者。力学における仕事・運動のエネルギーの概念を形成。回転座標系における慣性力の一種コリオリの力（転向力）を提唱した。

圧力勾配力
流体内で、圧力の高い（密度の大きい）場所から圧力の低い（密度の小さい）場

海面が等ポテンシャル面（水平面でその面に沿ってものを動かしても、仕事量はゼロの面）にたいして傾いている場合で、このときの圧力勾配力の大きさは、深さに関係なく一定となる（図4右）。もうひとつは、重い（冷たい）海水と軽い（暖かい）海水とが接している場合で、圧力勾配力は重い海水から軽い海水に向かってはたらき、圧力勾配力は深くなるにつれて大きくなる（図4左）。

図5に、観測船によって得られた水温・塩分の鉛直断面観測結果をもとに描いた日本南方の黒潮の断面図を示す。黒潮は、この紙面のこちら側から向こう側に向かって流れていて、黒潮の流れさる方向の右側直角方向に、流速に比例したコリオリ力がはたらく。黒潮の南側の海面は、日本の側の海面より約一メートル高くなっていて、この海面勾配と海面下の海水の水平密度勾配に起因する圧力勾配力がコリオリ力とバランスしているので、黒潮は流れつづける。海面下約五〇〇メートルの深さになると、日本近海にある低温の重い水と沖合にある高温の軽い水とが積み重なることで起こる「水平密度勾配による圧力勾配力」が「海面勾配による圧力勾配力」を打ち消して、黒潮もほぼ流速ゼロとなってコリオリ力もはたらかなくなり、両者がバランスした状態となる。

所に向かってはたらく力。

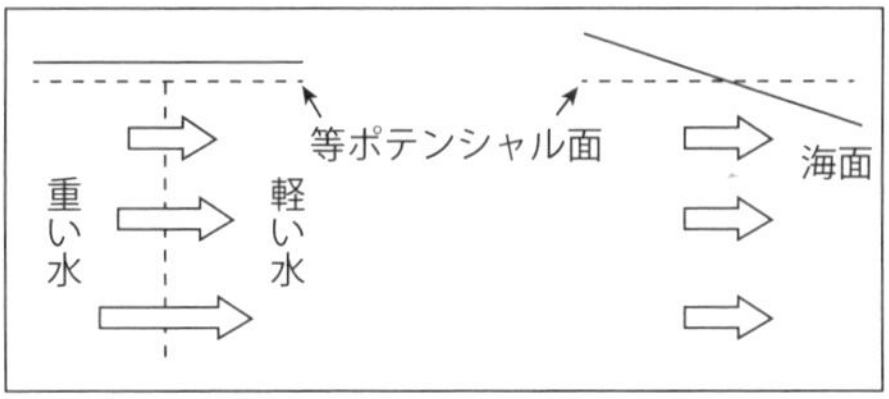

図4　水平密度勾配による圧力勾配力（左）と海面勾配による圧力勾配力（右）

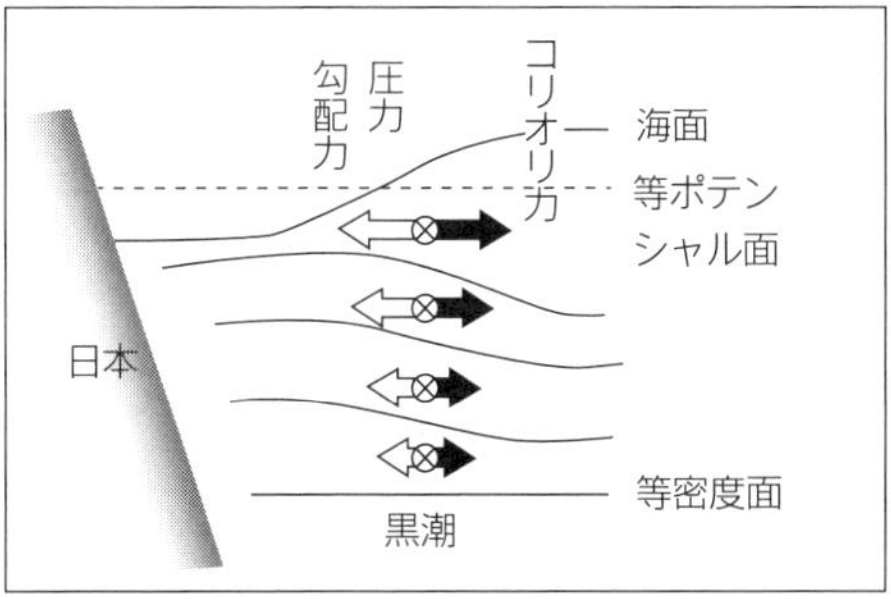

図5　地衡流平衡

2 潮流

東京湾や瀬戸内海の海岸で一日をすごしていると、一日に二回、満潮（海面が高くなった状態）と干潮（海面が低くなった状態）があることがわかる。月と太陽の引力と地球の自転の遠心力の差から発生する**起潮力**《きちょうりょく》によって、海面がひっぱられたり押されたりするからである。このような海面の昇降現象を、「潮汐《ちょうせき》」と呼ぶ。

潮汐にともなう海の水の流れが潮流で、干潮から満潮にいたる流れを「上げ潮流」、満潮から干潮にいたる流れを「下げ潮流」と呼ぶ。

先述したとおり、通常、上げ潮流と下げ潮流とでは流向が逆になる（図6）。また、上げ潮流から下げ潮流に変わるとき、下げ潮流から上げ潮流に変わるとき、それぞれ潮の流れがとまるが、これを「憩流《けいりゅう》」と呼ぶ。

満潮になるには周囲から海水が集まってくる必要があり、干潮になるには海水が周囲に散らばっていく必要がある。瀬戸内海の上げ潮流は、東の紀伊水道《きいすいどう》と西の豊後水道《ぶんごすいどう》から瀬戸内海中央部の備讃瀬戸《びさんせと》に向かって流れ、下げ潮流は逆に備讃瀬戸から紀伊水道と豊後水道を通じて太平洋に向かって流れる。

図7は、瀬戸内海の**水理模型実験**による実験結果をもとにして描かれたものだが、瀬戸

起潮力
引力と遠心力の差によって生じる、潮汐を起こす力。

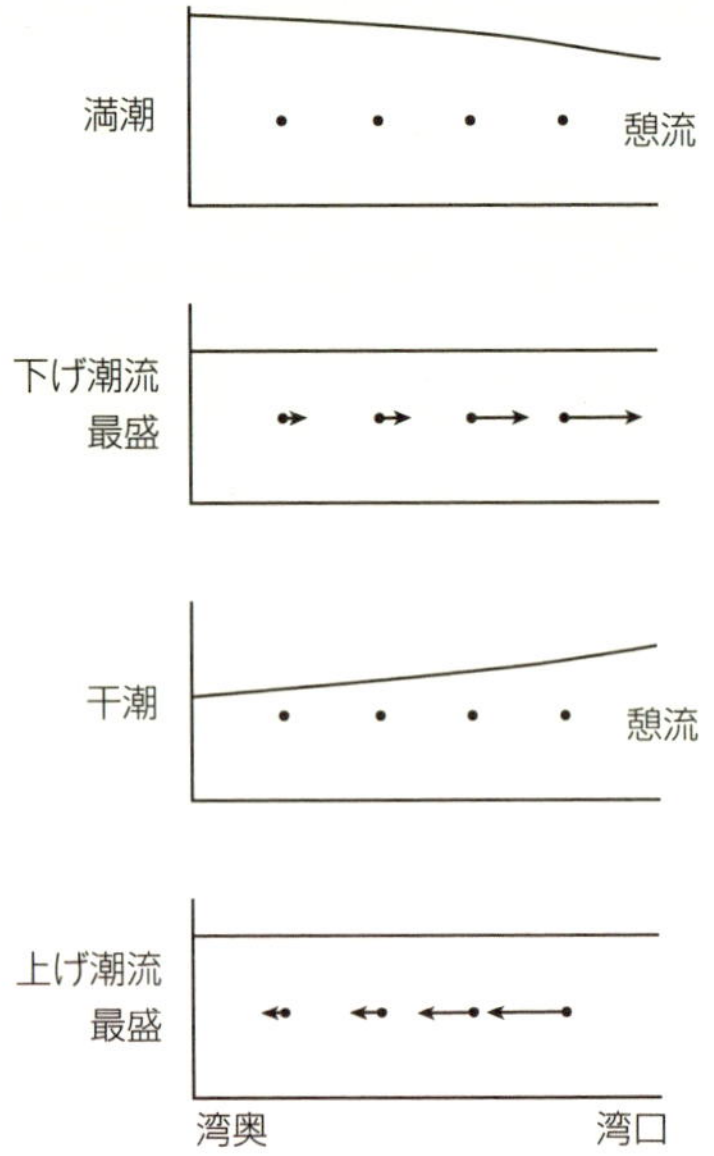

図6　満潮・干潮と下げ潮流・上げ潮流

内海の船乗りは、このような潮流の特性をむかしからよく知っていた。なぜなら、むかしの船の動力は手漕ぎか帆だったので、瀬戸内海の潮流の流向に逆らわないように航行するのが鉄則だったからである。

瀬戸内海西部から東部に航海する船は、備讃瀬戸の鞆《とも》（広島県福山市）付近までは上げ潮流に乗って東航し、そこで転流を待って、そこから東へは下げ潮流に乗って航海をつづけた。いっぽう、東部から西部に航海する船は、鞆付近までは上げ潮流に乗って西航し、鞆で潮待ちして、下げ潮流に乗ってさらに西に向かった。そのような意味で、鞆は瀬戸内海中央部の〝潮待ち港〟として名高かった。

瀬戸内海には、もうひとつ関門海峡という出入り口がある。ただし、関門海峡の断面積は〇・〇〇八七平方キロで、豊予海《ほうよかい》峡《きょう》（速吸瀬戸《はやすいのせと》）の断面積一・一一平方キロや友ヶ島水道《ともがしますいどう》の断面積〇・三一平方キロ

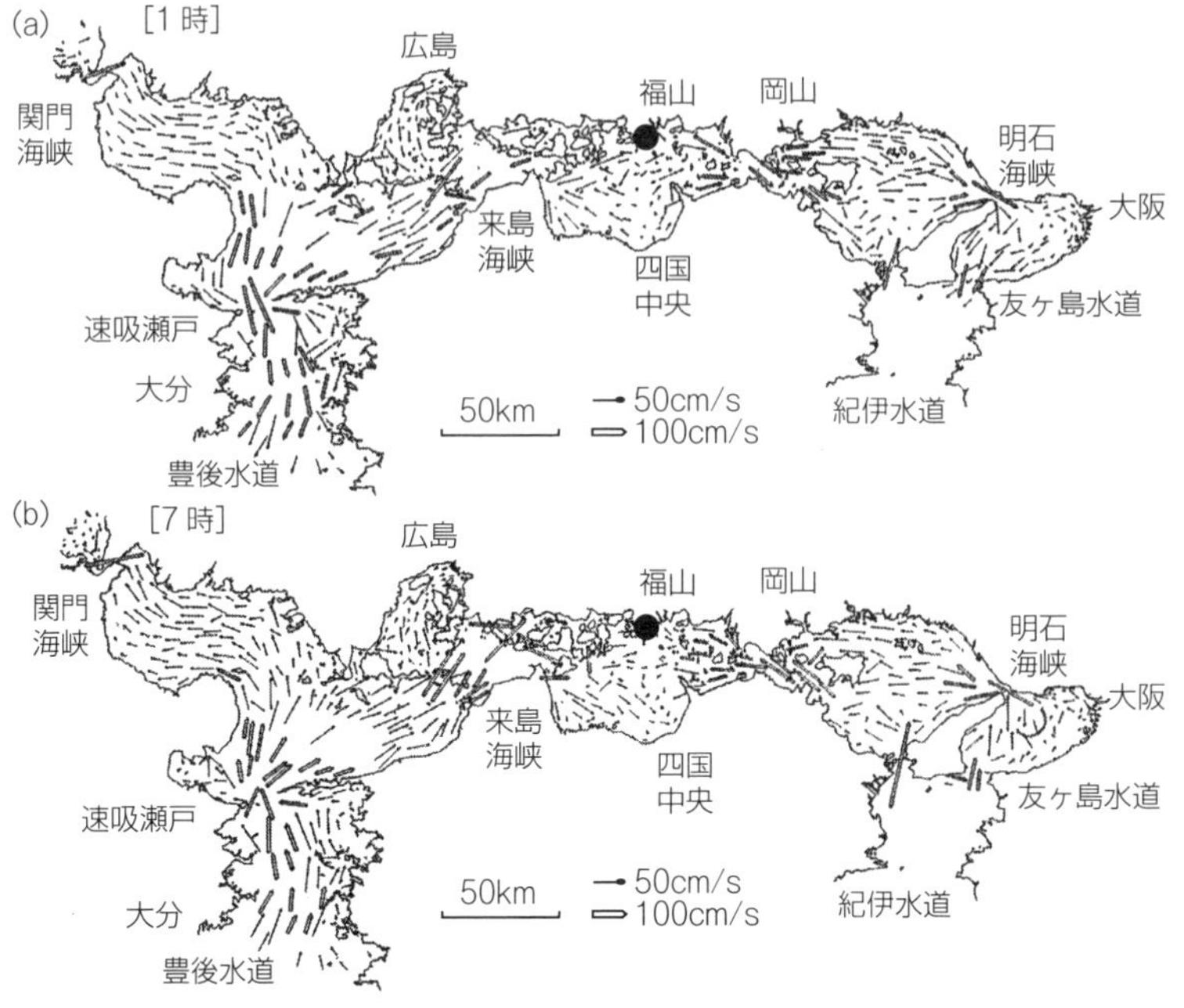

図7　瀬戸内海の下げ潮流（a）と上げ潮流（b）[(1)]
図中の黒丸は鞆の位置。瀬戸内海の上げ潮流は鞆の沖合でぶつかり、下げ潮流は鞆の沖合でわかれる

と比べるとはるかに小さいので、瀬戸内海全域の潮流にあたえる影響はほとんどない。

II　海の水の流れの測りかた

1　海流瓶

もっとも簡易な水の流れの測りかたは、返信用のハガキを入れた瓶（海流瓶）を海岸から流して、瓶が拾われた時刻と場所から流れの流速と流向を推定するという方法である。

有名な「椰子の実」という歌は、文学者の島崎藤村（一八七二―一九四三）が作詞したものだが、彼の友人である民俗学者の柳田國男（一八七五―一九六二）から「渥美半島（愛知県）の伊良湖岬《いらごみさき》に流れ着いた椰子の実を見て、南方の島から黒潮に乗ってはるばる流れてきた椰子の旅路に思いをはせた」のだということを聞いた。この椰子の実が、海流瓶に相当する。

逆に、渥美半島南岸の砂浜から海流瓶を流すと、静岡県、神奈川県、千葉県、ハワイ、カリフォルニアなどから返事がきて、図1（114ページ）に示した北太平洋亜熱帯循環流の海流図に似た図面を自分で描くことができるはずである。

明治・大正時代、中央気象台の和田雄治は、日本各地の海岸から多数の海流瓶を投下し、それらを回収した結果をまとめて、はじめての日本近海海流図を作成した。わたしも中学生のとき、後述する笠戸湾《かさどわん》（山口県下松市《くだまつし》）の潮流観測をおこなった後、笠戸湾の外の周《す》防灘《おうなだ》の流れがどうなっているかに興味をもって、笠戸湾口の古島水道《ふるしますいどう》沖から一〇本の海流

水理模型実験
モルタルで作成した、縮小した実際の海岸・海底地形をもつ水槽内に水を入れて、ある相似率のもとに発生させた潮汐・海流をあたえて水槽内でどのような流れが起こるかを実験すること。

和田雄治
一八五九―一九一八。日本の気象・海洋学者。富士山頂での気象観測や日本近海の海流調査をおこない、暴風警報や天気予報の創始者としても知られる。

をしたことがあった。驚いたことに、投下して一〇日後に、対岸の大分県にある姫《ひめ》島《しま》の女子中学生から返事がきて、感激した。その女子中学生とは、数回ハガキのやりとりをした記憶がある。

2 漂流人工クラゲ

海流瓶は海面付近の流れを推定するために用いられるが、海底付近の流れを測定するために用いられるのが、漂流人工クラゲである。下の写真に示すような、プラスチック製の浮きにビニールチューブをとおし、その最下部に錘《おもり》をつけてつくる。浮きの部分は水中にただようが、ビニールチューブ最下部の錘は海底に接したままで、人工クラゲは海底付近の流れによって海底に沿って動いていく。この人工クラゲを底引き網で取得した漁師が、取得した場所と時刻を調査機関に知らせ、調査機関がその情報をとりまとめることで、底層の流動図が描かれることになる。

次ページ図8は、日本海区水産研究所が漂流人工クラゲを用いた調査をおこなって得た新潟沖の底層流動図である。各点で四〇〇〜六〇〇個、計二〇〇〇個の人工クラゲが投入された。一年以内に回収されたのは計六五個で、回収率は約三%にすぎないが、この図から対馬暖流に沿って底層の流れも北上していることがわかる。得られた流速は、最大で二海里/日（〇・〇四センチ/秒）、最小で〇・一海里/日（〇・〇〇二センチ/秒）であった。

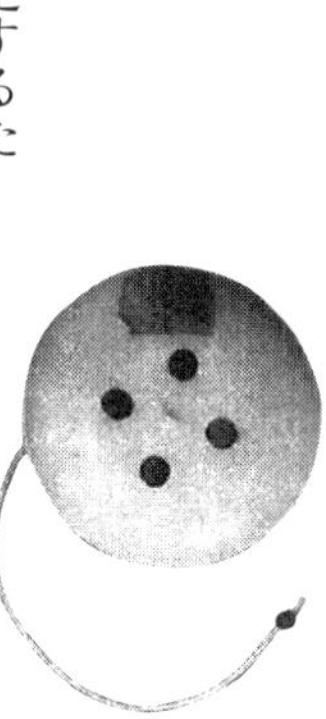

漂流人工クラゲ②

円盤の上側に「これはこの海域の水産資源管理のための調査用のもので、このクラゲを取得した場所と時刻を知らせてほしい」というメッセージが書かれ、あわせて、水産研究所の住所と電話番号が記載されている。

日本海区水産研究所
正式名称は、国立研究開発法人水産総合研究センター日本海区水産研究所。新潟市にあり、青森県から山口県までの日本海沿岸および沖合域（日本海ブロック）における水産業に関連した調査研究をおこなっている。

3　偏流

海の水の流れを推定する古典的な方法に、船の「偏流《へんりゅう》」を利用する方法がある。

船が航海するとき、みずからの現在位置を、むかしなら天測（星の位置から海上のみずからの位置を見つける測量法で、おもに陸が見えない外洋で用いられた方法）か、山立て（船の上から陸を見て、陸に目印をふたつ以上決めて、目印と目印の交わる点からみずからの位置を知る方法）、あるいは六分儀と三桿分度器（陸上の三点との角度から海上の自分の位置をわりだす方法）で、今ならＧＰＳ（Global Positioning System）で求めることができる（図９のＯ）。そして、次の目的点（図９のＡ）に向かって方向と速度を決めて、船を走らせる。

Ｏ—Ａ間の距離を速度（たとえば４kt（ノット）＝１ktは約五〇センチ／秒）で割って得られる時間が経過して、再び船の位置を測定したとき、そこがＡ点ではなくＢ点だとわかると、ＡからＢに向かう海流によって船が流された（これを「偏流」と呼ぶ）

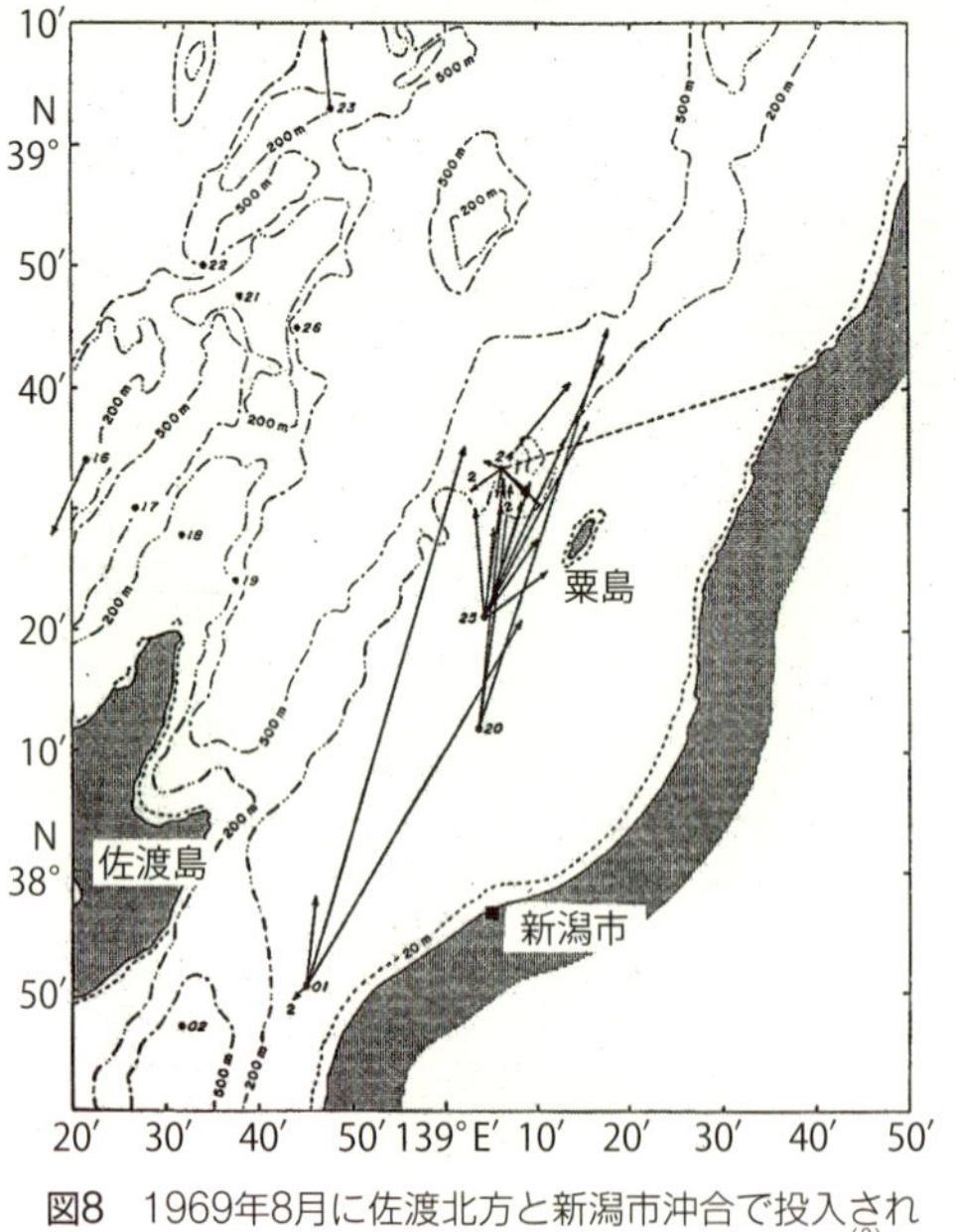

図8　1969年8月に佐渡北方と新潟市沖合で投入された漂流人工クラゲの投入点（黒丸）と回収点（矢尻[3]）

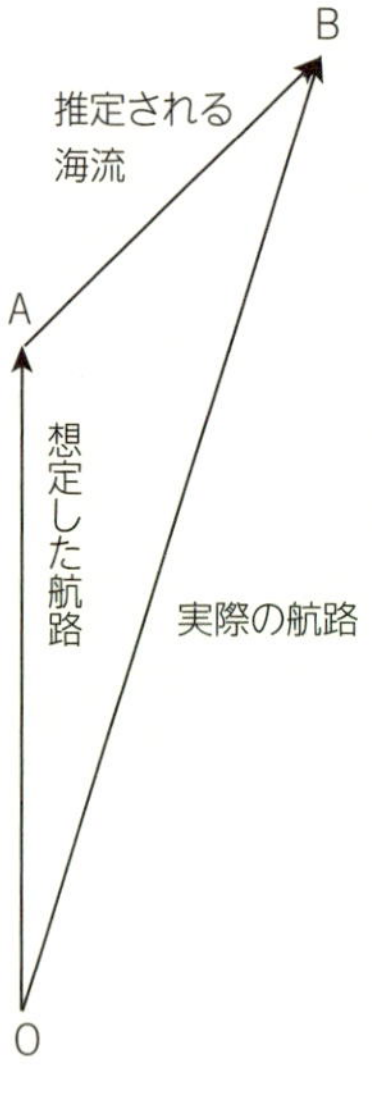

図9　船の偏流から海流を推定する方法

ことがわかり、その結果から、逆にその海域の海流が推定できることになる。AからBの距離をOからBに行くのにかかった時間で割ると流速が得られ、AからBの方向が流向となる。

航海する船は、決まった時間間隔でみずからの位置、船速、航行方向を記録しているので、その記録を整理すれば、航路に沿った海流の分布を得ることができる。

凧を使った実験によって雷が電気だということをあきらかにしたことで有名なアメリカのフランクリン（一七〇五―一七九〇）は一七六九年、北大西洋を航行する船舶の偏流記録を集めて、図10に示すような湾流（Gulf Stream）の模式図をつくった。

4 漂流竿

海の水の流れを自分の手元で測るには、まず海水粒子といっしょに動くものを用意する必要がある。いちばんかんたんなものは、「漂流竿」と呼ばれる道具である。図11は、わたしが中学三年生のときに自分でつくった漂流竿で、海面下一メートルに抵抗板、その下に錘をとりつけて、竹竿が海面に浮かぶようにくふうしたものである。これをアンカーで停止させたボートの上から海に投げ入れ、単位時間（この場合は一〇秒）にどのくらい（距離でメートル）流れるかを目盛りをつけたロープで測

図10　船の偏流から推定された湾流模式図（Franklinの図）

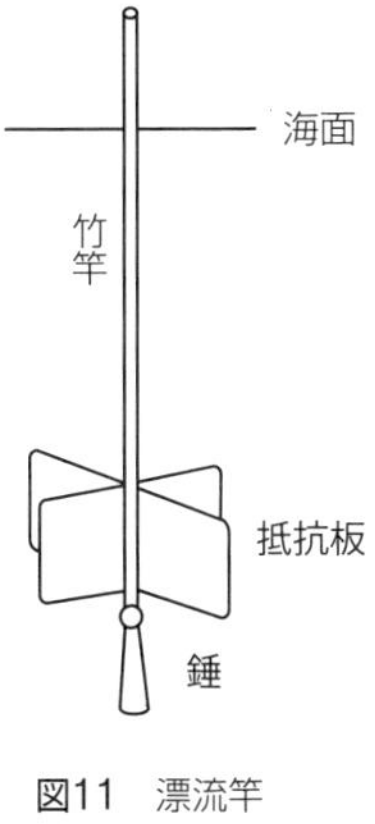

図11　漂流竿

り、どの方向に流れるかをコンパス（方位磁石）で測って、流速と流向を求めた（図12）。

わたしは、山口県の笠戸湾のそばで生まれ育った。小学生のころから潮の満ち干き（海面の上下運動）や潮の流れ（海水の水平運動）に興味をもっていて、観測をつづけていた。

中学三年生の夏休み、笠戸湾の北西部のA点（図13）に朝から夕方までボートをアンカーで固定し、二時間おきにこの漂流竿を海に投げ入れて、A点表層の流速と流向の変化を測定したことがあった。

観測には、ボートの所有者である釣り好きの父親がつきあってくれた。

二時間ごとの観測時以外は暇なので、手釣りを楽しんだ。当時、笠戸湾では夏季にアジゴやノミタレゴチがよく釣れた。わたしと父は、朝から夕方までに計一〇〇匹ちかくを釣りあげた。観測後、家にもって帰り、母親にたのんで刺身と南蛮漬けをつくってもらった。もう時効だから告白するが、はじめてビールのおいしさを知ったのは、この観測をしたあとの夕食のときである。炎天下で一日中ボートに揺られ、食卓についてもまだ身体が揺れている感覚を覚えながら、カラカラになったのど元をすぎるビールと、釣ったアジの刺身と南蛮漬けを交互に味わう夕食は、いま思い出しても至福のときだった。

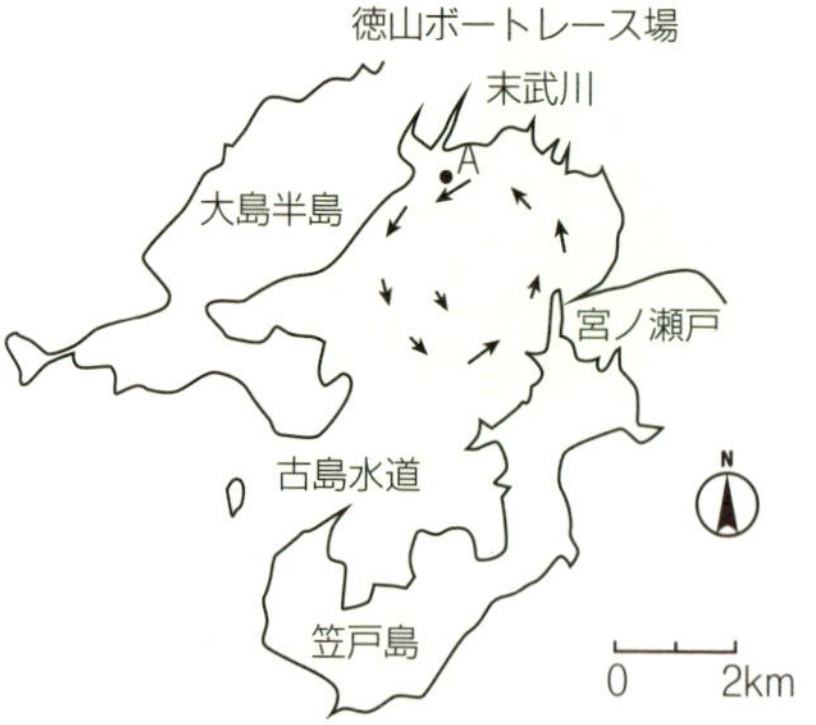

図13　笠戸湾の観測点A。矢印は父親や地元の漁師がいっていた笠戸湾の平均流の流向

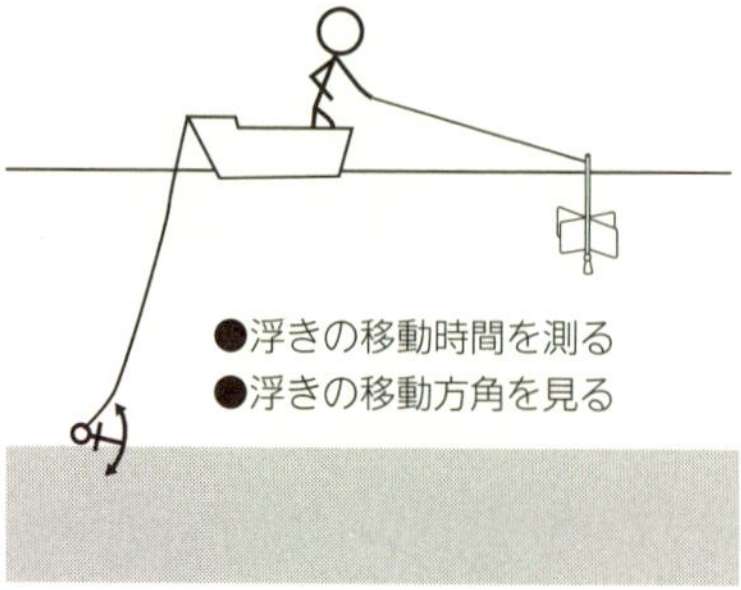

図12　とめたボートから漂流竿を流して流速・流向を測る

観測結果を、図14に示す。

おもしろいのは、流向がほとんど変化していないことだ。瀬戸内海には太平洋のような偏西風や貿易風が吹いていないので、一方向に流れつづける海流は存在しない。しかし、笠戸湾では干満差三メートルに達する潮汐があるため、潮の干満にともなう潮流が生じているはずである。この観測結果は非常に奇妙だったので、中学校の理科の先生や地元の徳山海上保安部の潮汐観測係の人に、なぜこのような流れになるのかを聞いてみた。しかし、だれも答えることができなかった。

そこで、わたしは広島にある第六管区海上保安本部に出かけていって、潮汐・潮流の専門家にこの記録を見せて理由を聞いてみた。その人は「このような流れができる理由はいまだだれも知らないので、自分で大学にいって研究して、理由をあきらかにしなさい」というのだった。

わたしは、当時日本で唯一沿岸海洋物理学の研究をおこなっていた京都大学理学部地球物理学科の海洋学研究室に進むことにした。

漂流竿を使った海の水の流れの測定法について、つけ加えておく。船で海の上に出ることは、だれにでもできることではない。しかし、船が

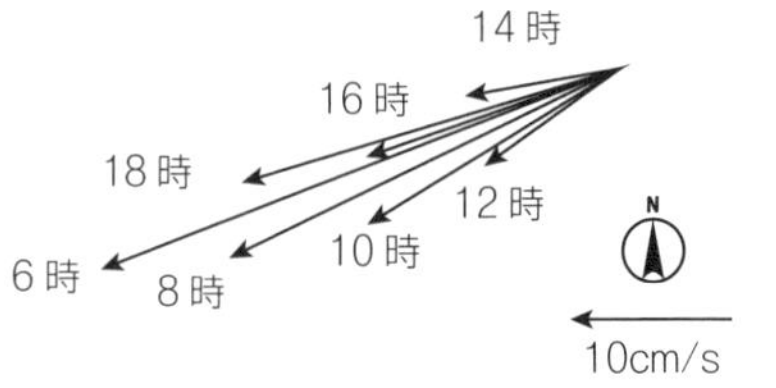

図14　笠戸湾北西部A点での表層流動測流結果

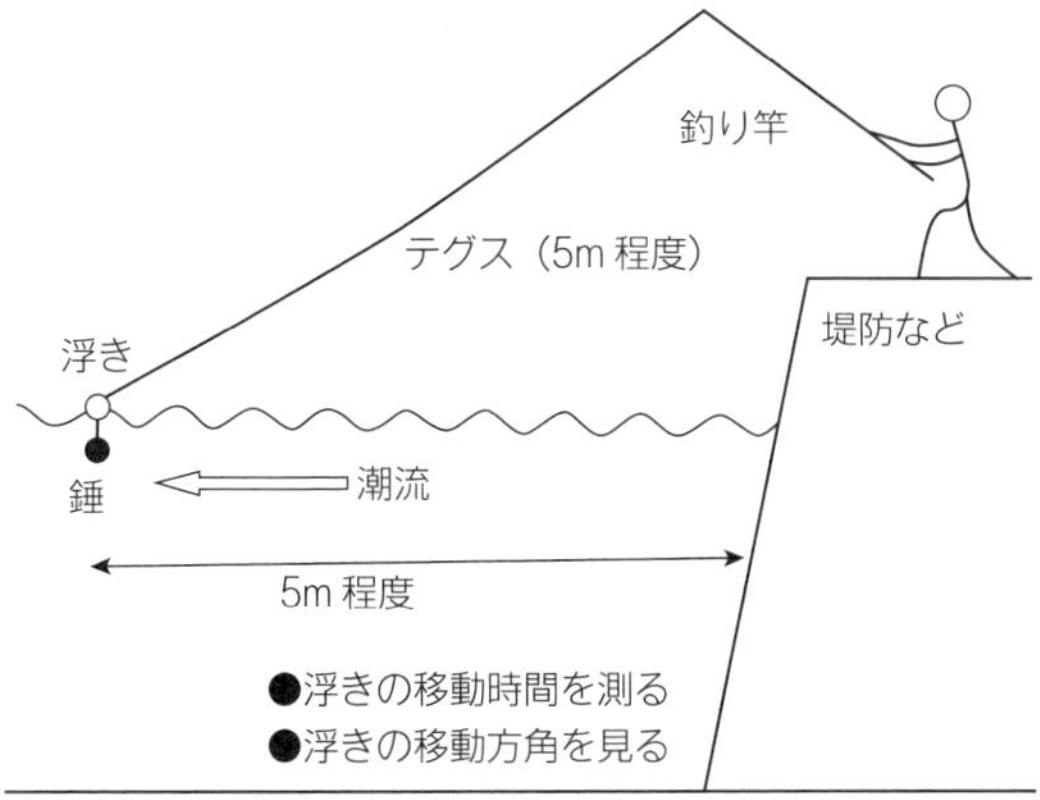

図15　堤防の上から釣り竿を使って水の流れを測る

使えなくても海岸堤防近くの海水の流れを同様の方法で測定することは可能だ。前ページ図15に示すように、堤防の上から釣り竿を使って錘をつけた漂流浮きを海に投げ入れ、ストップウォッチとコンパスを使って流速と流向を測ることができる。

5　浮標（模型実験）

京都大学理学部を卒業し、同大学の大学院（理学研究科地球物理学専攻）に進学したわたしは、転流しない笠戸湾の不思議な流れの成因をあきらかにするために、湾を簡略化した水理模型をつくってそこに潮流をあたえ、湾の地形を変えたときに湾内の潮流特性がどう変わるかということを、修士論文のテーマとして研究した。

未解明の現象の科学的な原因と結果をあきらかにしようとするときは、現象をなるべくかんたんにしたほうが理解しやすい。笠戸湾の不思議な流れの原因をさぐるときも、直接笠戸湾にいってあれこれ観測するよりも（それ自体は、部分的には中学時代にやっていた）、模型を使って水理実験をおこなうほうが適していると思われる。実際の笠戸湾の地形を変えて流れの変化を調べることなど不可能だからだ。

結果的には、この水理模型実験による研究方法は正解だった。実験の結果を図16に示す。

湾内の水の流れに関しては、模型の水面に浮かべた浮標（フィ

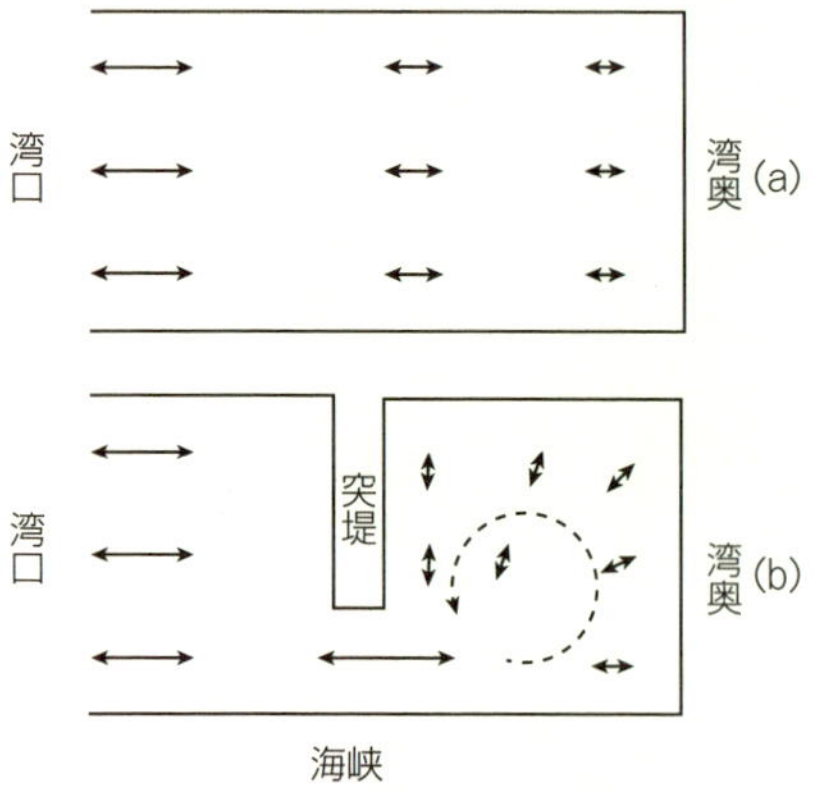

図16　突堤のない湾（a）とある湾（b）に潮流をあたえた場合の湾内の流れのちがい。実線の矢印は潮流、破線は循環流を表す

ルムケースの蓋を使った）の動きを上から数秒ごとにカメラで撮影し、そこに写された浮標が動いた距離と方向から、流速・流向を求めた。

突堤のない長方形の湾に左側から潮流を入れると、湾奥に近づくにつれて流速は小さくなるが、湾内でも規則正しい往復流である潮流が発生する（図16―a）。それにたいして湾の中央に突堤を設けた場合、突堤で狭められた海峡部では強い潮流が生じて、突堤の先端の湾の内側には上げ潮流最盛時に反時計まわりの渦がつくられる。そして、この渦は上げ潮流にのって湾内に広がっていく。渦は、下げ潮流時にも湾外に出ることはなく、湾内にとどまる。その結果、上げ潮流の最盛時ごとにつくられるこの反時計まわりの渦は、やがて湾内に蓄積して、大きな反時計まわりの循環流（平均流・残差流）をつくる（図16―b）。実際に写真に撮影された浮標の動きから求めた下げ潮流と上げ潮流の湾内の流況を、図17に示した(4)。

わたしは、この循環流の生成・維持機構を、力学的にもあきらかにした。このような流れは潮汐・潮流が原因になっているので、「潮汐《ちょうせき》残差流《ざんさりゅう》」という名前を

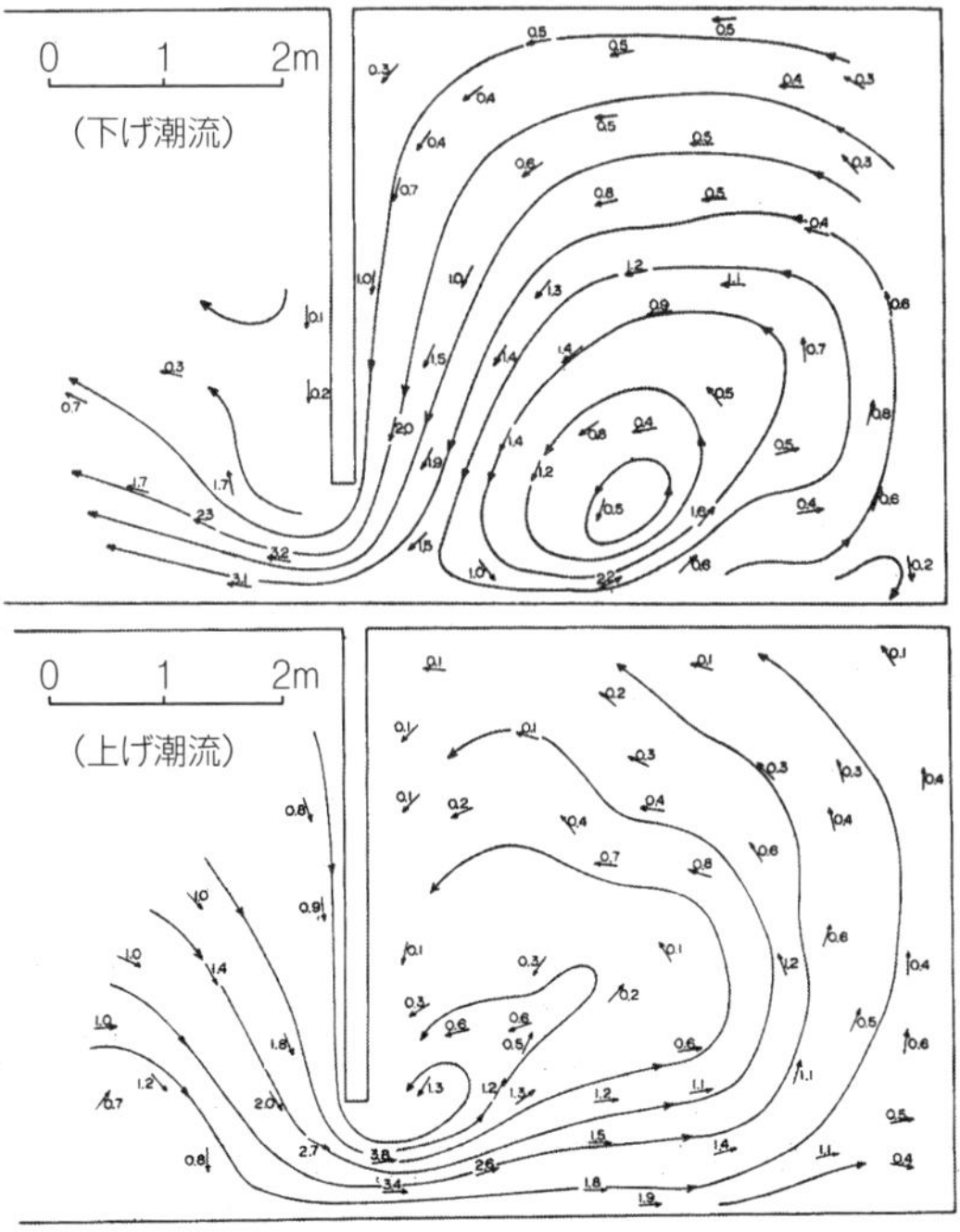

図17　模型湾内の下げ潮流（上）と上げ潮流（下）。矢印につけられた数字は流速（cm s^{-1}）を表す。長い矢印は流線（水粒子がこの線に沿って流れると想定される線）を表す(4)

つけた。笠戸湾の北西部A点で中学生のわたしが測った流れは、この潮汐残差流だったのだ。

翌年、わたしは水理模型を使って笠戸湾の潮汐残差流の発生・維持のしくみをあきらかにしようとした。現在はもうないが、当時、広島県呉《くれ》市の通産省・中国工業試験所には、瀬戸内海の二〇〇〇〇分の一の水理模型があった。大阪から下関までの距離は約四〇〇キロなので、この模型は二〇〇メートルを越える巨大なものであった。五メートル四方程度の笠戸湾も、この模型内にふくまれていた。

水理模型が瀬戸内海の潮汐・潮流をよく再現していることはすでにたしかめられていたので、わたしはまず現在の笠戸湾の地形のもとでの潮汐残差流の実態をあきらかにして（図18—a）、次に、ふたつの湾口である宮ノ《みやの》瀬戸《せと》（図18—b）と古島《ふるしま》水道（図18—c）をそれぞれ閉鎖した場合に、湾内の潮汐残差流がどう変化するかを調べた（模型内の流れは、水面に浮かべた浮標の動きを上からのカメラ撮影で追跡して計測した）。その結果、笠戸湾の潮汐残差流は、おもに宮ノ瀬戸の潮流でつくられる反

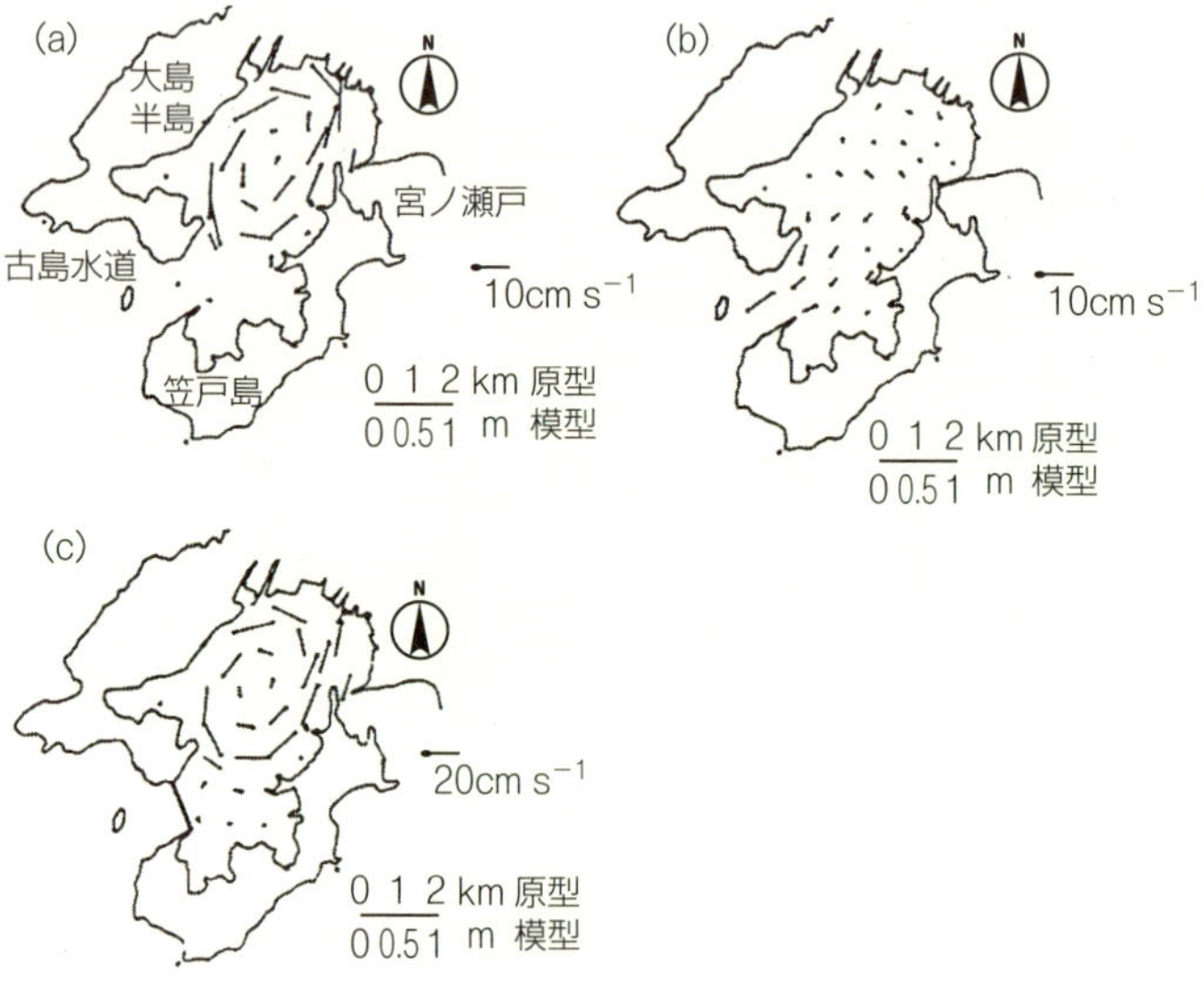

図18　両海峡をあけた場合（a）、宮ノ瀬戸をとじた場合（b）、古島水道をとじた場合（c）の笠戸湾の潮汐残差流(5)

時計まわりの渦が湾内に集積して起こることがあきらかになった[5]。

6 流速計

海洋学の専門家がおこなう海洋観測では、海の水の流れは通常、流速計で測られる。わたしは、京都大学理学研究科修士課程を修了してすぐに、幸運にも新設された愛媛大学工学部海洋工学科の助手に採用された。大学の研究費で最初に買ったのは、ノルウェーの海洋測器会社でつくられたアーンデラ流速計（下の絵）である。これは、当時、もっとも精度がよく、使いやすい流速計として世界的に知られていた。

ローターの回転数で流速を、ベーン（羽根）が向いた方向で流向を測る。一定時間ごとに得られた流速・流向の記録は、左側の筒の中にある磁気テープに記録される。観測終了後、流速計を回収して磁気テープを解読すれば、流速・流向の変化を時系列で見ることができる。

現場観測をおこなうまえには、流速計や係留系（海中に計器などをつなぎとめるシステム）のさまざまな部分に関する細かい気づかいが必要となる。まず、観測前に実験室で、流速計のローターの回転はスムーズか、コンパスはベーンの向きに追随するか、電気回路は正常に作動するか、バッテリーの寿命は大丈夫か、磁気テープの長さは十分かなどをチェックしておかなければならない。さらに、船に積みこむ観測機材、係留系の設置手順など流速観測のひととおりの手続きを頭の中に思い浮かべ、観測の頭上予行演習をおこなうこと

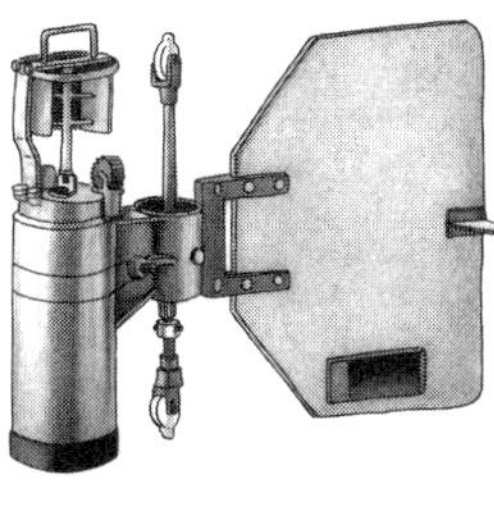

アーンデラ流速計

がたいせつである。

中学生時代にやった漂流竿を使った潮流観測とはちがって、流速計を回収して磁気テープを解読するまでは、そこでどのような流れが観測されたのかはわからない。一度、瀬戸内海の伊予灘《いよなだ》で一昼夜の潮流観測をした際、流速計の設置・回収はうまくいったが、研究室に帰って磁気テープを読んだところ何も記録されてなくて、無駄な労力と予算を費やしたことがあった。流速計のローターは動いていて、流向を測るコンパスも正常だったのだが、得られた流速・流向を磁気テープに記録する電気回路部分が故障していたのだった。

助手に採用されたその年、文部省(当時)の**科学研究費**を申請して、翌年、笠戸湾の潮流観測をおこなう研究予算を受けることができた。

一九七五年一〇月、父親と父親の所有する小型船を雇いあげ(当時、父親はすでに退職していて、自分の趣味の釣りを楽しむために、小さいボートのかわりに退職金で正規の中古小型漁船を購入していた)、中学三年生のときに流速測定をしたときとおなじ点に流速計を係留して、笠戸湾の測流観測をおこなった。図19に示すように、二台のアーンデラ流速計を一本の係留系の表層と底層に係留し、同時に表層と底層の流速・流向の時間変動を測定した。

現場での係留系設置作業は、かんたんなものではない。まず、流速計の下の錘を海面から入れて、二本のロープをじょじょに降ろしていく。その際、流速計が壊れないように、ひとりはまず底層の流速計をかかえて、海面からゆっくり海中に投入する。そして、ロープをくりだし、燈浮標《とうふひょう》の下の錘を投下する。それから二本のロープをくりだし、表層の流速計の番になったら、底層と同様にもうひとりが流速計担当として注意深く海中に投入

科学研究費
研究者の自由な発想にもとづく研究を発展させるため、文部科学省・独立行政法人日本学術振興会がおこなっている事業。国内の研究機関に所属する研究者が個人・グループでおこなう研究にたいして研究費があたえられる。

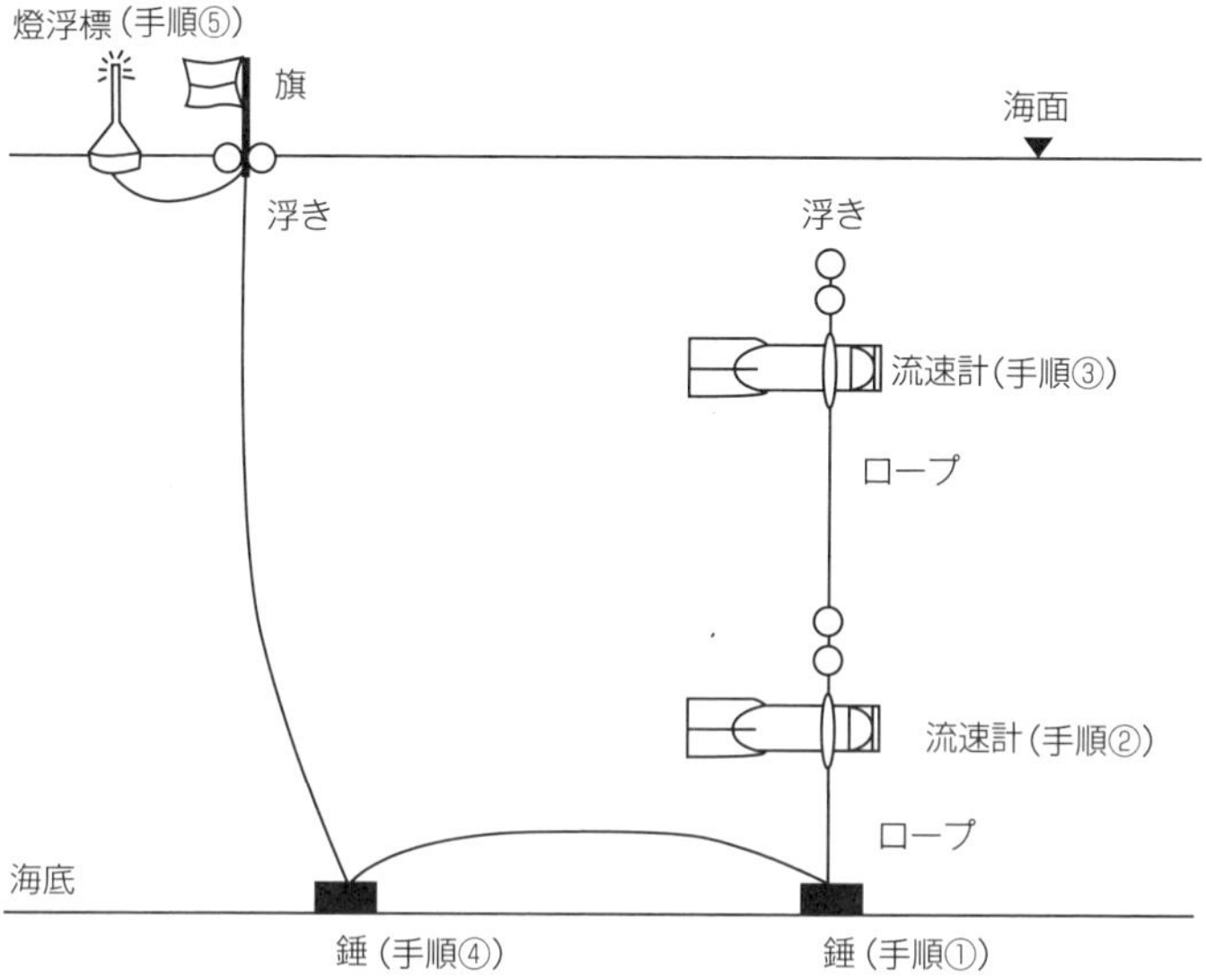

図19　流速計を海中の2点に固定するための係留系

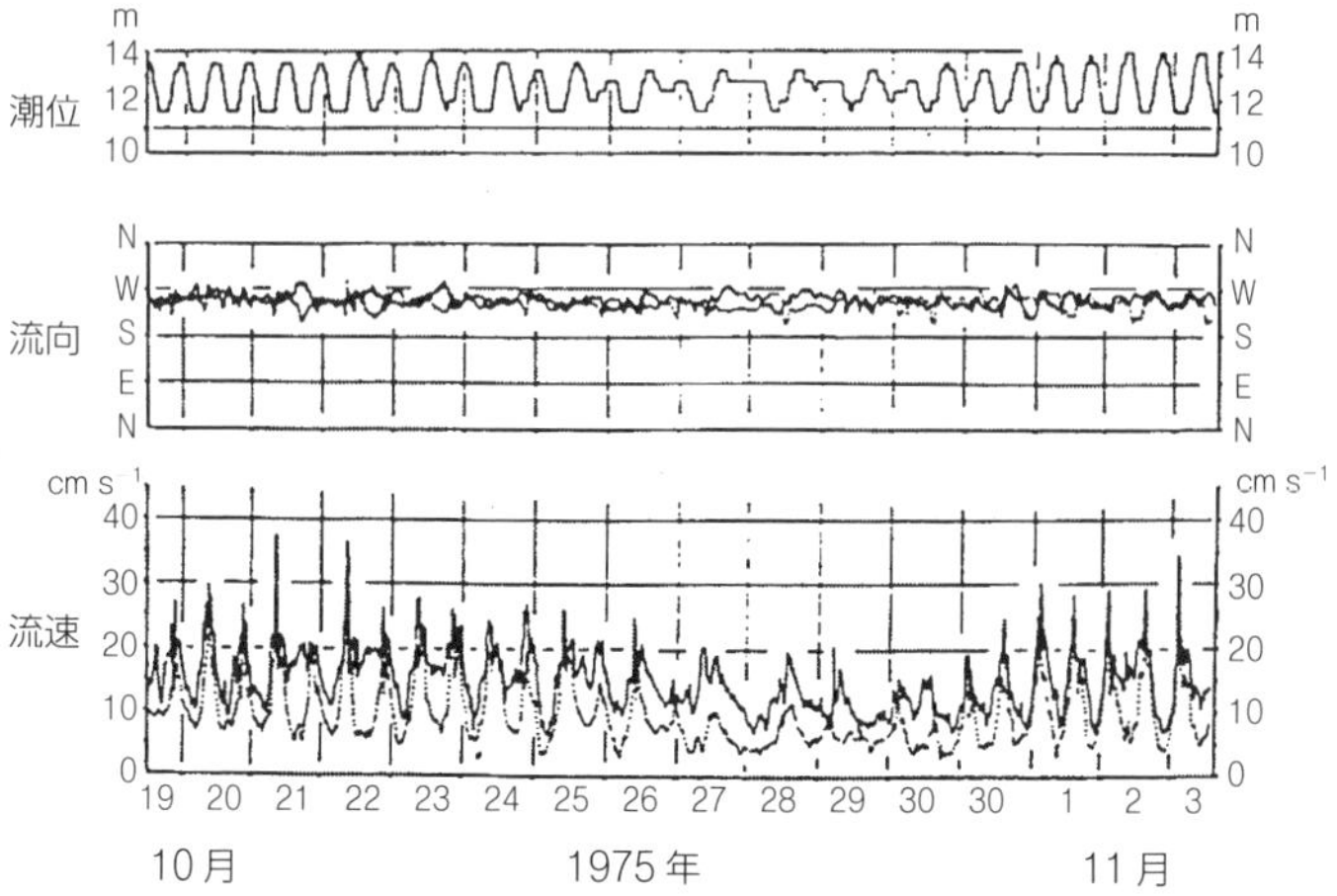

図20　笠戸湾における測流結果。実線が表層、破線が底層の記録

する。流速計の上の浮きが海中に没したら、あとはゆっくり燈浮標側のロープだけをくりだして錘を着底させ、最後に燈浮標を投げ入れて設置完了となる。

回収は、投入とは逆の手順でおこなわれる。最初に燈浮標を回収し、ロープをひっぱって、最後に流速計の下の錘を船上に引きあげる。このときも、流速計が浮いてきたら破損しないよう注意深く船上に引きあげる必要がある。


大潮から大潮までの一五日間の観測によって得られた記録は、前ページ図20のようにまとめられた。精度はあまりよくないものの、アーンデラ流速計には圧力（水位）計がついているので、潮汐も記録することができる。図の上段に示したのが、潮汐の観測記録である。精度が悪いので凸凹しているが、実際の海面は滑らかに上下していた。一〇月二〇日の満月や一一月三日の新月のころは大潮で、干満差は三メートルちかくに達しているが、一〇月二七日の下弦のころは小潮で、干満差は二メートル程度しかない。

図の中段に示した流向は、表・底層とも西南西を向いていて、まったく反転していない。この結果は、図14（125ページ）に示した中学生のときの観察結果とおなじだった。

下段に示した流速は、表層（実線）のほうが底層（破線）より大きく、大潮時に大きくて小潮時に小さくなっている。さらに、一日二回の満潮・干潮に対応して、干潮から満潮に向けて流速が大きくなったり、満潮から干潮に向けて流速が小さくなったりしている。

この結果は、西南西に向かって流れる潮汐残差流（平均流）に、西南西に向かう上げ潮流、東北東に向かう下げ潮流が重なっていることを示している。

紙の上に書かれたこの図が計算機のプリンターから出てきたのを最初に見たときの感動

は、忘れられない。「自然の変動は、なんと美しいんだろう」という感動である。

こうしてわたしは、水理模型実験結果からだけではなく、現地観測結果からも、潮汐残差流が存在することをはじめてあきらかにすることができた。

わたしは大学院生時代から、春と秋に開催される日本海洋学会で、以上のような水理模型実験結果や現地観測結果など自分の研究成果を毎回発表した。ほかの研究者の発表も聞いていたので、潮汐残差流は自分のまったくオリジナルのあたらしい発見であると思っていた。発表と同時に英文論文でも発表し、査読を経て、観測の翌年に公開された。

同時に、海外の海洋学関連の学術雑誌も読んでいたが、ある日、ふたつの雑誌を読んで驚いた。わたしが水理模型実験結果と現地観測結果からあきらかにした潮汐残差流の生成・維持機構とほぼおなじ内容の論文が、そこに出てきたのである。

ひとつはカナダの海洋学者の論文で、複雑な地形の湾（本質的には、126ページ図16—bの突堤つき）の内湾では往復流である潮汐流が平均流（潮汐残差流）をつくりだすということを、**数値模型実験**によってあきらかにした論文である。いまひとつはオランダの海洋学者の論文で、潮流の**非線形作用**によって平均流がつくりだされることを、理論的な解析解であきらかにした論文である。おなじ年に、まったく独立した方法で、世界中で三つの論文がおなじ結論（潮汐残差流）を得ていたのだ。

流速計を係留して海の水の流れを測る場合に気をつけておかなければならないことが、流速計の手入れのほかにもうひとつある。それは、「流速計の設置深さは一定ではない」

数値模型実験
計算機のなかに格子地形を組んで海の水平・海底地形を再現し、そのなかで運動方程式と連続式を解いて、海水の運動をあきらかにする実験をおこなう計算。

非線形作用
y=xで表されるようなxとyの関係を線形関係、y=x²で表されるようなxとyの関係を非線形関係という。ある力（x）をあたえた場合、その応答（y）が線形関係（xが二、三倍になるとyも二、三倍となる）で表される場合を線形作用、非線形関係（xが二、三倍になると、yは四、九倍になる）で表される場合を非線形作用と呼ぶ。

さは深くなる。

ということである。海水の流れによる抵抗によって係留系が傾き、流れが強いほど設置深

わたしが愛媛大学に赴任して三年目の一九七七年六月、大学近くの伊予灘のSta.I-1、I-2というふたつの測点（図21）に図22に示すような係留系を設置し、四台のアーンデラ流速計を用いて一五昼夜の測流観測をおこなった。この観測は、長浜と青島を結ぶ海底ケーブル（図21中に破線で示す）両端の電位差から長浜—青島間の潮流流量（流速）が推定できるかどうかをたしかめるためのものだった。

長浜の潮位変動、Sta.I-1、I-2の上層・下層の流速計の深さ変動、流速変動を、136ページ図23に示す。海面の潮位変動の効果は流速計の深さ変動から差し引かれていて、一五日間の観測点の最低潮位面からの深さ変動として表してある。上層・下層の深さ変動はともに滑らかではないが、先述したアーンデラ流速計の圧力センサーの精度の悪さのためで、実際の流速計の深さは滑らかに変動していた。

この図を見ると、上層・下層の流速計ともに、流速が最大（約六〇センチ／秒）のときにもっとも深くなり、最小（約〇センチ／秒）のときにもっとも浅くなっている。深度差は、約一〇メートルにも達していた。この深度差は、図22に示した係留系が最大流速時に約四〇度傾いたことを意味している。

係留系の傾き具合は、おもに、ロープとブイ（浮標）

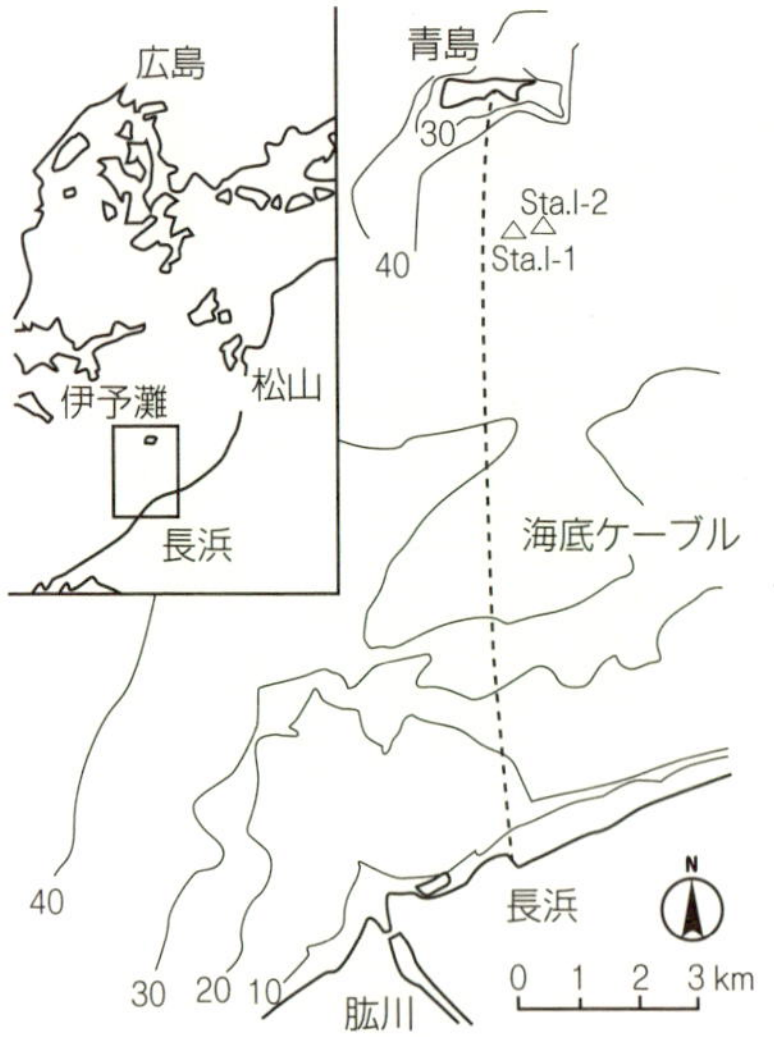

図21　瀬戸内海の伊予灘における測流観測点
Sta.I-1・I-2

が流速の二乗に比例して受ける抵抗の、海底からの積分値によって決まる。沿岸海域のような水深が浅い場合はこの程度の深さ変化ですむが、水深四〇〇〇〜五〇〇〇メートルに達する外洋の深海で、三〇〇〇メートルに達するような長い係留系を設置して測流観測をおこなう場合は、深さの変化が数百メートルにも達することがあるので、事前に流れによる係留系の傾斜を正しく見積もって測流計画を立てておかないと、当初の目的（ある深さでの流速変動を知りたい）を達することができない場合もある。

流速計の設置深度が変わるということは、時によれば海面のブイも流れの抵抗で海中にひっぱりこまれる可能性があるということである。伊予灘の観測時、一五昼夜の観測を終えて長浜から傭船《ようせん》した漁船でSta.I-1に向かっていたときのことである。観測点の数百メートル手前から海面のブイが確認できて、漁船はブイに向かって航行していった。ところが、漁船がブイのところまできたとき、ブイはみるみるうちに海面下に潜って見えなくなってしまった。ちょうど大潮の下げ潮流最盛時ころだった。

いったいどうすればいいのだろうと考えていたら、漁

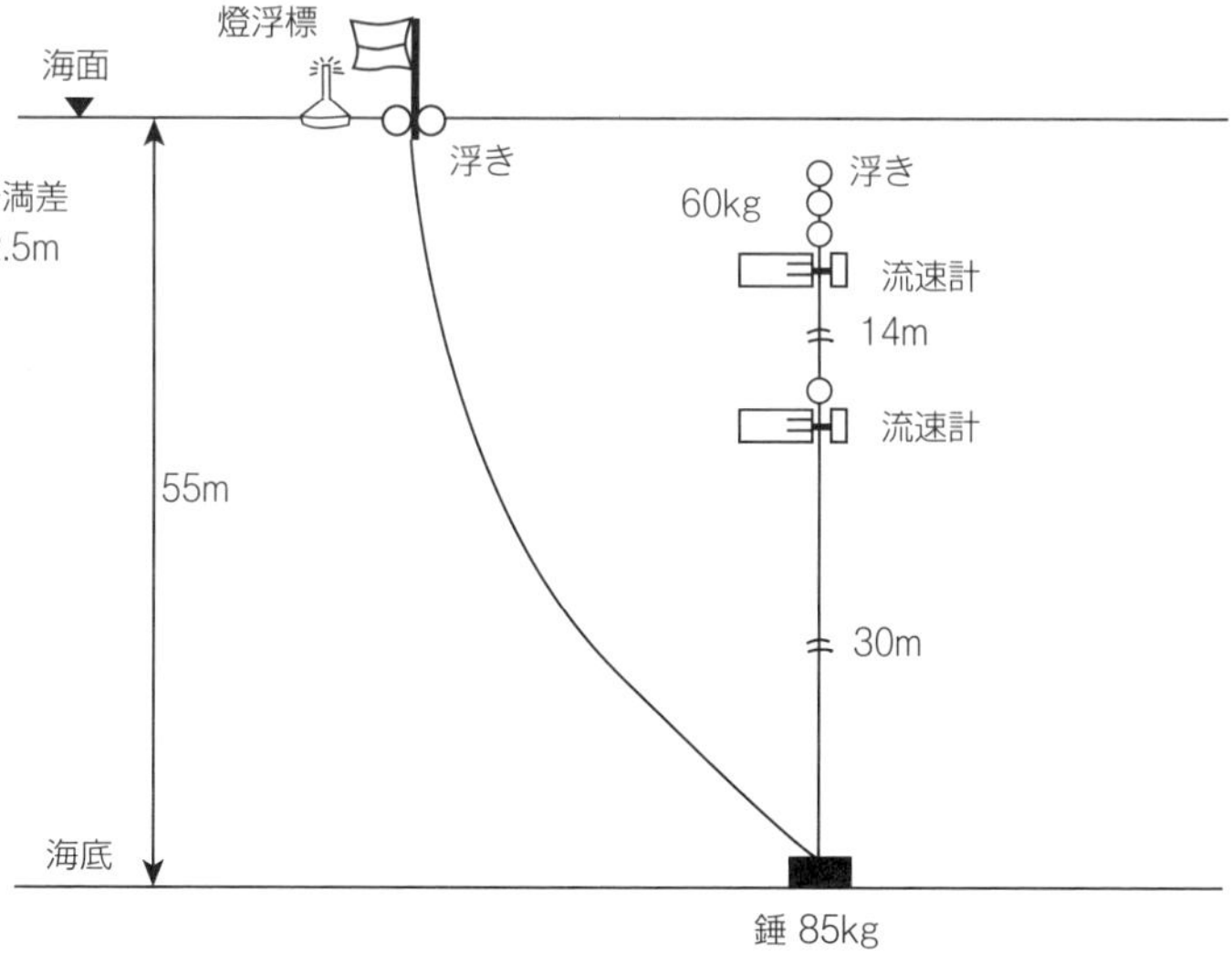

図22　伊予灘測流観測のための係留系

船の持ち主の漁師が、「しかたない、もう三時間待とう」といった。潮流の最盛時から三時間たてば憩流となり、流れが弱まるので、ブイが海面に浮いてくるというのである。しかたなく、近くの青島《あおしま》に上陸して三時間後に再び観測点に向かったところ、漁師のことばどおりにブイがちゃんと海面上に姿を見せていて、係留系を回収することができた。

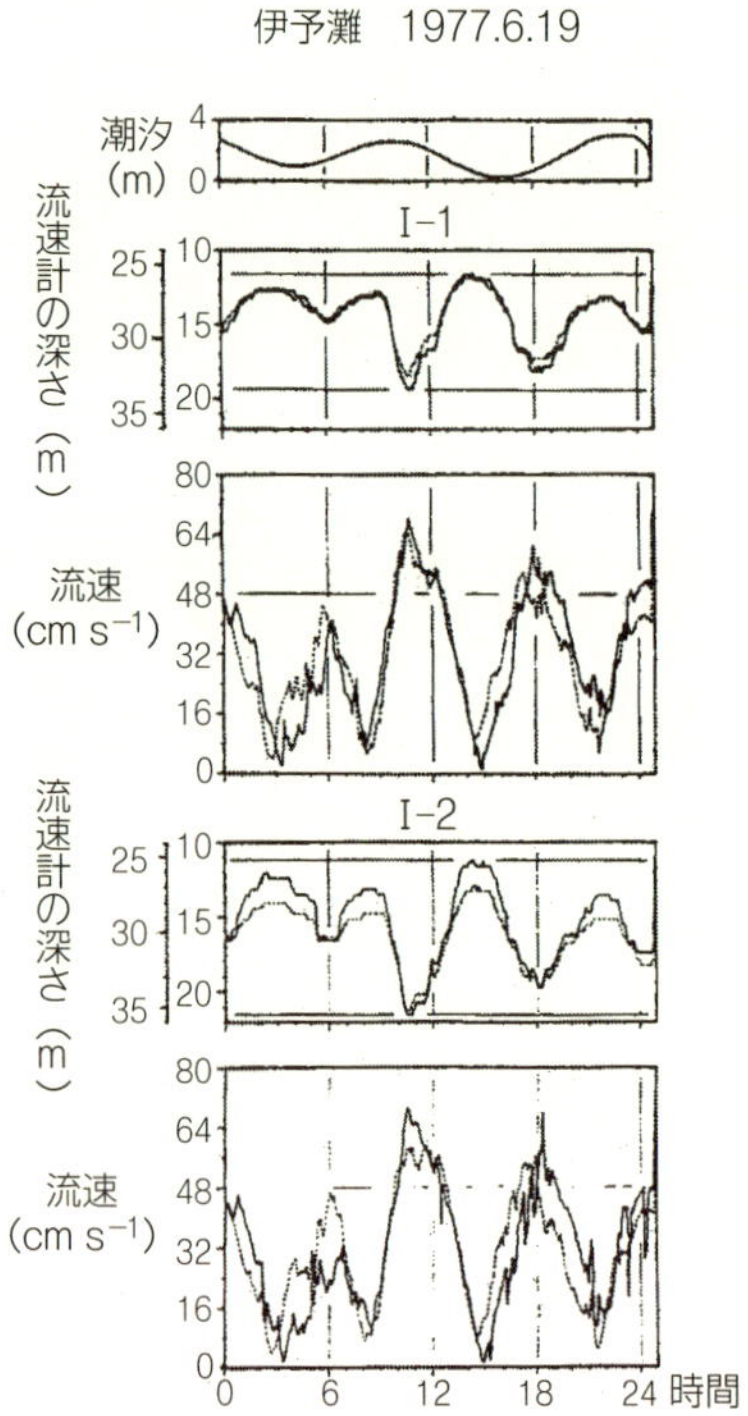

図23　長浜の潮位変動、Sta.I-1・I-2の上層（実線）・下層（破線）の流速計深度・流速

この伊予灘の観測のときには、観測終了後に海底の錘（八五キロ）を引きあげるのがたいへんだった。

外洋の観測の場合は、錘と係留ロープとのあいだに切り離し装置をつけておき、流速計回収時には海面の船上から音波信号を送って切り離し装置を駆動させ、錘を海底に残して、ロープ、ブイ、流速計だけを浮上させて海面で回収する方法が用いられる。ところが、浅くて漁業や海上運送が盛んな沿岸海域では、事業終了時にいっさいの人工設置物を回収することが義務づけられている。海底に残した錘で漁師の底引き網が破壊されたりすると、のちの損害賠償などでたいへんなことになるからだ。

このときは、わたしが指導していた卒論生五名を動員し、傭船した漁船の漁師にも手伝ってもらって、錘を引きあげた。

まず、海底から錘を引き離すのがたいへんだった。伊予灘の観測点の海底は軟泥なので、錘がなかなか海底から離れない。おまけに、漁船にはロープの巻きとり装置がついていなかった。七人が総がかりですべりやすいクレモナロープをひっぱり、やっとの思いで海底から浮かせ、その後ゆっくりと、長さ九〇メートルのロープを引き寄せた。いちばん下の錘を船上に引きあげたときには、全員が船上でへたりこんでしまった。

図24に示すように、流れと係留系の傾きに関する力のつりあいは、深さ方向に一様に流れ、V中の係留系の傾きは深さ方向に一定であると仮定し、係留系にはたらく力のO点に関するモーメントはつりあっていると仮定すると、ブイとロープにかかる抵抗力（F_1+F_2）がブイの浮力（B）からロープの重さ（W）をひいた重力とつりあうことになる。流れのなかにおかれた物体にたいする抵抗Fは、流速の二乗に比例する。このつりあいから、もっとも効果的な係留（傾きθが小さい係留）をおこなうためには、F_1/Bの小さいブイとF_2/Wの小さいロープ、すなわち抵抗が小さく浮力が大きいブイと、軽く抵抗の小さい（細い）ロープを使う必要があることがわかる。そのような条件を満たすロープとして、外洋の長い係留系の場合にはガラス繊維のケプラー（Kevlar）ロープがよく用いられる。

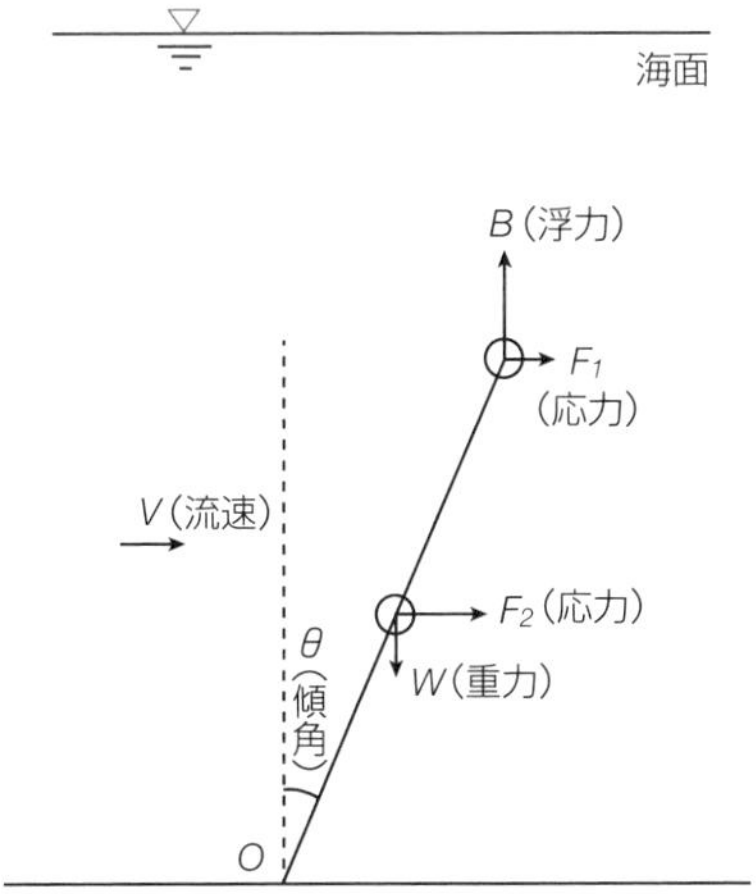

図24　流速と係留系の傾き

7　ADCP（音響ドプラー流速分布計）

近年の電子技術の急速な発達によって、海の水の流れを測るさまざまなあたらしい方法が開発されてきている。そのひとつが、ADCP（Acoustic Doppler Current Profiler）だ。海水中の粒子や植物プランクトンなど遊泳力のない生物から発信される散乱音波のドプラー周波数シフトを計測して、流速の鉛直分布を観測する器具である。

ADCPは、大気の流れを計測する器具としてすでに普及していたドプラーレーダーの技術を応用して、一九七〇年代後半にアメリカで実用化された。晴天時の大気中には電磁波を散乱する粒子がすくないため、ドプラーレーダーによる気流計測は、雲あるいは雨滴など粒子が存在する荒天時におこなわれる。いっぽう、海洋中では電磁波がすぐに減衰してほとんど伝播しないので、電磁波のかわりに音波を用いる。

Teledyne RD Instruments社のADCP（図25）の場合、鉛直方向の最大分解数（bin number）は一二八層である。観測可能水深は、七五kHz（キロヘルツ）音波を使った場合七〇〇メートル、一二〇〇kHzを使った場合五〇メートルである。つまり、周波数の高い音波を使うほど分解能はよくなるが、観測可能深度は浅くなる。

ADCP観測には、ADCPを、船底に設置する船底設置型、船から曳航する曳航型、係留系にとりつける係留型、海底に設置する海底設置型などさまざまなタイプがある（図26）。

ADCPの測定原理は、以下のようである。図27に示すように、鉛直方向から角度θ傾いたふたつのトランスデューサーT$_1$、T$_2$から周波数f$_0$の音波パルスを発射する。粒子に

ドプラー周波数シフト
ADCPから発射され受信される反射波は、流れがADCPに向かっている場合は周波数が高くなり、流れがADCPから離れる方向に向かっている場合には周波数が低くなる。このような周波数の変化をドプラー周波数シフトと呼ぶ。近づく救急車と遠ざかる救急車の音が異なる現象とおなじ。

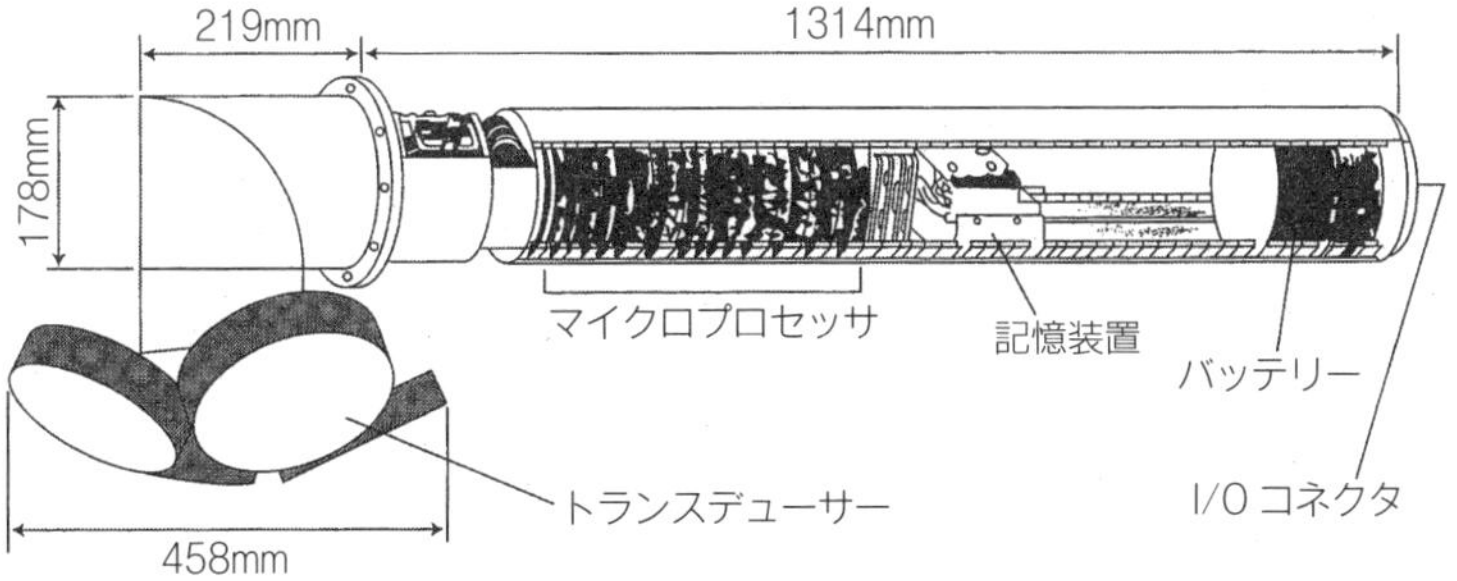

図25　ADCPの外観

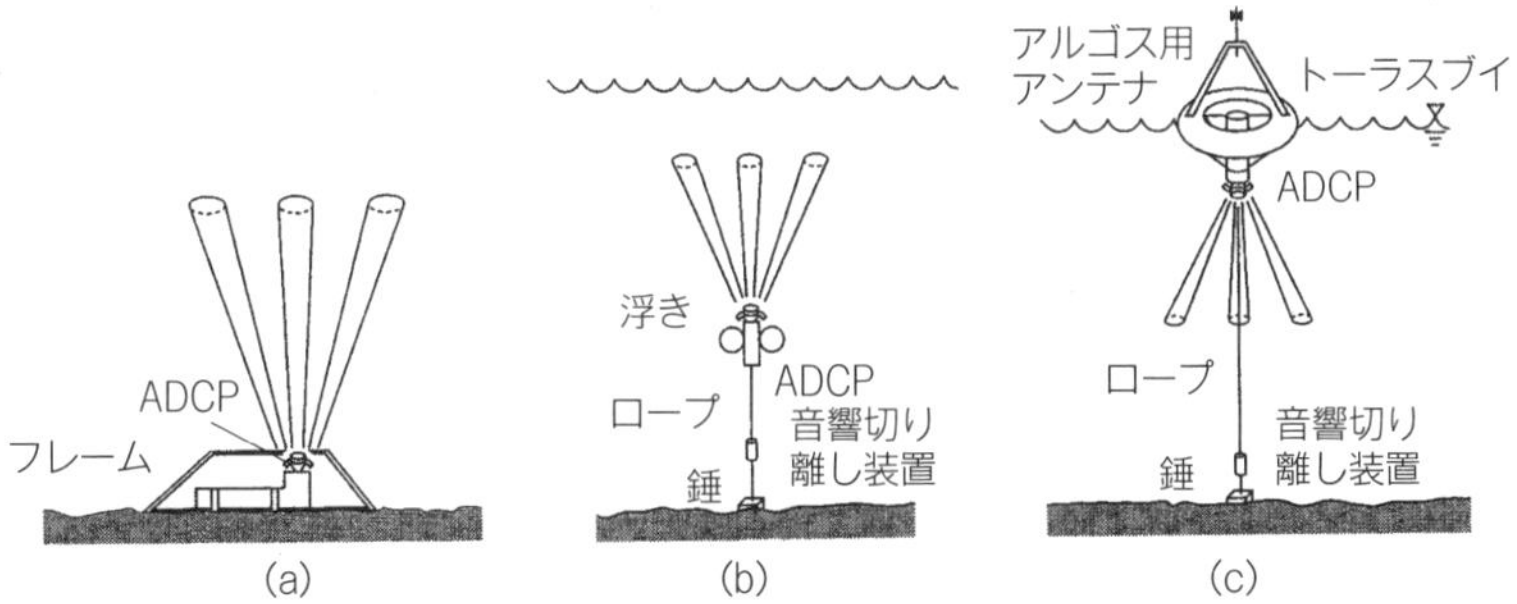

図26　海底設置型（a)、海中係留型（b)、海面係留型（c）ADCP
※「アルゴス」は通信衛星の名前

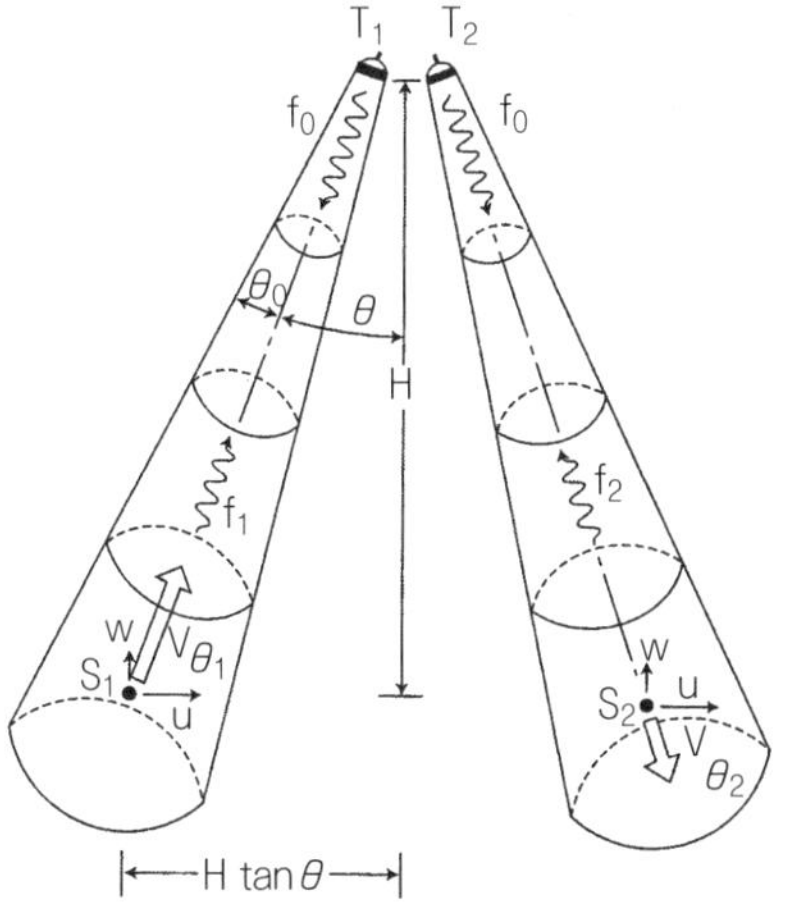

図27　ADCPによる測流原理

より散乱されてもどってくる周波数f_1、f_2を計測すれば、流速成分（u、w）が観測できる。同様にトランスデューサーT_1とT_3を使えば、流速成分（v、w）が観測できて、トランスデューサー三つで三次元流速（u、v、w）が観測可能となる。このとき、共通の観測成分wにより精度のチェックが可能となる。

鉛直方向の分解能は計測時に設定する観測層の厚さと等価であるが、計測精度と反比例の関係になる。これは観測層内で流速を鉛直方向に平均化処理するためである。たとえば一五〇kHzの場合、観測層厚（bin）を一メートルとすれば、精度は九〇センチ／秒、四メートルとすれば精度は二二センチ／秒、八メートルとすれば精度は一一センチ／秒となる。ただし、これは一秒ごとに得られたデータをすべて採用して平均化した場合である。

通常は、時間方向にも平均化がおこなわれる。精度はデータ数の平方根に比例して向上するから、たとえば一分で平均化すれば精度が八倍程度向上し、八メートル厚さで一・四センチ／秒の誤差となる。実用上は十分の精度だ。

これまでのADCPでは長いパルス（低周波数）を使用する狭帯域ADCPが主流であったが、計測時間・深度幅を小さくして詳細な流動構造をあきらかにするための、短いパルス（高周波数）を使用する広帯域ADCPも普及しはじめている。

ADCPの欠点のひとつとして、海面・海底付近の流速計測が不正確になることがあげられる。これは、たとえば海中係留型ADCPの場合、トランスデューサーから鉛直上方に発射された弱いサイドローブ音波が海面で強く反射され、メインローブ音波でなされる通常の観測値に混入するために発生する（図28）。ADCPの設置深度をH、音波ビームの鉛直からの傾斜角度をθとすれば、測定不正確層の厚さDはD＝H（1-cosθ）であたえられる。

海底に向かって音波を発射する場合にも、海底付近に測定不正確層が発生するが、その厚さもＤで評価できる。海面にＡＤＣＰを設置した場合（139ページ図26―ｃ）のＨは水深となる。トランスデューサーの直上に遮蔽板をおくことにより、サイドローブをとり除き、海面のすぐ近くまでの測流を可能にする方法も提案されている。

北九州市洞海湾《どうかいわん》のSta.D（水深四メートル、次ページ図29）で二〇〇三年七月一五日（大潮）から七月三一日（大潮）まで、**海底設置型ＡＤＣＰ**を用いて一五昼夜の測流観測をおこなった。潮流は一日二回の満潮と干潮にともなって上げ潮流・下げ潮流をくり返すが、その強さは満月・新月の大潮時に強く、上弦・下弦の小潮時に弱い。したがって、通常の潮流観測は大潮から大潮までの一五昼夜おこなわれる。このときはNortek社製のＡＤＣＰ（一・五MHz＝メガヘルツ）を用いて（次ページ写真1）、海底から層厚〇・五メートルで、海面近くまで計六層の流向・流速を五分間隔で計測した。得られた生の記録を次ページ図30に示す。東に向かう下げ潮流と西に向かう上げ潮流が交互に現れ、最大流速は大潮時に約五〇センチ／秒に達している。また、流向・流速は海底付近（プラス〇・九メートル）から海面近く（プラス三・四メートル）までほとんど同一である。潮流成分以外にも周期数十分程度の短周期変動が卓越している。が、こ

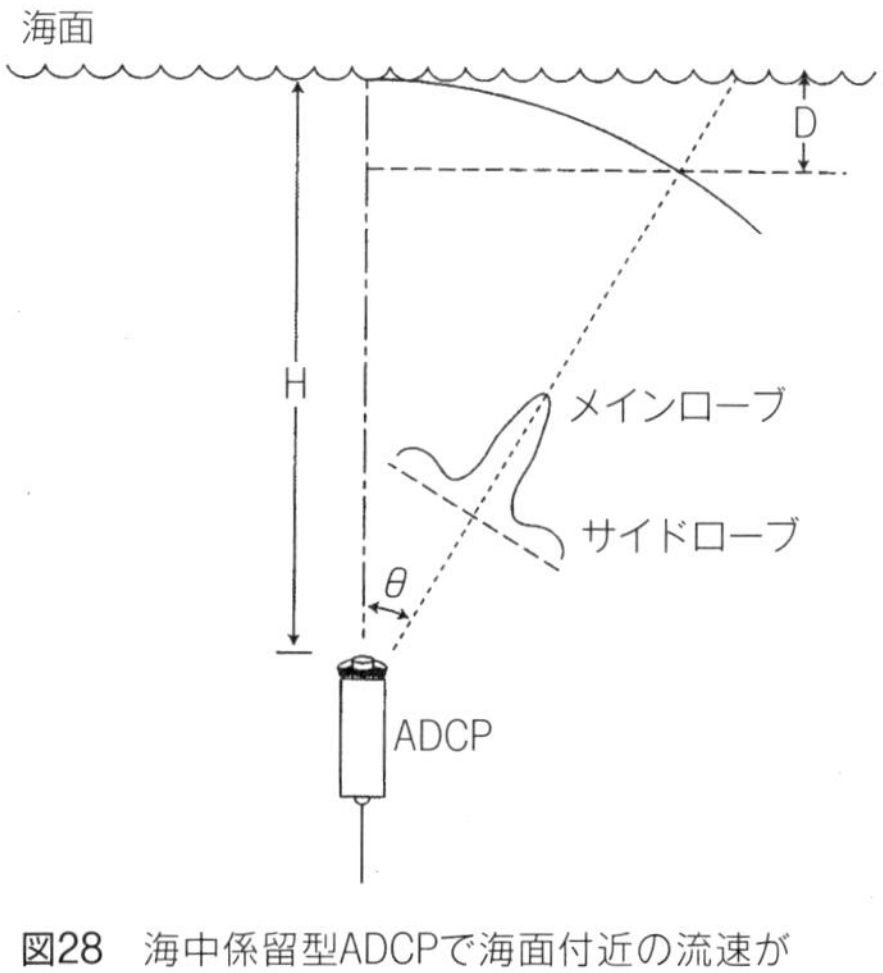

図28　海中係留型ADCPで海面付近の流速が測定できないわけ

海底設置型ＡＤＣＰ

海底設置型ＡＤＣＰの場合、浅い場所で長期係留をおこなうと、ＡＤＣＰの発信・受信機にフジツボなどが付着するが、これは音波の発信・受信にはほとんど影響しない。また深い場所への係留の場合、水温が低いので生物付着はほとんどない。

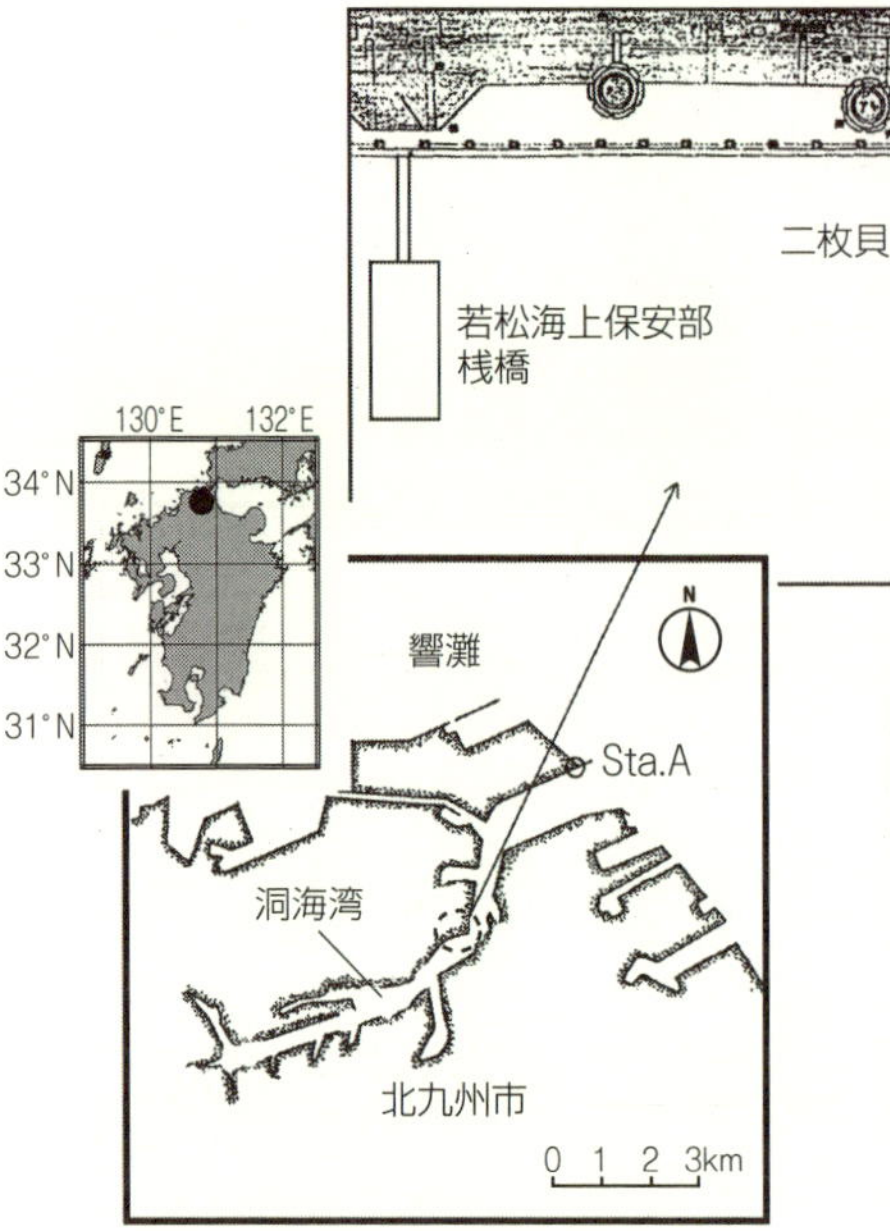

図29　洞海湾の観測点Sta.D

写真1　Nortek社製海底設置型ADCP（1.5MHz）

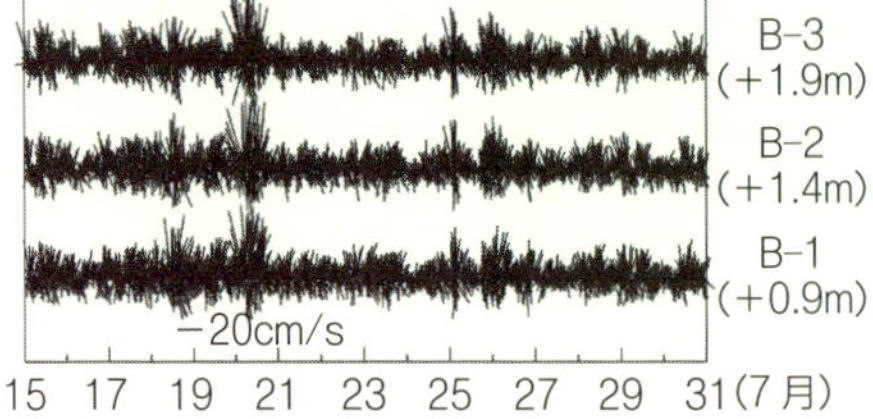

図30　5分ごとのADCPの生の記録

れは洞海湾の副振動成分である。副震動とは洗面器を揺らすと中の水面が上下するように、風などが吹くと洞海湾の海面が短い周期で振動することをさす。ちなみに主振動とは12時間周期の潮汐・潮流である。図30に示すような流速の鉛直分布の時間変動がひとつの測器で観測できるところにＡＤＣＰの最大のメリットがある。

船底設置型ＡＤＣＰ観測は、船底に穴を開けてトランスデューサーを埋めこみ、測流をおこなう（図31）。現在、通常の海洋観測船や海上保安庁の巡視船には、すべてこの型のＡＤＣＰが装備されている。また九州大学応用力学研究所は韓国の研究機関（釜慶《プギョン》大学、韓国水産振興院）と協力して、一九九七年から博多と釜山を往復するフェリー（図32）に船底設置型のＡＤＣＰを装備し、対馬海峡を通過する対馬暖流の流量を監視しつづけている。次ページ図33に一九九〇〜一九九九年の毎日の観測結果を平均して得られた、偶数月の海峡に直交する流速断面の経月変化を示す。潮流成分は除去してある。まず対馬暖流の流速は東水道より西水道のほうが大きい。両水道の流速は八月から一〇月にかけて最大となり、東水道では三〇センチ／秒、西水道では六〇センチ／秒程度になる。さらに、対馬の北

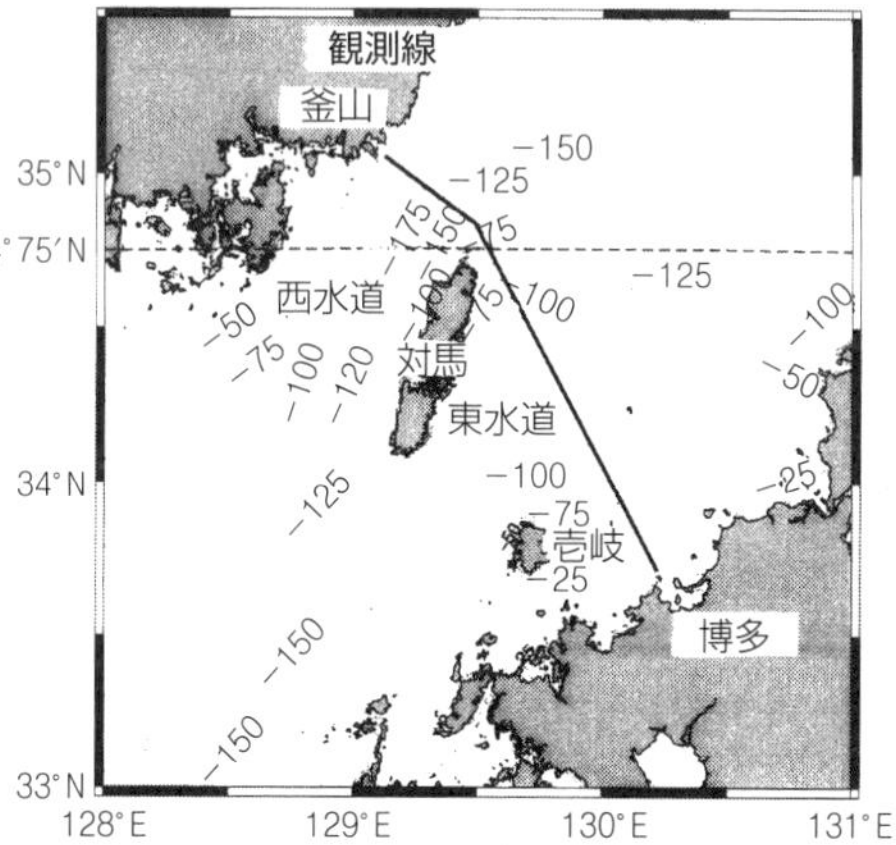

図32　博多―釜山を航行するフェリーの航路。破線は対馬東水道（対馬から博多側）と西水道（釜山側）の境界緯度（34°75′N）を示す(6)

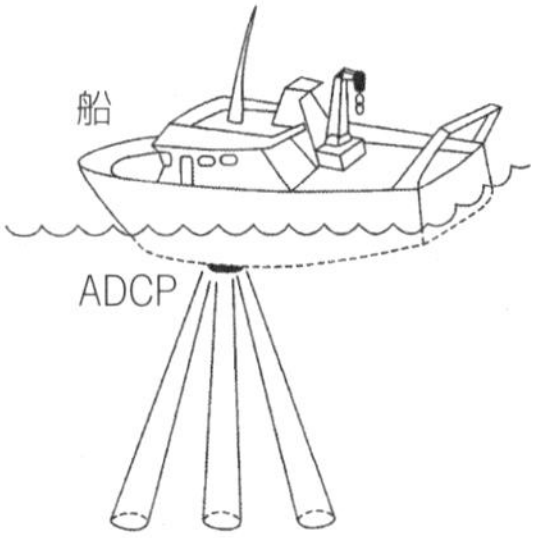

図31　船底設置型ADCP

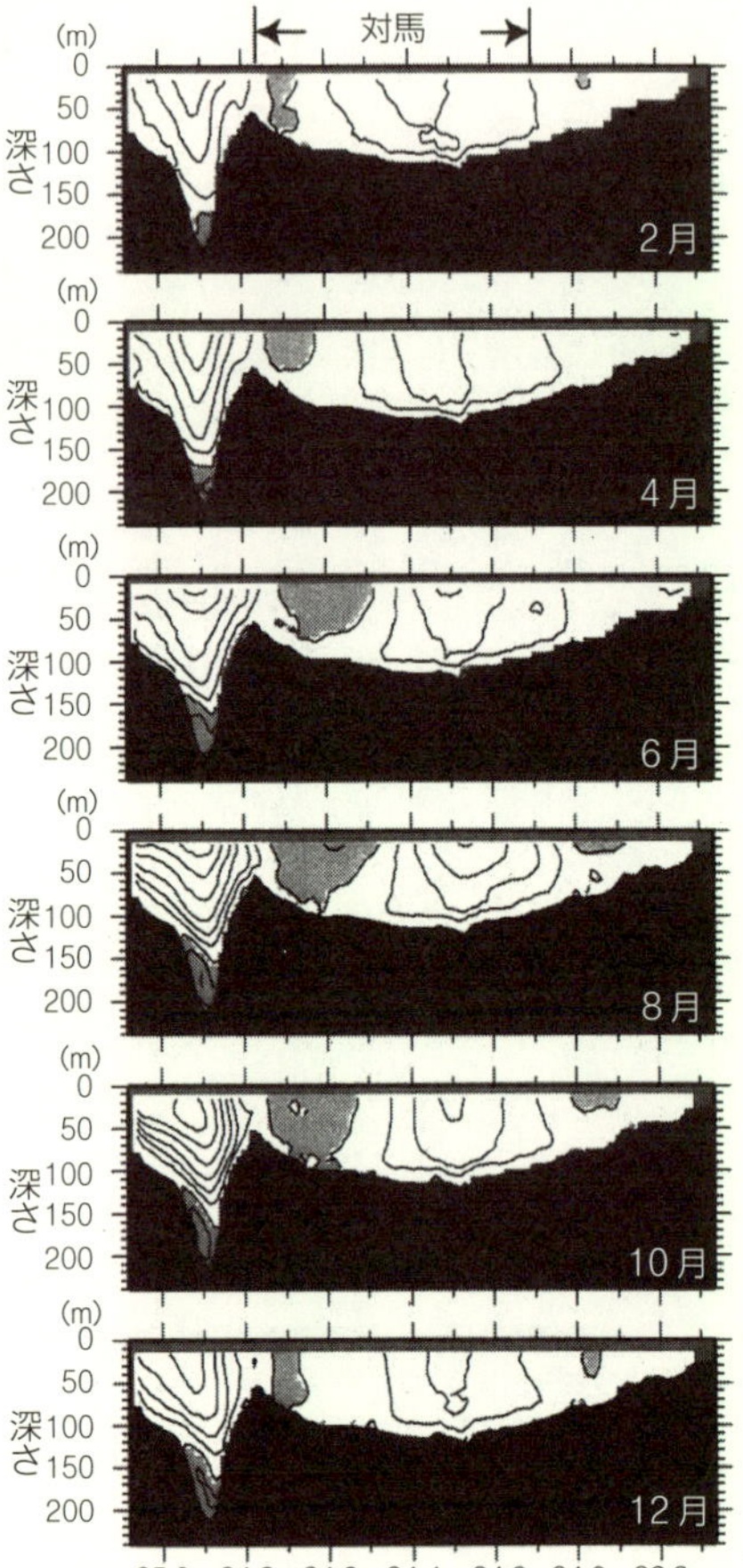

図33　ADCPにより観測された毎月の平均流速断面（海峡直交成分で1990―1999年平均）。白抜きは東シナ海から日本海へ、グレー部分は日本海から東シナ海へ向かう成分、等値線間隔は10cm/s[6]

端近くでは一年を通じて日本海から東シナ海に向かう反流（図33のグレー部分）が存在していることもわかる。

東水道と西水道の流速を対馬海峡全体でたしあわせると、対馬暖流の流量がわかる。このような対馬暖流の流量変動を研究した結果、秋季（八月―一一月）の対馬暖流の流量が多いときには冬季（一二月―二月）の日本海沿岸の降水量（降雪量）が多くなることがあきらかになった（図34）。対馬暖流の流量の多寡が日本海に輸送される熱量と冬季日本海上空への蒸発量の多寡を支配していて、秋季に対馬暖流の流量が多かった冬季には日本海海面から日本海上空への蒸発量が多くなり、それが北西季節風によって日本沿岸に運ばれ、山に衝突して雪になって降ってくるからである（図35）。

船底型は、一度ADCPをとりつければ、船舶が運航されている限りデータをとりつづけることが可能である。しかし、ADCPは常に海水中にあるので、その保守・点検は船舶がドック入りしたときにのみ可能となる。さらに、ADCPのとりつけ角度の正確さがとくに重要となる。ADCPを傾けてとりつけると、得られたデータの信頼性がなくなる。保守・点検のたびにADCPのとりつけ角度をきちんとチェックしなければならない。

ADCPを船底にとりつける場合に問題となるのは、鉄鋼製の船体が帯びた磁気に影響されてADCP自体の磁気コンパスが使えなくなることである。そのときは船のジャイロコンパスにADCPを接続して代用する。

船底型ADCPは、荒天になり、船のピッチングによって船底ADCPのトランスデューサー周辺に気泡が混入するようになると、計測不能と

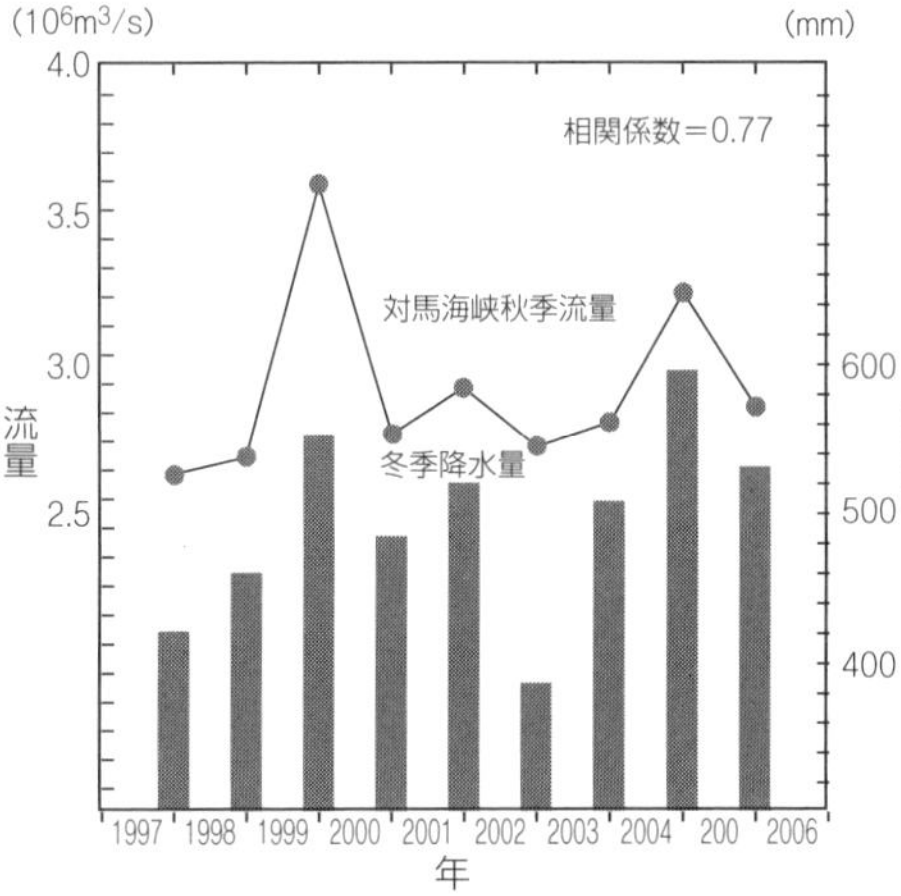

図34　秋季（8～11月）の対馬暖流流量と冬季（12～2月）日本海沿岸降水量の関係[7]

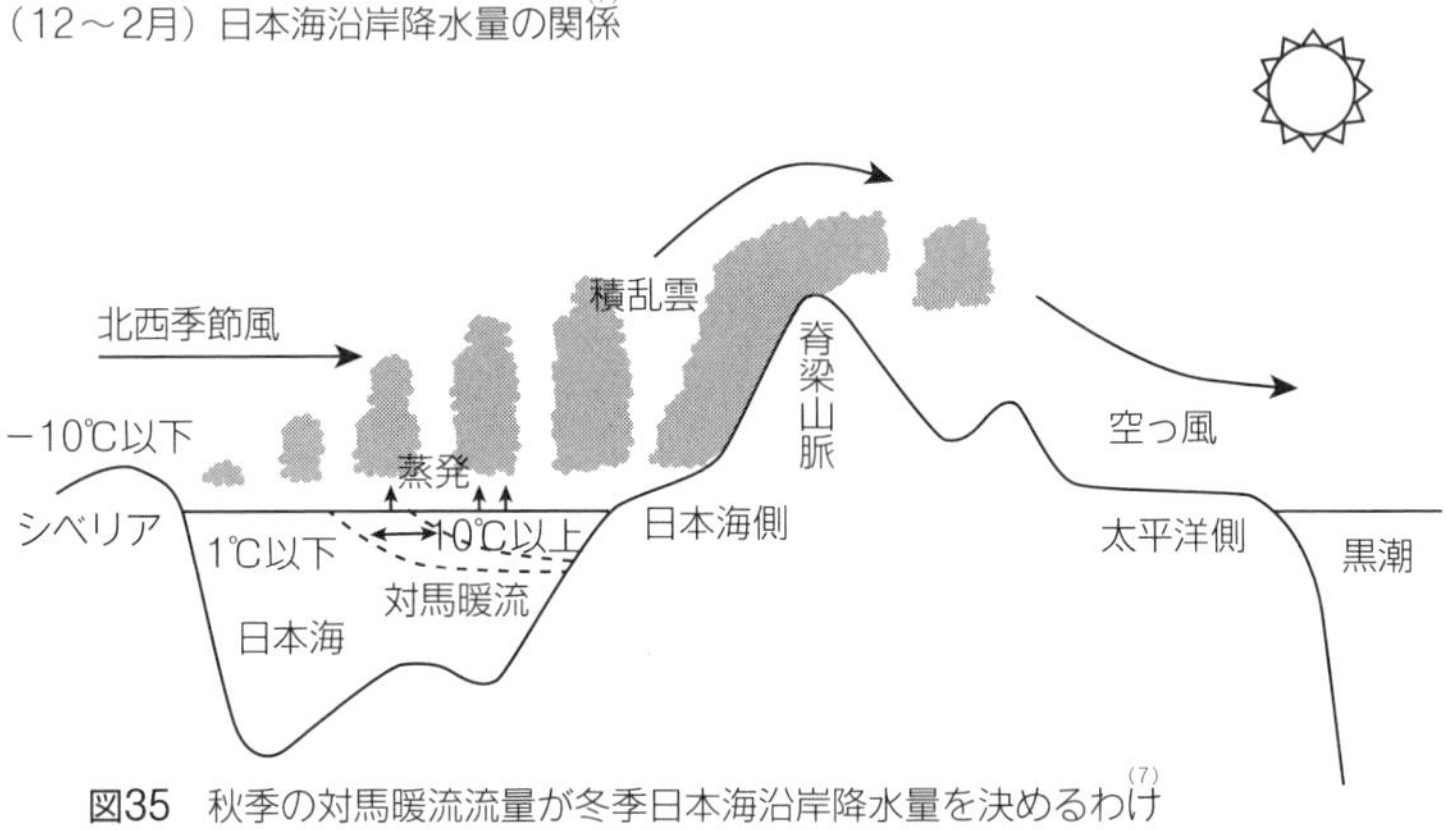

図35　秋季の対馬暖流流量が冬季日本海沿岸降水量を決めるわけ[7]

なる。

このような欠点を克服することをめざして、曳航型ＡＤＣＰが開発された（図36）。曳航体はＡＤＣＰ内の磁気コンパスを乱さないように、通常ＦＲＰ（Fiber Reinforced Plastics＝繊維強化プラスチック）とステンレスを用いてつくられる。可搬型であるために、不特定の観測船（たとえば漁船）にもちこんでの測流が可能となる。さらに曳航体にはたらく流体抵抗力を考慮して形状設計すれば、海上の風浪が激しく、観測船が大きく動揺しても、海中走行時の曳航体の動揺を非常に小さくすることも可能である。九州大学応用力学研究所で開発された曳航体ＥＩＫＯの場合、水没深度は約五メートルで、曳航速度は一〇ノットまで可能という設計になっている。また水平翼を装備した曳航体ＤＲＡＫＥの場合、主翼の傾斜角を調整すれば、五〇―二一〇メートルの潜行深度を調整可能である。最大曳航速度は、潜水深度五〇メートルで約一二ノット、潜水深度二一〇メートルで約六ノットである。

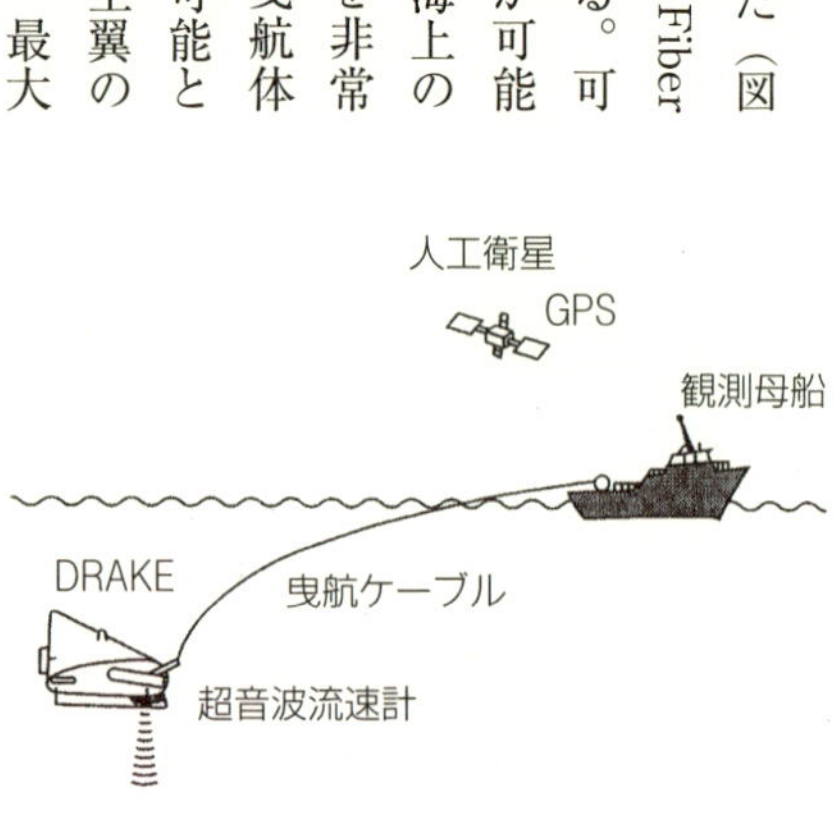

図36　曳航型ADCP

船底型・曳航型いずれの場合もＡＤＣＰは航行する船舶にたいして相対的な流速を測定する。したがって、絶対的な流速を求めるためには船速の影響をのぞかなければならない。水深が二〇〇メートル以浅の場合はＡＤＣＰの海底からの反射波を利用して、船速を計測することが可能なので、問題ない。しかし、海底からの反射波の減衰が大きい外洋では、ＧＰＳなどを用いて、船速を求める必要がある。ＡＤＣＰと比較するとこれら船位システムの精度は劣るので、外洋におけるＡＤＣＰ測流の精度には注意が必要である。

冬季、瀬戸内海の東の出入り口である紀伊水道南方には、冷たい沿岸水塊と暖かい外洋水塊のあいだにフロントが安定して存在する。このフロントとは外洋の暖かい海水（熱量が多い海水）と甘い海水（塩分が低い海水）の境目に形成される前線のことで、熱塩《ねつえん》フロン

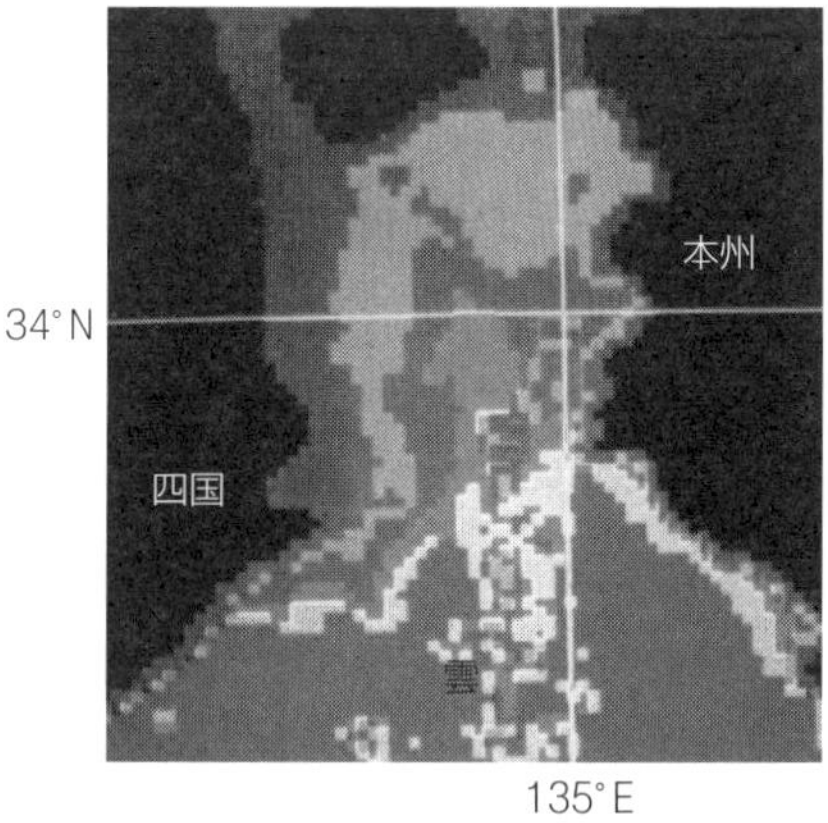

図37　紀伊水道の熱塩フロント（1993年1月26日7時41分、NOAA熱赤外画像。濃い色が低水温、薄い色が高水温を表す）

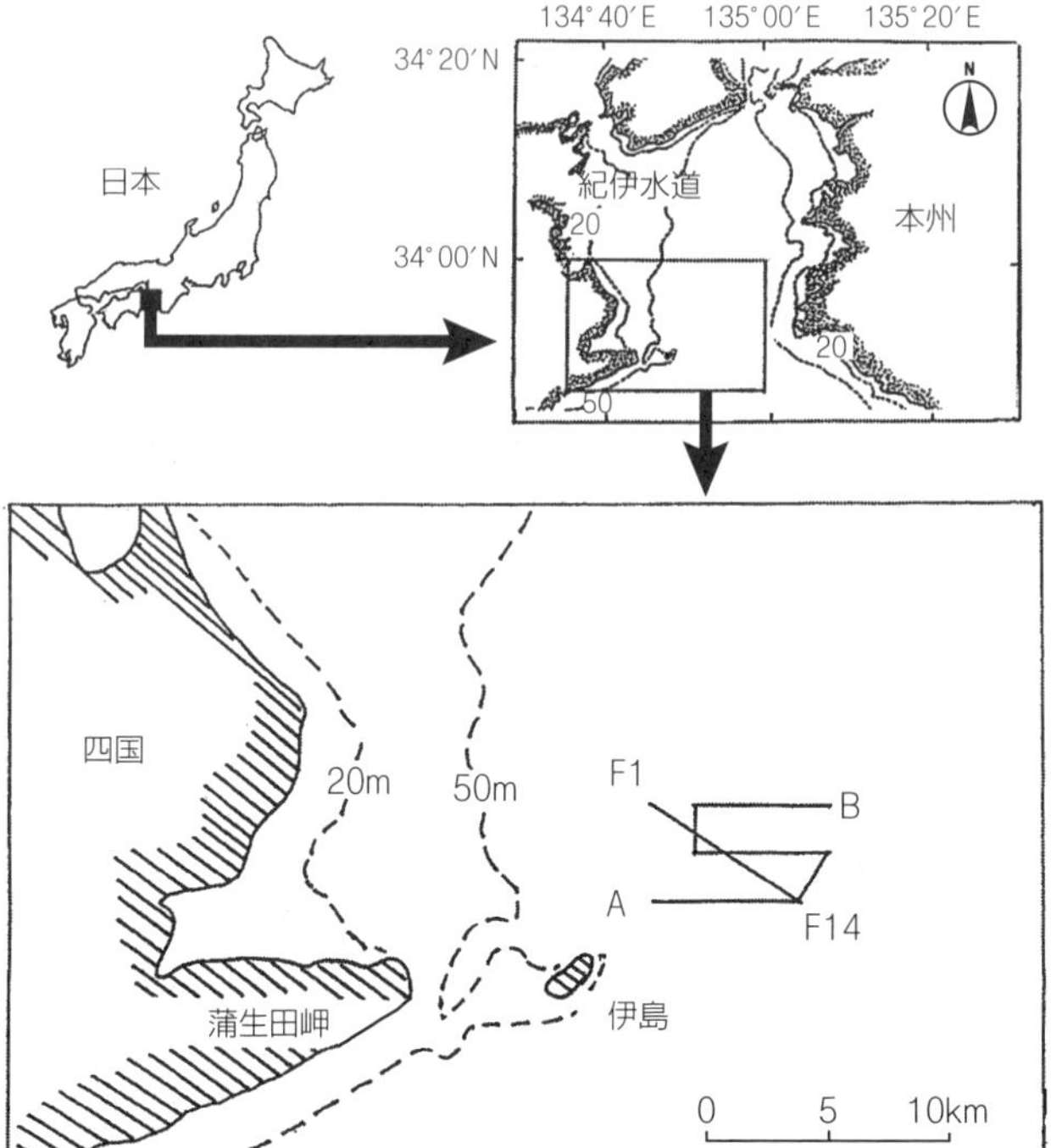

図38　紀伊水道の熱塩フロント観測位置。A—BはADCP観測線。F1—F14は多項目水質計による断面観測線

トと呼ばれる（前ページ図37）。この熱塩フロントを横切って曳航型ＡＤＣＰ観測と多項目水質断面観測をおこなった（前ページ図38）。図39に曳航型ＡＤＣＰ観測により得られた熱塩フロント近傍の流速分布を示す。一五～一八℃の急激な水温変化が見られる熱塩フロントを横切り、Ａ～Ｂ線に沿っておこなわれたＡＤＣＰ測流について流動分布を描くと、表層（マイナス五メートル）ではフロントに向かって収束する流れ、底層（マイナス四〇メートル）ではフロントから発散する流れがきれいにとらえられた。150ページ図40には、多項目水質計を上下させながら観測船を走らせて得られた、熱塩フロントを横切る水質断面分布を示す。熱塩フロントの北側から瀬戸内海の低温・低塩分・低透明度の沿岸水が、南側から高温・高塩分・高透明度の外洋水が表層で収束し、フロントで沈降し、底層で発散しているようすが見てとれる。表層の収束域はクロロフィル濃度が高くなっていて、昼間の観測だったので光合成も活発におこなわれていて、溶存酸素濃度が一〇〇％を超えて過飽和になっている。

このときの観測は忘れられない。北の沿岸水側から南の外用水側に向かって観測船が進んでいくと、浮遊ゴミが集まって線上になったフロントの手前では晴天なのに、フロントの向こう側には一面の海霧が立ちこめていて、観測船の甲板で思わず息をのんだ。外洋側の暖水から蒸発した水蒸気が、海上が低温であるために冷やされて霧滴を形成するからである。ちょうど、冬季にガラス窓の室内側に結露ができるのとおなじ理屈である。

このような熱塩フロントは、冬季の陸棚海域では大きな海面冷却によって海水が冷やされて重くなるが、沿岸側では低塩分水が流入してくるため、ある程度以上は重くなれない。

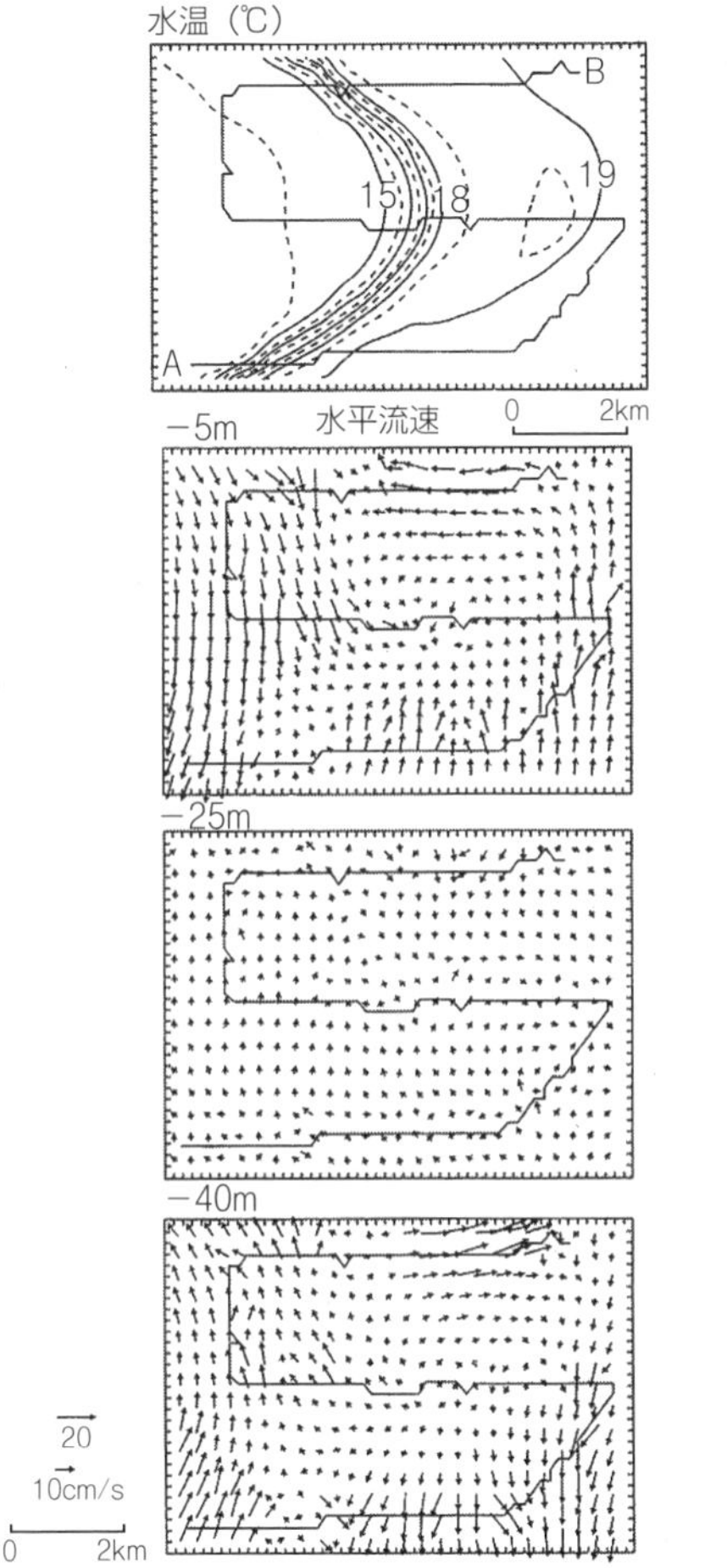

図39 紀伊水道の熱塩フロント（上段）近傍の表層（−5m）、中層（−25m）、底層（−40m）の流動。いちばん上の図のA—BがADCP観測線、中央観測線がF1—F14断面（次ページ図40）を表す[9]

さらに外洋側も、高温のためにある程度以上は重くなれない。結果として、陸棚上の海水がもっとも重くなり、沈みこんでフロントを形成し、両側の表層水がフロントに向かって収束してきて、底層で発散していくことにより形成される（次ページ図41）。このような熱塩フロントには、表層の収束流によって植物プランクトン・動物プランクトンがフロント近傍に集積させられ、それらを食べるために魚介類も集まってくるので、とてもいい漁場になる。[8]

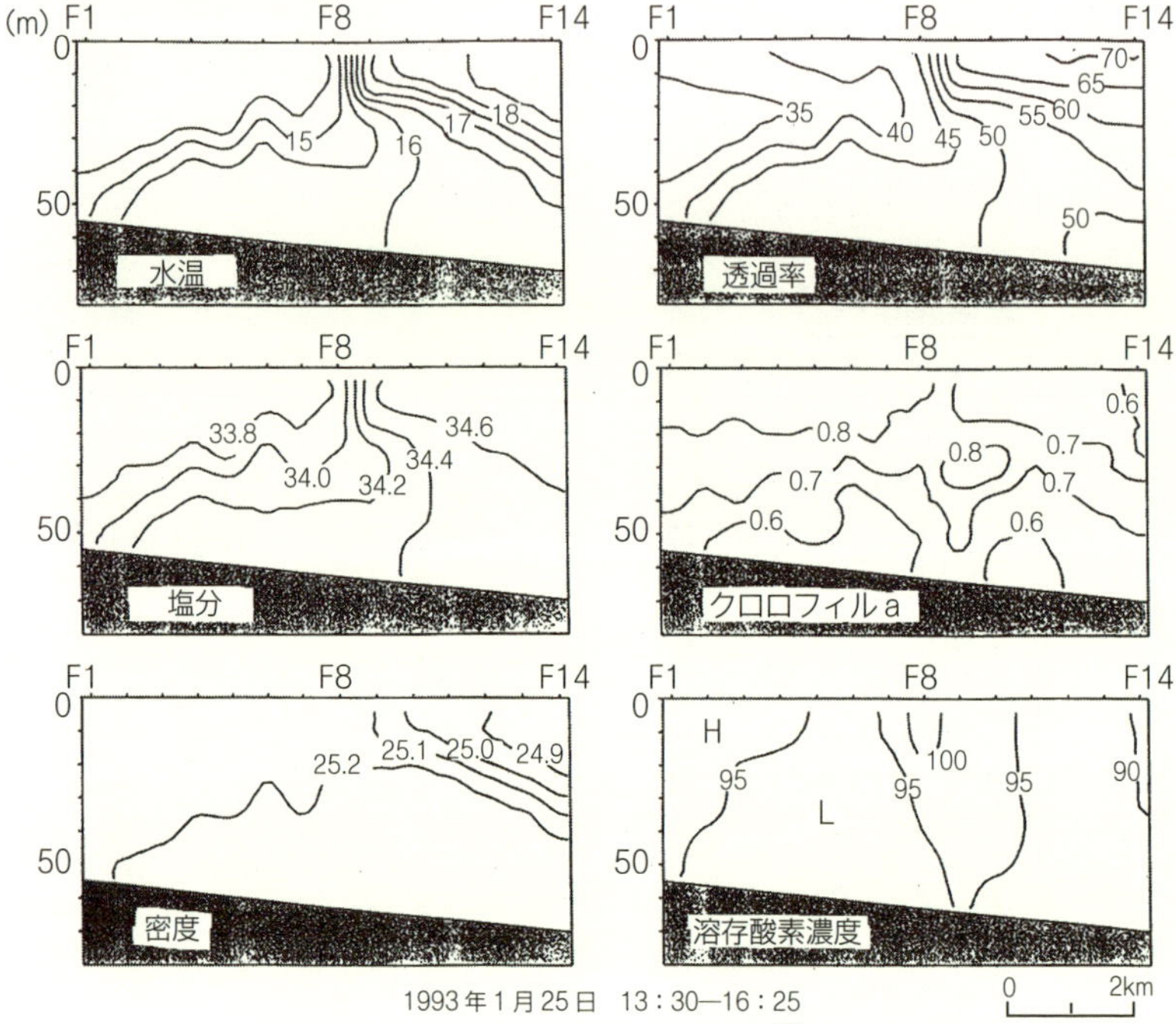

図40　紀伊水道の熱塩フロント断面構造[9]

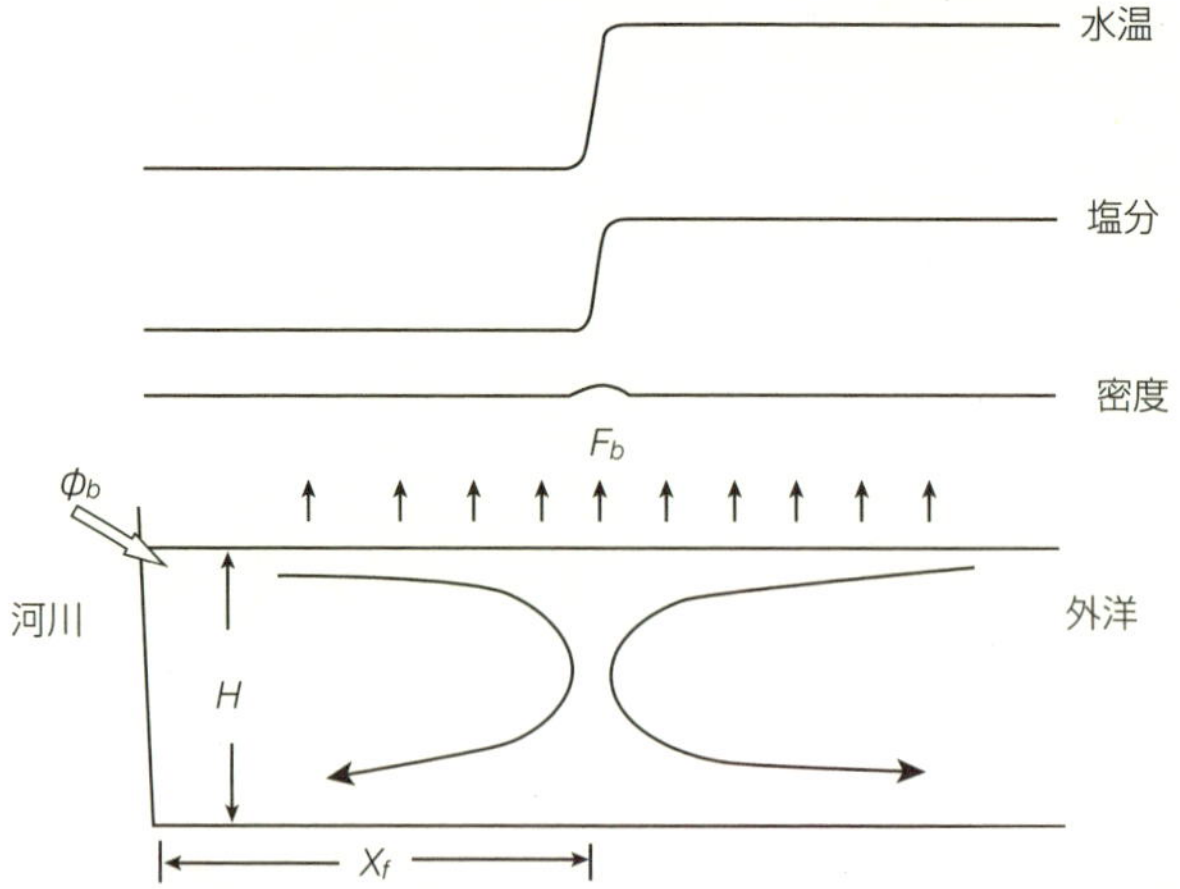

図41　熱塩フロントのできる理由。表層の水温・塩分はフロントを境に急激に変化するが、キャベリング効果（おなじ密度の低水温・低塩分の海水と高水温・高塩分の海水が同量混合すると、もともとの海水より高密度の海水ができること）により、フロントで密度は極大になる。フロントの位置（X_f）は河川流量（ϕ_b）、水深（H）、海面冷却量（F_b）に依存する

8　ＨＦレーダー

ＨＦレーダー（High Frequency Radar：短波海洋レーダー）は、陸上の局からＨＦ電磁波（たとえば二五MHz、波長λr＝一二メートル）を発射し、海面の波浪成分（周波数〇・五〇五Hz、周期一・九八秒、波長λw＝六メートル）にブラッグ散乱共鳴させて、この波浪成分からの散乱波を受信することにより、海面付近の流れと波浪に関する情報を面的に得ようとするものである。

ブラッグ散乱共鳴とは、次ページ図42に示すように、ある波浪の峰で反射するレーダー波が、一つ前の峰からのレーダー波の反射波と位相が一致するとき、おたがいに強めあい、共鳴が起こることをさす。ふたつの波の位相が一致する条件は、レーダー波の波長が波浪の波長の二倍になることである。このような理由から、共鳴する波浪成分波が海面に存在しないような静穏な海面の場合にはＨＦレーダー観測は不可能だが、現実には波のない海面は存在しない。海面には常にいかほどかの波浪が存在している。

陸上の局からＨＦ電磁波をある時間間隔（たとえば〇・二五秒間隔）で五〜一〇分のあいだ送・受信する。このとき受信されるエコーは、レーダーの空間分解能（レンジ方向〇・五キロ、アジマス方向のビーム半値内、次ページ図43）内で、上述した共鳴条件を満たす波浪による後方散乱エコーである。このため、エコーは上記波浪成分波（第一次波浪成分波と呼ぶ）による第一次散乱エコーとしてもっとも強く受信される。このほかに、ふたつの波浪成分波の干渉による第二次散乱エコーも受信される（次ページ図44）。

図44からわかるように、第一次散乱ピークは、ほぼ対称にプラスの周波数領域とマイナ

レンジ方向
レーダーから遠ざかる方向。

アジマス方向
レンジ方向の直角方向。

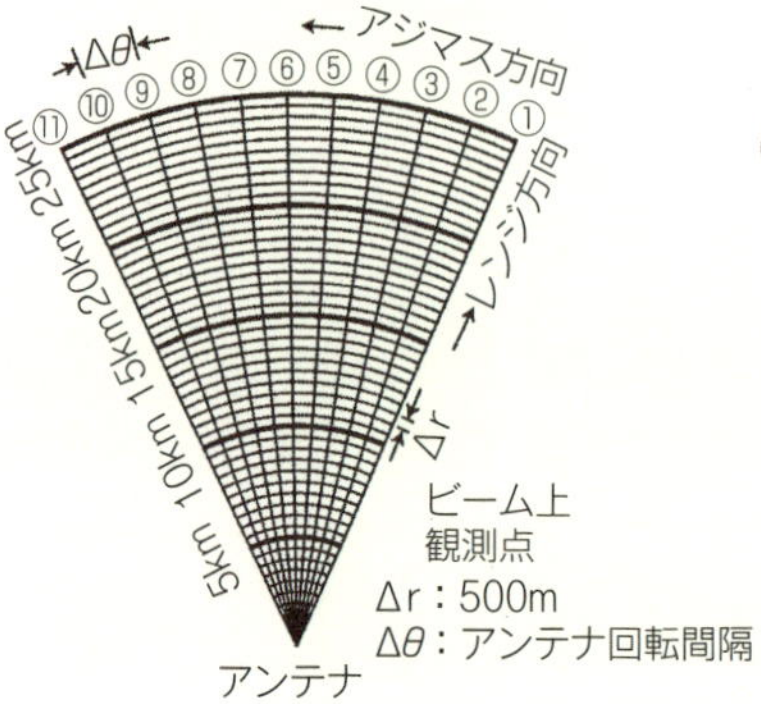

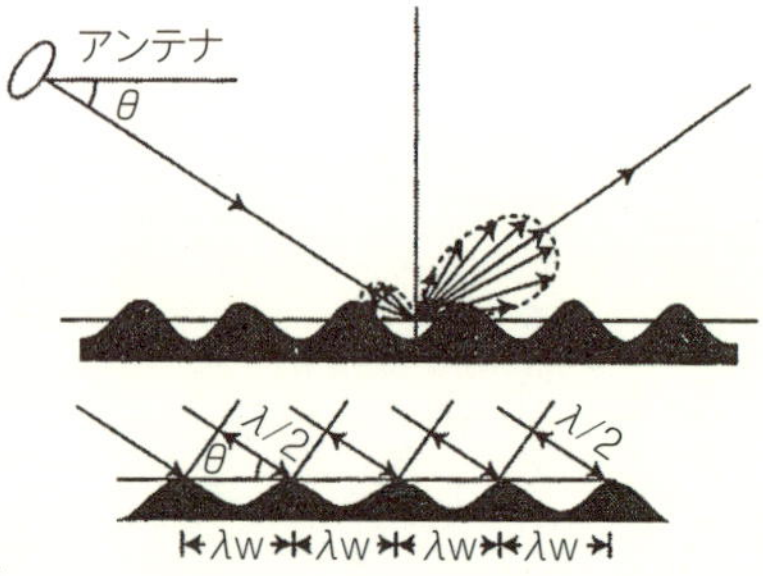

図42　ブラッグ散乱共鳴

図43　レーダーの観測範囲と分解能

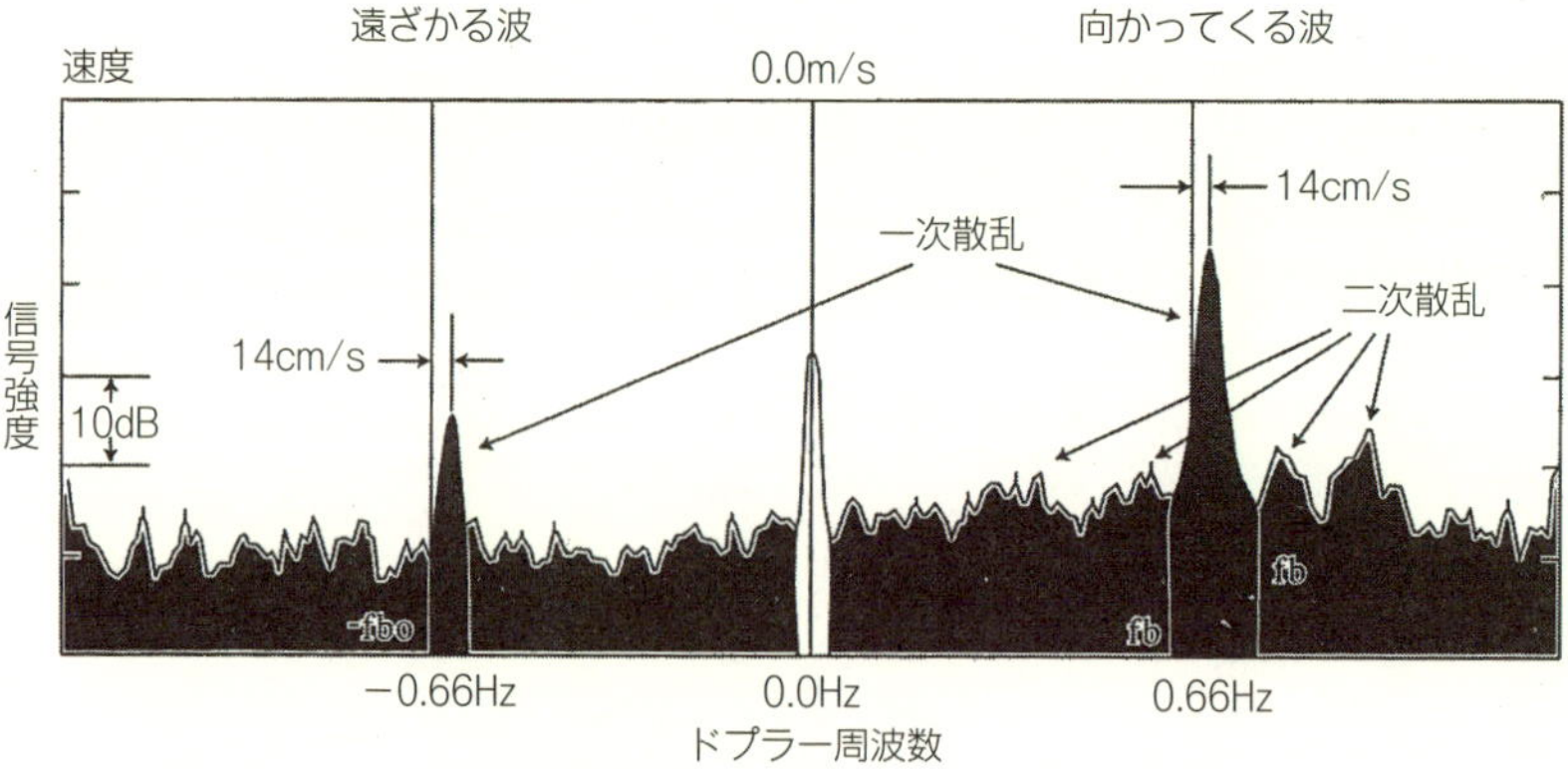

図44　ドプラースペクトル

スの周波数領域に現れる。これは、波浪成分波があらゆる方向に（アンテナに向かう方向とアンテナから遠ざかる方向）伝播するからである。

ＨＦレーダーでは、波長が長い（周波数が低い）ほど伝播損失がすくないので、低い周波数ほど観測可能な範囲が広くなる。しかし、周波数をあまり低くすると、ブラッグ散乱する波長の海面波が存在しなくなる。したがって、実際に用いられる周波数と観測可能範囲は五MHzで二〇〇キロ、一〇MHzで一〇〇キロ、二五MHzで五〇キロ程度である。

海面付近の流速は、第一次散乱エコーのドプラースペクトル周波数から推定することができる。波浪そのものによるドプラー周波数は〇・六六Hzである。もし表層に流れがあれば、波浪の位相速度は位相速度＋表層流速となるから、第一次散乱ドプラースペクトル周波数fdを計測すれば、アンテナに向かう（正）、あるいは遠ざかる（負）表層流速を求めることができる。

したがって、流速ベクトルを得るためにはアンテナの視線方向がなるべく直角方向になるように二台のレーダーを設置して、同時観測をおこなう必要がある。

波数ｋの波による海水の動きの振幅は、深さｚとともに指数関数的に減少していく。したがって、深さｚの部分の海水の動きが海面波にあたえる影響もｅｘｐ（－ｋｚ）の重みで変化する。このことから、ＨＦレーダーで観測される流速は、表層から１／ｋ、すなわち波の波長の１／2π程度の深さ（波長一〇メートルの波なら一・六メートルの深さ）までの平均の流れを観測することになる。たとえば、二五MHzのレーダーでは共鳴波長が六メートルなので、海面下一メートル程度までの平均的な流れを観測することになるわけである。

一九九二年六月一八日～二八日の一一日間、瀬戸内海の豊後水道で図45に示す瀬戸と大浜にHFレーダーを設置して潮流観測をおこなった[10]。この観測では各ビームの方向に一・五キロ間隔に四〇点、すなわち二点のレーダー設置点から六〇キロ遠方までの海面下一メートル以内の表層におけるビーム方向の正負のスカラー流速値を観測し、両者を合成して、流速ベクトルを得た。それぞれのレーダーは一二本のビームをアジマス方向に順に発射して反射されたエコーを受信した。一二本のビームを全部発射して受信するのに二時間を要

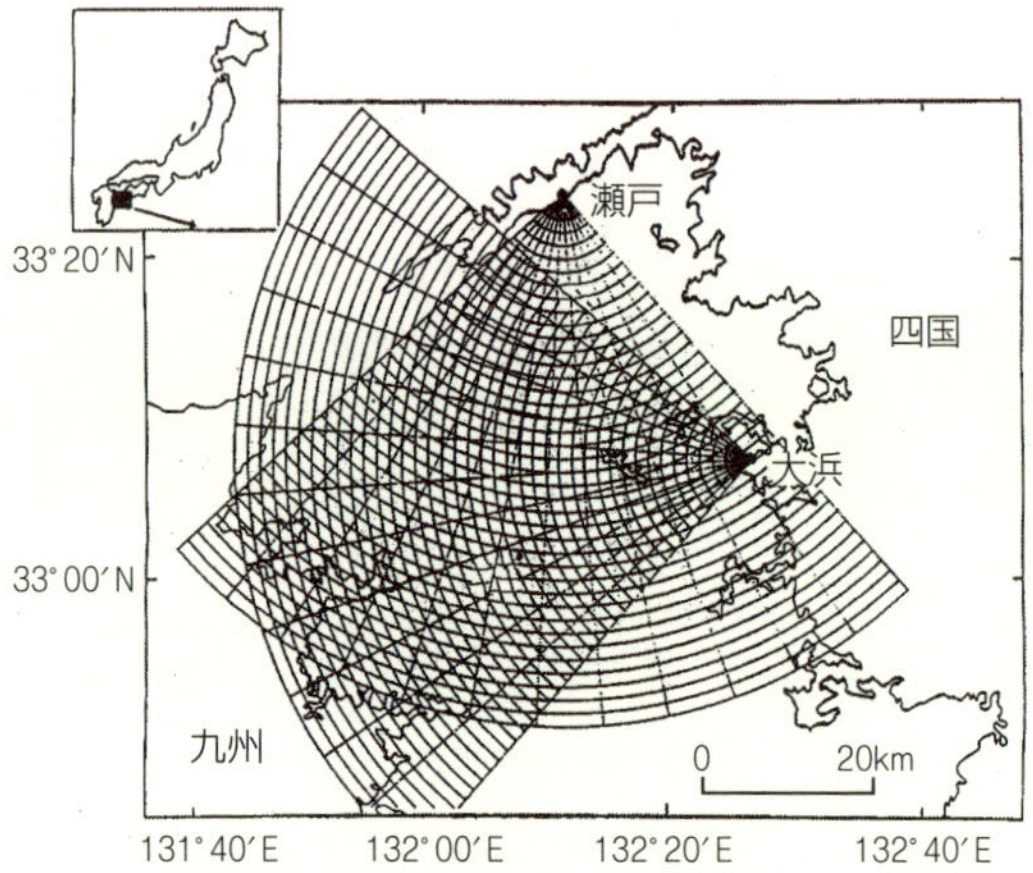

図45　豊後水道のHFレーダー設置点と観測範囲。表層流速ベクトルは瀬戸と大浜からの観測線が重なった部分で得られる

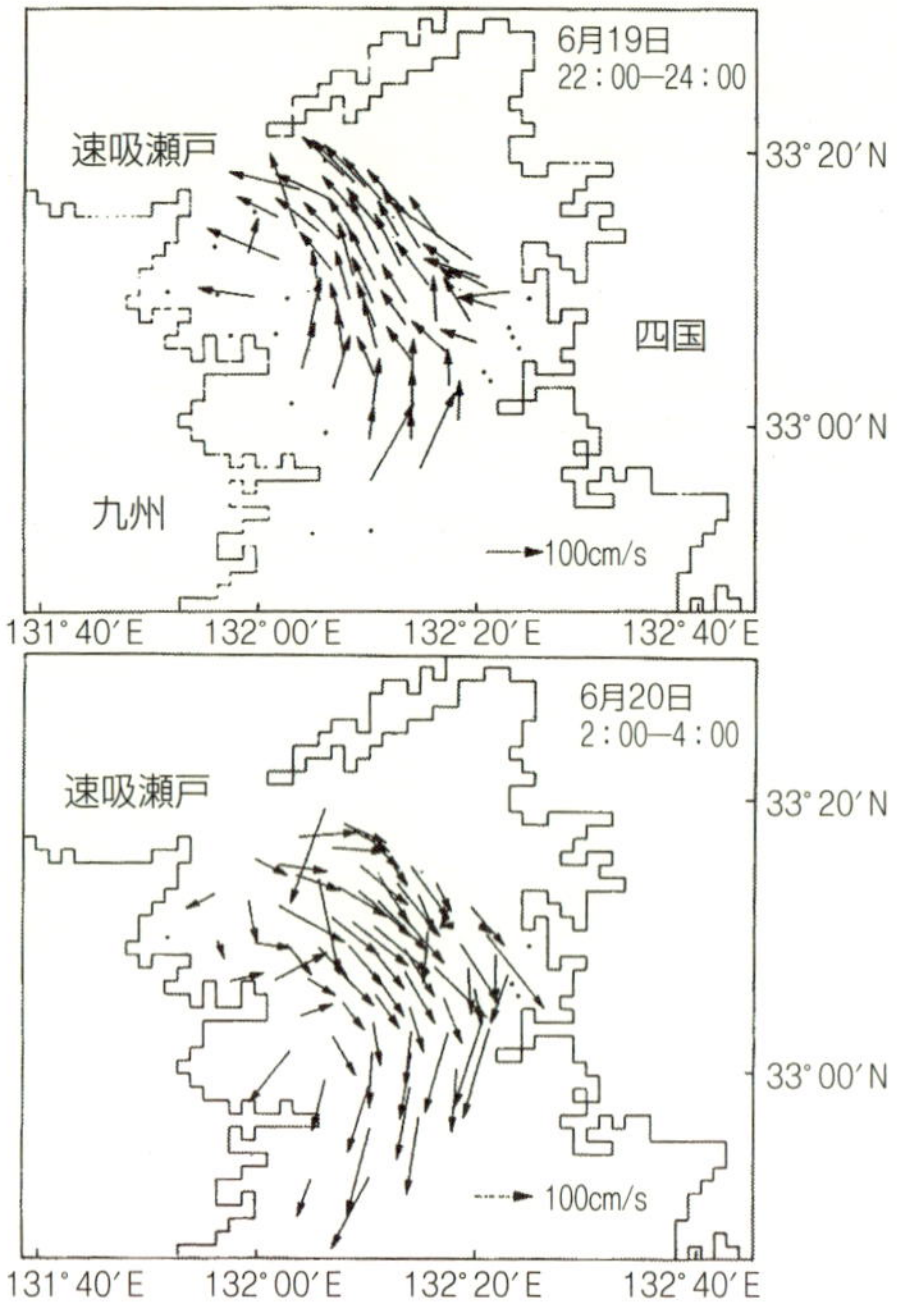

図46　豊後水道表層の上げ潮流・下げ潮流最盛時の流況

するので、ふたつのビームの交点（この時は全部で七〇点）における流速ベクトル値が二時間ごとに得られることになる。このようにして得られた豊後水道における上げ潮流最盛時と下げ潮流最盛時の流況を図46に示す。ＨＦレーダー観測により豊後水道全域の表層の流況が二時間ごとに得られる。このような水平的な流速分布が一瞬でとらえられることがＨＦレーダー観測の最大のメリットである。

九州大学応用力学研究所では、二〇〇三年に対馬海峡に七台のＨＦレーダーを設置し、それ以後、対馬東水道・西水道の表層流動モニタリングを継続しておこなっている[11]（図47）。一時間ごとの観測結果はリアルタイムで研究所のＨＰ（http://le-web.riam.kyushu-u.ac.jp/radar/index.html）で公開されている。この観測結果を見ていると、次ページ図48に示したように、反時計まわりの渦が対馬南東端から発生し、北東方向に移流されていくようすが観察される[12]。成層期には、この渦の中心部は次ページ図49に示すように植物プランクトン濃度が高くなっていて、いい漁場になることが多い。これは、このような渦運動にともなって、渦の中心部で底層から栄養塩が湧昇してくるためである[13]。ＨＦレーダーによる観測結果はこのよう

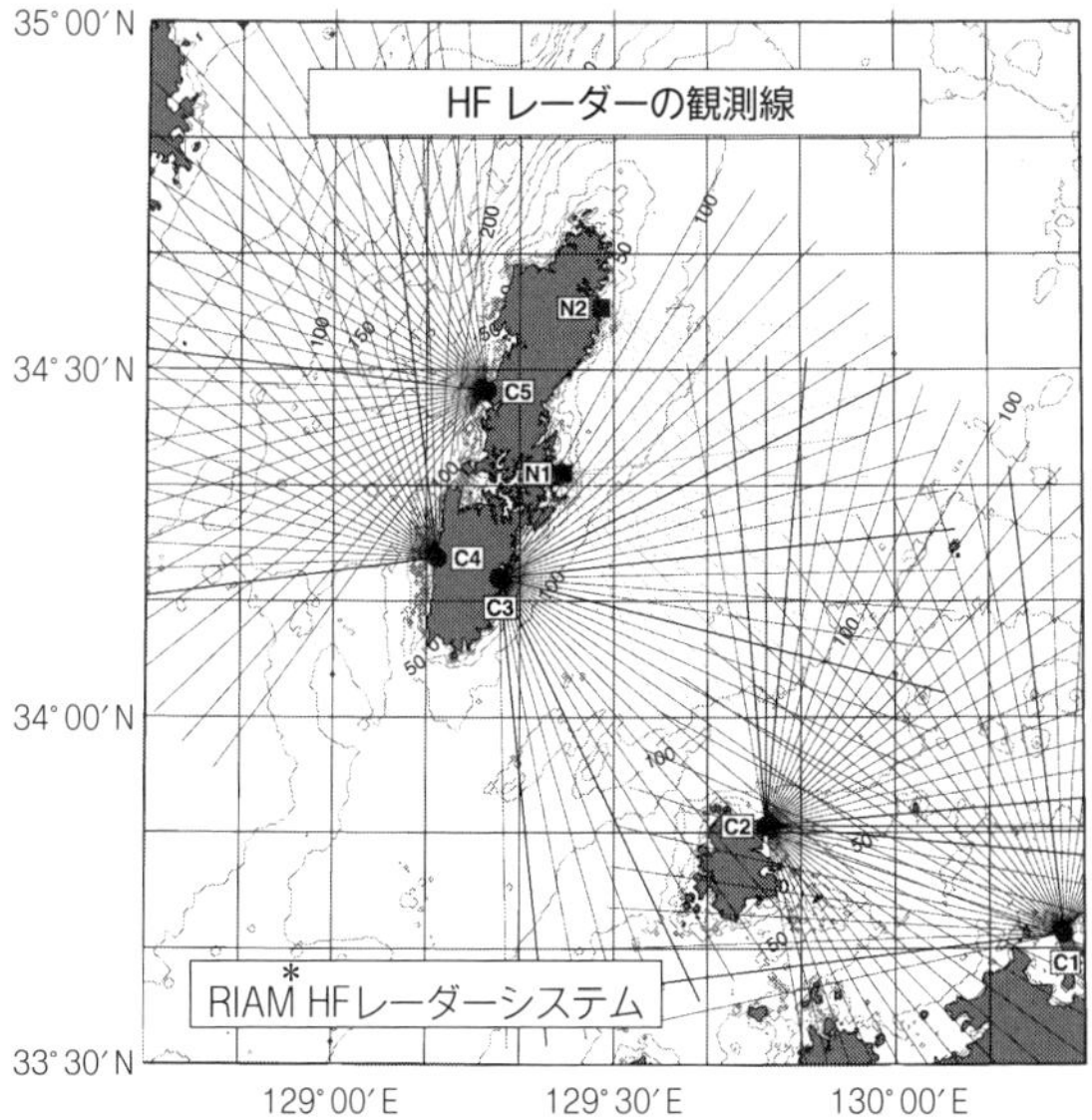

図47　対馬海峡のHFレーダー配置[11]
＊Research Institute for Applied Mechanics：九州大学応用力学研究所

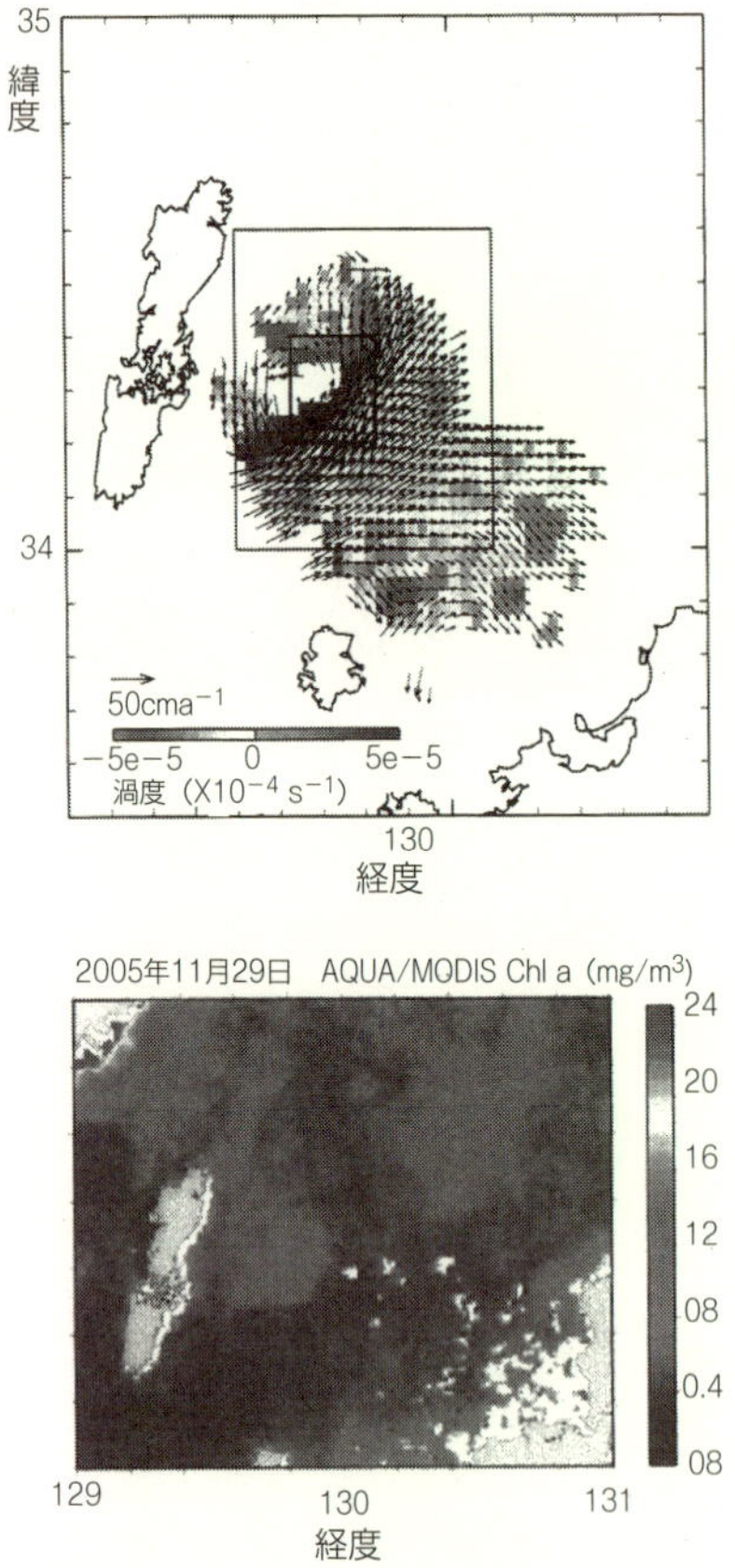

図49　上：2005年11月27日平均の対馬渦のようす。下：2005年11月29日のAQUA/MODIS海色画像によるクロロフィルα（chl. a）濃度[12]。濃い色は高植物プランクトン密度、白っぽい色は低植物プランクトン密度の海域を表す

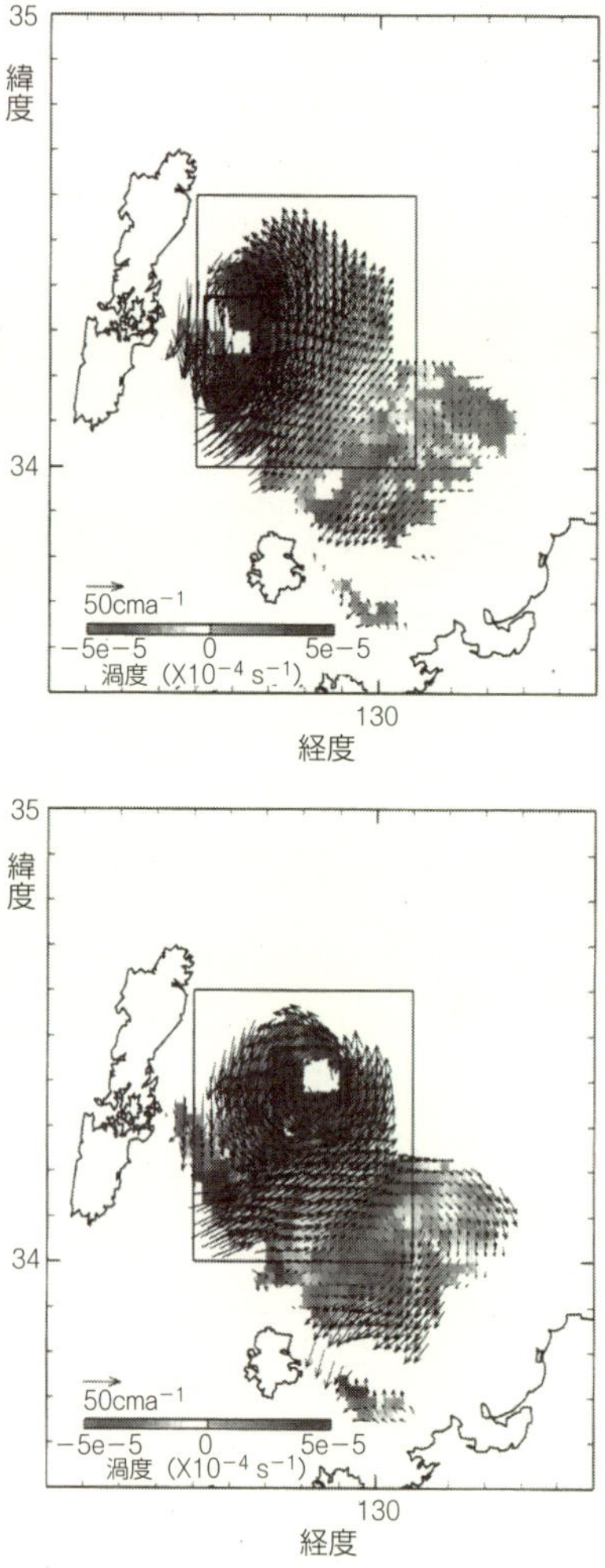

図48　対馬渦の流速（矢印）と渦度（色の濃い部分は、反時計まわりの渦の強い部分を表す）。上が2005年10月3日、下が2005年10月5日の平均[12]

な好漁場監視にも使うことが可能である。

Ⅲ　アルゴ計画

海の水の流れを測る測流がその専門分野のひとつにふくまれる海洋学の目的のひとつは、気象学が短期・長期の正確な天気予報をめざしているのとおなじく〝海況予報〟である。

天気予報の場合は、世界中の気象台で観測されるデータを総合化して数値モデル計算結果に同化させ、予報がおこなわれる。しかし、海況予報の場合、気象台に相当するような海象観測プラットフォームを世界中に配置するのは到底不可能である。そのような問題を解決するために考えられたのが、「漂流ブイ」の活用である。すなわち、Ⅱ・1（120ページ）の「海流瓶」とⅡ・2（121ページ）の「漂流人工クラゲ」の中間に相当する海洋中層（水深約一〇〇〇～二〇〇〇メートル）を漂流するブイを世界中の海洋に漂流させ、一定期間ごとに海面に浮上させて、衛星通信により世界中の海洋観測データを総合化して、天気予報と同様、数値モデル計算結果に同化させ海況予報をおこなおうというものである。

ＡＬＡＣＥ（Autonomous Lagrangian Circulation Explorer）ブイは漂流ブイ型測器の一種で、投入前に測器の密度を正確に決めておいて、所定の深度（密度）を漂流させ、ブイの下部に設置されたバルーンの油を出し入れして浮力を調整し、海中を上下するしくみになっている。ＡＬＡＣＥブイは、あらかじめ設定された時間（たとえば、一〇日）ごとに海面まで浮上して、人工衛星にみずからの位置を送信し、再び沈降してみずからの漂流層にもどる。浮上した位置間の距離と時間から、漂流層の水の流れが計測可能である。

さらに、PALACE（Profiling-ALACE）ブイは浮上する際に水温・塩分・深度を測定して、そのデータを人工衛星を介して陸上局に送信する。したがって、PALACEブイを用いれば、中層の流動のみならず上層の水温・塩分の鉛直分布も観測可能となる（図50）。二〇〇〇年から二〇〇一年にかけて、アメリカのワシントン大学は日本海全域で約四〇個のPALACEブイを漂流させて大量のデータを取得し、日本海上層の水温・塩分・流動分布とその変動に関する特性をあきらかにした。

アルゴ・ARGO（A Global Array for Temperature/Salinity Profiling Floats＝全球中層フロート観測網）計画は、このPALACEブイを世界中に三〇〇〇個程度漂流させ、二〇〇〇メートルの深さを漂流させながら、一〇日ごとに浮上させて人工衛星を経由して陸上の研究所にデータを送り、世界中の上層（二〇〇〇メートル以浅）の成層状態の変動とそれに直結した流速変動を水平距離三〇〇キロメートルの分解能であきらかにしようという国際プロジェクトである。アルゴという名前は、ギリシャ神話の英雄ジェイソン（Jason）が乗った船の名前「アルゴ船」に由来している。

この計画は、二〇〇〇年にUNESCO（United Nations Educational, Scientific and Cultural Organization＝国際連合教育科学文化機関）のIOC（Intergovernmental Oceanograph

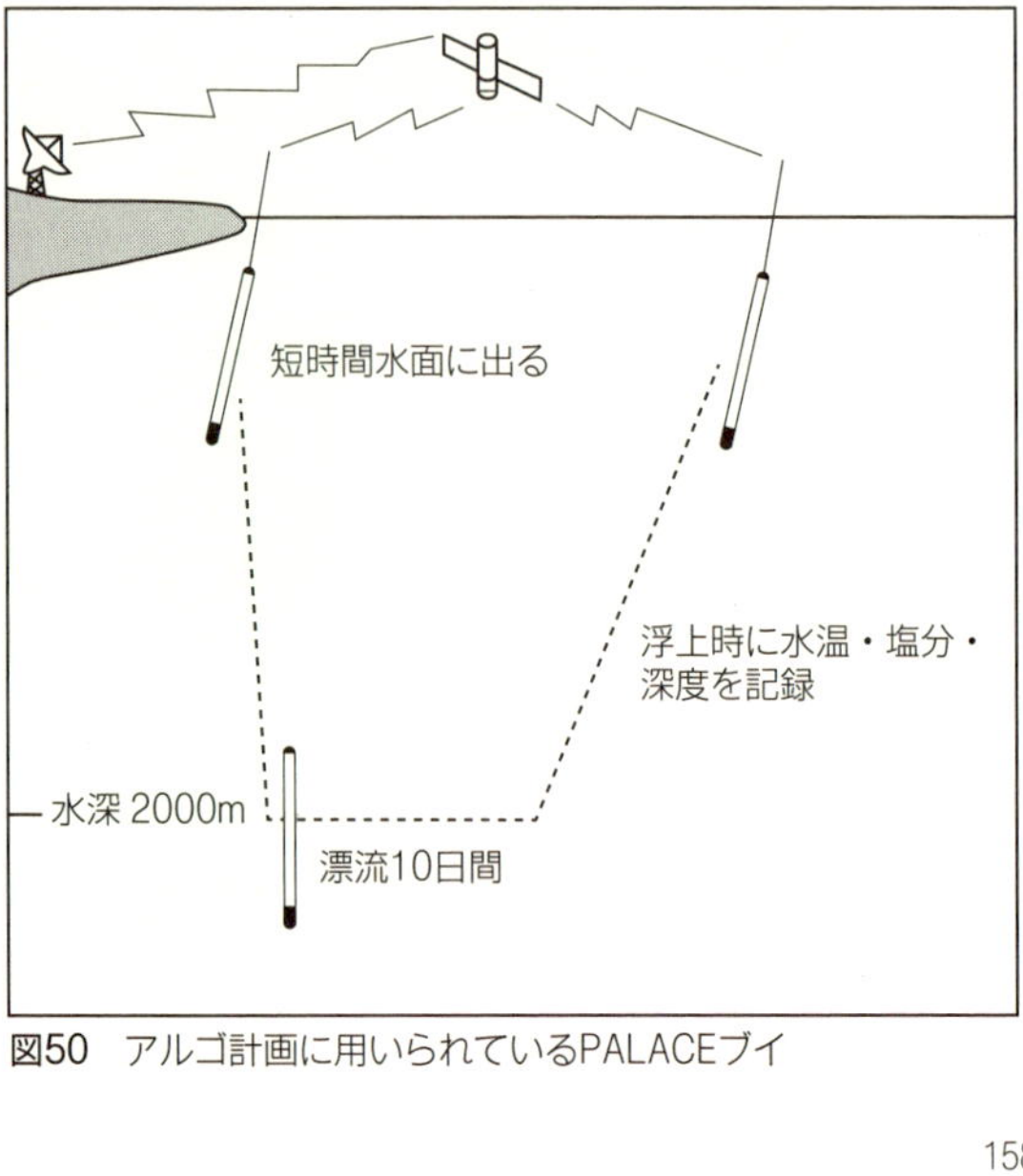

図50　アルゴ計画に用いられているPALACEブイ

ic Commission＝政府間海洋学委員会）の主導のもとに開始され、アメリカと日本が中心となり、オーストラリア、カナダ、EU、韓国など世界二〇か国が参加して二〇〇六年までに約三〇〇〇個のPALACEブイを放流した。PALACEブイの寿命は約三年で（バッテリー切れとなるため）、世界各国で分担して常にブイの補給（年間八〇〇本程度。おもに分布がまばらになった海域に補充する）がおこなわれている。二〇一三年一一月現在、世界中の海の中を三六〇六個（そのうち二〇八個が日本が補給したPALACEブイ）が漂流をつづけている（図51）。

アルゴ計画で得られたすべての漂流ブイデータは、原則として取得後二四時間以内にGTS（Global Telecommunication System＝全球気象通信網）を介して世界中の気象機関に配布され、中・長期気象・海況予報のための数値モデルに入力するデータとして利用されている。さらに六か月以内に科学的に高度な品質管理を施されたデータがインターネットにより提供され、世界中の研究者によって、より詳細な海洋研究資料として活用されている。

世界各地の気象台で、定期的に気象バルーンを用いた気象観測がおこなわれるように、世界中のさまざまな海域でアルゴブイが定期的に放流され、人工衛星を介して上層（水深二〇〇〇メートル以浅）の水温・塩分・流れのデータが定期的に送信されてくる時代になったので

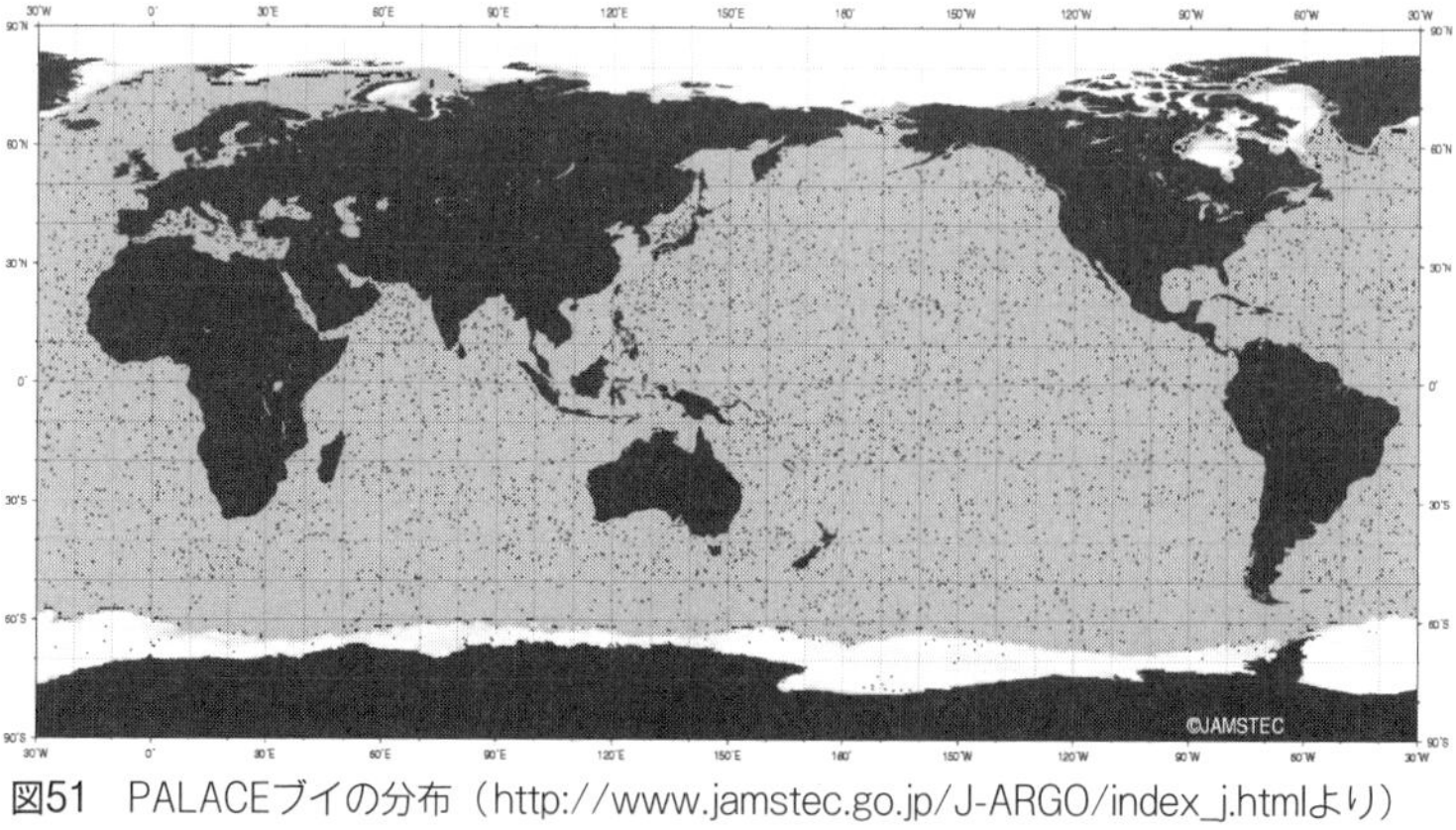

図51　PALACEブイの分布（http://www.jamstec.go.jp/J-ARGO/index_j.htmlより）

ある。

ただ、アルゴの問題点がひとつある。世界の海は水深が二〇〇メートルより浅い沿岸海域と二〇〇メートルより深い外洋域にわけられる。沿岸海域は世界全体の海洋面積のわずか三%を占めるにすぎないが、ここでの漁獲高は世界全体の半分に達する。アルゴは外洋域の海況予報をおこなうために開発されたものだが、アルゴの漂流ブイは二〇〇メートルより浅い沿岸海域では使えない。沿岸海域には多くの定置網などがおかれ、漁業活動も盛んなので、中層漂流ブイが自由に移動できないし、網などにひっかかると補償問題なども生じてくるからである。現在、わたしのような沿岸海洋学者は、どのようにして沿岸海域用ブイを開発するかに知恵を絞っている。

おわりに

潮汐残差流に関しては、後日談がある。

わたしは、笠戸湾の不思議な流れを研究すべく京都大学理学部に入学し、最初の一年間は勉学にはげんだ。ところが、一回生の終わりにちかづいた一月、佐世保(長崎県)にアメリカの原子力空母エンタープライズが寄港することになった。クラス討論の結果、わたしが属していた理学部二組では、代表を佐世保におくって原子力空母の佐世保寄港に反対する姿勢を示そうということになった。そして、クラス委員をしていたわたしが、みんなのカンパで佐世保にいくことになったのだった。

佐世保で機動隊の催涙弾から逃げまどったわたしは、京都に帰ってから、以後三年間を全共闘運動に没頭した。

しかし、その全共闘運動も、四回生時には完全な敗北に終わり、わたしは大学に居場所を失ってしまう。そこで、当時社会問題化していた公害の実態を知るために、地方へ出かけていった。

このときにわたしが見つけた居場所は、関西にある京都大、大阪大、大阪市大といった諸大学の若手教官・大学院生・学生で組織する「瀬戸内海汚染総合調査団」だった。わたしは、調査団の一員として、数回にわたって瀬戸内海各地の漁協に出かけ、瀬戸内海汚染に関する聞きとり調査をおこなった。そのときの話である。

香川県の観音寺漁業共同組合の漁師が、「伊予三島のパルプ工場からの悪水は、西に広がらなくて、こちらだけにやってくる（図52）。県にいくらいっても、『燧灘《ひうちなだ》では潮流が卓越しているから、パルプ工場の排水は東西おなじように広がっている（図53―a）ので、観音寺だけ排水の被害が大きくなるということはない』という返事しかないんだ」と発言したのだ。

これを聞いたとき、わたしはすぐに「燧灘東部には、笠戸湾とおなじような一方向の流れが存在しているのだ」と思った。しかし、単なる一学生のわたしには、具体的に漁民を助ける方法も力もなかった。そこでわたしは、「単なる学生では、困っている漁民を助けることは

図52　観音寺と伊予三島

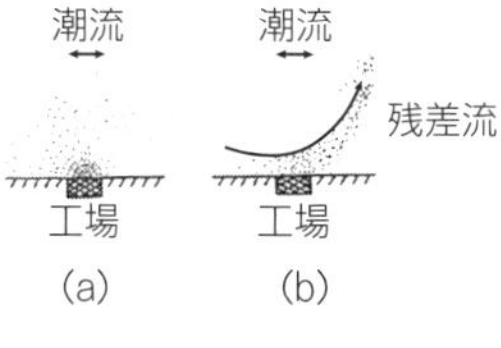

図53　潮流だけの排水の広がり（a）と（潮流＋残差流）の場合の排水の広がり（b）

できない。彼らを助けるためには、自分がきちんとした学者になって、伊予三島からのパルプ工場排水が観音寺まで流れてくることを証明する必要がある」と思い、京都に帰ってから猛勉強して、五回生秋の大学院入試になんとか合格した。そして、これまで書いてきた研究をおこなって、潮汐残差流の生成・維持機構を解明し、燧灘東部には反時計まわりの残差流（平均流）が存在することをあきらかにすることができた（図53―b）。ただ、わたしの論文が燧灘の漁民に直接役立つことはなかった。そのころにはパルプ工場の排水処理が進み、燧灘東部の海洋汚染問題は解決に向かって動きだしていたからである。

いっぽう、一九七二年の夏には瀬戸内海東部の播磨灘《はりまなだ》で大規模な**シャトネラ赤潮**が発生し、一四〇〇万尾の養殖ハマチが死亡して七一億円の漁業被害をこうむった。香川県の養殖漁民は、この赤潮が発生した主因は播磨灘北岸の工場地帯からのリン・チッソの排出にあるとして、一九七五年に国と播磨灘北岸の工場群を相手に裁判を起こした（播磨灘赤潮訴訟）。このとき、潮汐残差流や残差流に関するいくつかの論文を発表していたわたしは、「播磨灘北岸から排出されたリン・窒素は、播磨灘北部の時計まわり、南部の反時計まわりの残差流によって播磨灘南部に輸送され、播磨灘南部の赤潮発生に影響をあたえる」という原告側証言をおこなった。同様に、大分県中津市出身の作家・松下竜一氏（故人）らが一九七二年に起こした**豊前《ぶぜん》環境権裁判**では、「周防灘《すおうなだ》北部の宇部・小野田工業地帯からの排水が、周防灘の反時計まわりの残差流によって工場のない大分県沿岸まで輸送され、海域環境を悪化させている」という原告側証言をおこなった。この反時計まわりの残差流が、中学生のわたしが笠戸湾古島水道沖で投下した漂流瓶を大分県姫島まで運んだのだ。

シャトネラ赤潮
植物プランクトンの一種であるシャトネラの大増殖によって起こる赤潮。シャトネラは有毒なので、養殖魚の斃死《へいし》（突然、死んでしまうこと）を引きおこす。

豊前環境権裁判
九州電力を相手どった豊前火力発電所建設反対の訴訟。憲法一三条「幸福追求権」、同二五条「文化的生存権」を根拠に、良好な環境のなかで生活を営む権利である「環境権」ということばをこのようなことは、知識のありかたとして重要だと思う。わたしの父親のみならず、地元の漁師たちは、図14（125ページ）に示したような笠戸湾の反時計まわりの平均流（残差流）の存在のことはよく知っていた。すなわち、〝経験知・地域知〟としては定着していたのだ。しかし、それがあくまでも〝経験知・地域知〟にとどまっていたがために、笠戸湾の知識は燧灘の漁民には役に立たなかった。この知識が世の人びとに役立つためには、笠戸湾の平均流の生成・維持機構があきらかにされ、どのような地形でどのような潮流があればどのような残差流が生成されるのかという〝科学知〟となることが必要なのだ。

海洋に関する現地調査をやっていると、「自分たちよりも地元の漁師のほうが、その海のことをはるかによく知っているな」と感じることがままある。大事なのは、彼らの〝経験知・地域知〟をわれわれ科学者のことばに翻訳して、〝科学知〟として世の中に一般化させ、定着させることである。

浸透させるきっかけとなった。経緯は『豊前環境権裁判』（松下竜一　日本評論社　一九八〇年）にくわしい。

〈参考文献〉

（1）藤原建紀「瀬戸内海における海水交流」『海の気象』27　1―19　海洋気象学会　一九八一年

（2）滝沢隆俊・青田昌秋「漂流物による宗谷暖流およびオホーツク海の海流調査」『低温科学　物理編』36―37、71―76　一九七八年

（3）川合英夫・永原正信「人工クラゲにより観測された日本海大陸棚海底流について―Ⅰ」『日本海区水産研究所報告』24　1―19　一九七三年

（4）Yanagi, T. (1976) Fundamental study on the tidal residual circulation – I. J. Oceanogr. Soc. Japan, 32, 199-208.

（5）柳哲雄・安田秀一「笠戸湾の潮汐残差流に関する水理模型実験」『中国工業技術試験所報告』2　31―40　一九七七年

（6）Fukudome, K., J. H. Yoon, A. Ostrovskii, T. Takikawa and I. S. Han (2010) Seasonal volume transport variation in the Tsushima warm current through the Tsushima Straits from 10 years of ADCP observations. J. Oceanogr., 66, 539-551.

(7) Hirose, N. and K. Fukudome (2006) Monitoring the Tsushima Warm Current improves seasonal prediction of the regional snowfall. SOLA, 2, 61-63.

(8) 柳哲雄編著『潮目の科学——沿岸フロント域の物理・化学・生物過程』恒星社厚生閣　169頁　一九九〇年

(9) Yanagi, T., K. Tadokoro and T. Saino (1996) Observation of convergence, divergence and sinking velocity at a thermohaline front in the Kii Channel, Japan. Continental Shelf Res., 16, 1319-1328.

(10) 柳哲雄・宮崎俊明・大野祐一・久木幸司・灘井章嗣・黒岩博司「豊後水道の海況変動（VI）——HFレーダー観測」『愛媛大学工学部紀要』13　333—337　一九九四年

(11) Yoshikawa, Y., A. Masuda, K. Marubayashi, M. Ishibashi and A. Okuno (2006) On the accuracy of HF radar measurement in the Tsushima Strait. J. Geophy. Res., 111, C04009, doi: 10.1029/2005JC003232.

(12) 中園隆司・吉川裕・増田章・丸林賢二・石橋道芳「対馬海峡東水道に見られる反時計回り渦の変動特性」『九州大学応用力学研究所所報』134　47—52　二〇〇八年

(13) Onitsuka G., A. Morimoto, T. Takaikawa, A. Watanabe, M. Moku, Y. Yoshikawa and T. Yanagi (2009) Enhanced chlorophyll associated with island-induced cyclonic eddies in the eastern channel of the Tsushiam Straits. Estuarine, Coastal and Shelf Science, 81, 401-408.

柳　哲雄（やなぎ・てつお）

小学生一年生の夏休みの自由研究で、自宅のそばを流れる荒神川（末武川《すえたけがわ》）の水位を毎日一〇時・一五時に測定したのを皮切りに、以後毎年荒神川・笠戸湾の潮汐・潮流の研究をつづけ、本書に書いたように潮汐残差流の発見にいたる。現在はこの間つきあってきた瀬戸内海をはじめとする全国の漁民といっしょに里海創生運動にとり組んでいる。

＊　＊　＊

■わたしの研究に衝撃をあたえた一冊『吉本隆明全著作集』（全15巻）

大学時代、学園闘争に敗北し、自分の人生の行き先に悩んでいたときにひたすら読みこみ、この本から「論理は力になる」ことを教えられた。この本と瀬戸内海汚染総合調査であった漁民のおかげで、「大学院にいって学問をして、学力を身につけなければならない」と決意した。

吉本隆明著
勁草書房
一九六八年
※書影は『吉本隆明全著作集1　定本詩集』

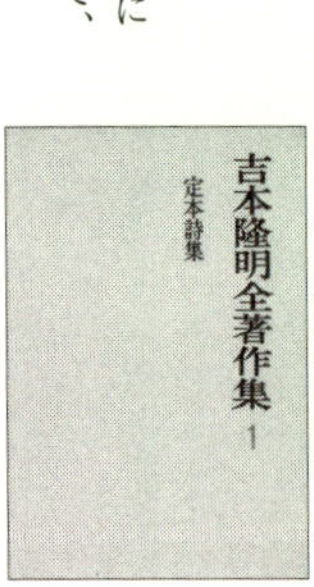

Ⅲ部

インド洋の深海に海底温泉を求めて　――蒲生俊敬

ニホンウナギの大回遊を追いかける　――青山　潤

南鳥島周辺のレアアース泥《でい》を調査する　――木川栄一

マントル到達に挑む　――阿部なつ江・末廣　潔

観測を支援する技術　――蓮本浩志

インド洋の深海に海底温泉を求めて

――蒲生俊敬

はじめに

わたしたち日本人になじみ深い自然現象のひとつに、火山活動がある。桜島（鹿児島県）、新燃岳《しんもえだけ》（宮崎県）、浅間山《あさまやま》（長野県）、三宅島・西之島（東京都）、有珠山《うすざん》（北海道）、御《おん》嶽山《たけさん》（長野県・岐阜県）など、最近噴火した火山だけでも枚挙にいとまがない。ダイナミックに立ちのぼる噴煙や、赤熱したマグマが弾けて流れくだるさまは、地球が生きていることを実感させてくれる。

さて、火山といえばそこには温泉がつきものだ。火山の熱によって、地下水が高温の湯となって湧きだす。のんびりと疲れを癒やしたいときなど、わたしたちは温泉にいき、お湯の中で思いきり手足を伸ばす。長野県の地獄谷野猿公苑《じごくだにやえんこうえん》では、猿も温泉を楽しんでいる。温泉には、人間だけでなく動物全般をひきつける魅力があるのだろう。

温泉水の外観は、透明だったり濁っていたり、白かったり赤かったりと、場所によって千差万別である。性質もさまざまで、たとえば酸性度（pH）をとってみても、玉川温泉（秋田県）のような肌がピリピリする酸性泉（pH一・二）もあれば、都幾川《ときがわ》温泉（埼玉県）

酸性度（pH） 液体の酸性の強さを示す尺度。水素イオン指数（pH）で示すことが多い。pH7が中性で、酸性が強まるほどpH値は小さくなる。

のようなヌルヌルのアルカリ性泉（pH一一・三）もある。化学組成がこのようにはば広く変化するのはなぜなのか、多くの研究者が興味を抱き、温泉は学術研究の対象としても重要視されてきた。

もちろん、温泉は日本だけに限るものではない。火山国ニュージーランドやアイスランドをはじめ、海外にもたくさんの温泉がある。それらの多くが観光客や研究者をひきつける名所となっている。

地球上のどこにどんな温泉があるのかは、すでに調べつくされている……と思われがちだが、それはまちがい。じつは、人類未到の火山や温泉のほうがずっと多いのだ。「えっ？」と驚いたかたは、以下を読んでほしい。

わたしたちが目にすることのできる陸面は、地球表面の三割にすぎない。のこりの七割は、海でおおい隠されている。そして、その深い海の底には、陸上よりもっとたくさんの火山があり、温泉がある。

海水は光を非常にとおしにくいので、深さ一〇〇〇メートルとか二〇〇〇メートルにある深海底のようすを海上から透視することはできない。また、わたしたちの体は深さ数十メートル程度の水圧にしか耐えることができず、深海に降りていくことはできない。したがって、深海の火山や温泉は、陸上に比べてはるかに遠い存在であり、わたしたちの知識はきわめて限られたものでしかない。

ただし、最近の科学技術の進歩のおかげで、深海底を調査研究することがまったく不可能ではなくなってきている。とくに、日本は海洋国として世界最先端の海洋観測技術を有している。

　深海底には、ロマンに満ちたフィールド科学の世界がある。ここでは、インド洋で海底温泉を見つけた話をご紹介しよう。

1　深海底にある温泉とは

　最初に、海底温泉とはどのようなものか、そのしくみをかんたんに見ておこう（図1）。海底の温泉も、陸上とおなじく火山からの熱の供給を必要とする。海底火山のマグマだまりから放出される熱によって、地下水（海底からしみこんだ海水）が海底下で加熱され、熱水になる。深海底では、高い水圧のために海水の沸点が地上（約一〇〇・五℃）よりもずっと高い。深さ二五〇〇メートルの深海では、熱水は三九〇℃くらいにならないと沸騰しない。

　高温のために軽くなった熱水は上向きに移動し、ついには海底面から勢いよく噴きだす。これが海底温泉である。代表的な海底温泉の画像を、写真1に示す。

　海底下にあるときの熱水は透明だが、噴出直後の熱水は真っ黒に濁ることが多い（「ブラックスモーカー」と呼ばれ

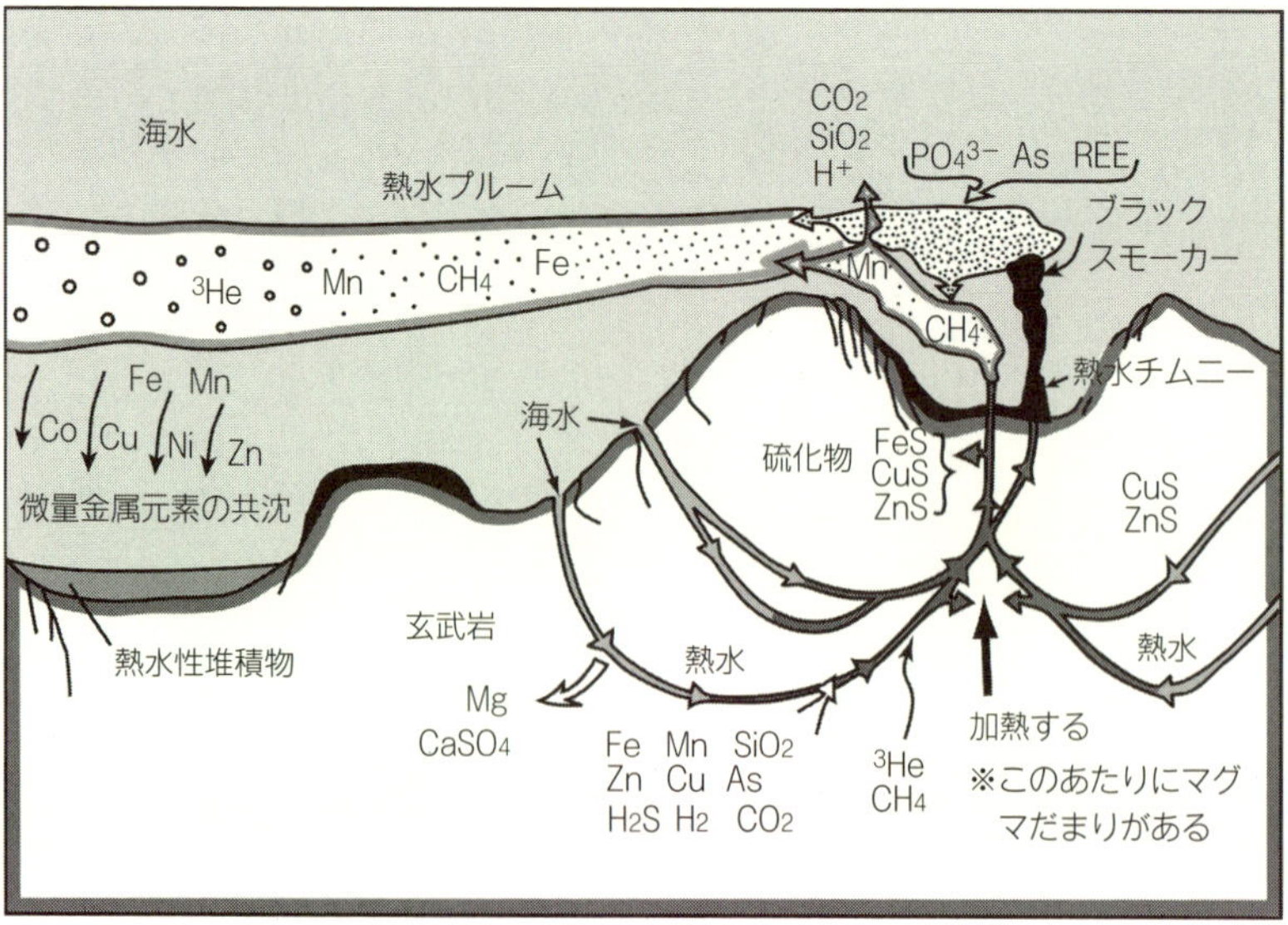

図1　海底熱水活動の概念図（Gary Masothによる原図を改変）

る）。これは、熱水が冷たい海水といきなり混合したとき、熱水中に大量に溶けこんでいた鉄（Fe）、亜鉛（Zn）、鉛（Pb）などの重金属元素が、硫化物や酸化物の細かい粒子となって大量に析出するからだ。これらの沈殿物が固結すると、噴出する熱水に沿って煙突状の構築物が形成される（「熱水チムニー」と呼ぶ）。

噴出後の熱水は、冷たくて重い周囲の海水によって急速に希釈されるため、密度が増加し、しだいに上昇する勢いを失っていく。一般に、海底面から二〇〇～三〇〇メートルあたりで上昇はとまり、以後は水平方向にたなびくようになる。これを「熱水プルーム」と呼ぶ。このとき熱水は、当初の一〇〇〇分の一から一万分の一程度にまで希釈されている。

しかし、これだけ薄められても、熱水中の濃度が海水の一〇万倍～一〇〇万倍に達するほど高い化学成分（メタンガス、マンガン、鉄など）は、なお熱水プルーム中に濃度の異常を検出することができる。これらの化学成分は、もともと火山ガスの成分だったり、ある

海膨
海底の火山山脈など細長くつづく隆起部のことで、後出の海嶺より傾斜がゆるやかなもの。

写真1　代表的な海底温泉噴出の写真
①東太平洋**海膨**《かいぼう》21°N、②インド洋のKairei Field、③西太平洋のマリアナトラフAlice springs Field。（写真提供：①Dudly Foster、②③海洋研究開発機構＝JAMSTEC）

いは海底下の火山岩から溶けだしてきたりしたものである。

熱水の噴出域は、テニスコートほどのごく狭いエリアに集中することが多い。しかし、熱水プルームは——熱水活動の規模によるが——はるか遠方（数〜数十キロ程度）にまで広がっていく。そこで、まず熱水プルームを発見し、その源をたどっていくというのが、海底温泉を発見するための常套手段である。

以下に紹介するインド洋でのフィールド調査は、まさにこの戦略が成功した実例である。

2 白鳳丸インド洋へ

一九九三年七月二一日、わたしたちを乗せた東京大学海洋研究所（現・東京大学大気海洋研究所）所属の研究船「白鳳丸《はくほうまる》」（写真2）が、寄港地シンガポールの岸壁を静かに離れた。（途中のモーリシャスでの休息期間もふくめて）これから約ひと月半かけて、インド洋のほぼ中央、三本の海底火山列（中央インド洋海嶺、南東インド洋海嶺、南西インド洋海嶺）が逆Y字型に交わっているロドリゲス三重点（図2）を調査するのだ。調査隊のリーダーとして、東京大学海洋研究所の玉木賢策、藤本博巳の両助教授（当時）が、共同で主席研究員をつとめられた。当時、インド洋で熱水噴出が確認された例はなく、わずかに熱水プルームとおぼしき海水の異常が、数か所で散発的に検出されているにすぎなかった。わたしたちは、世界に先駆けてインド洋の海底温泉を発見しようと意気ごんでいた。

白鳳丸は、一九八九年に就航したばかり（白鳳丸としては二代目）。長さ一〇〇メートル、三九九一トンの大型研究船で、最大三五名の研究者が居住できる。さまざまな研究分

研究船「白鳳丸」
二〇〇四年に東京大学から海洋研究開発機構へ移管され、学術研究船として共同利用されている。移管当初は年間三〇〇日ちかく運航されて海洋のフィールド科学を大きく進展させたが、近年は、油価の上昇などの影響で運航日数は当初の六割程度となっている。

野にわたる分析や実験がおこなえるよう、船上には通常の実験室のほか、クリーンルーム、RI室、低温室など特殊な実験室も合わせて一〇の実験室が設けられている。船底から発する音波で海底の地形をくわしく調べたり、海底近くまでさまざまな観測機器をつりおろして海底面を撮影したり海水や海底の岩石を採取したりすることができる。

ちょっと話はそれるが、温泉探しは宝探しと似たところがある。

たとえば、千葉県柏市（面積一一四・九平方キロ）のどこかに宝物が隠されているとしよう。いきなり柏市の端から端までを歩いてそれをさがそうとする人はいないだろう。まず

RI室

人工のRI（放射性同位元素）を船上であつかうことができる管理区域。放射性トレーサー実験をおこなう資格をもった研究者が乗船したときのみ使うことができる。

写真2　白鳳丸

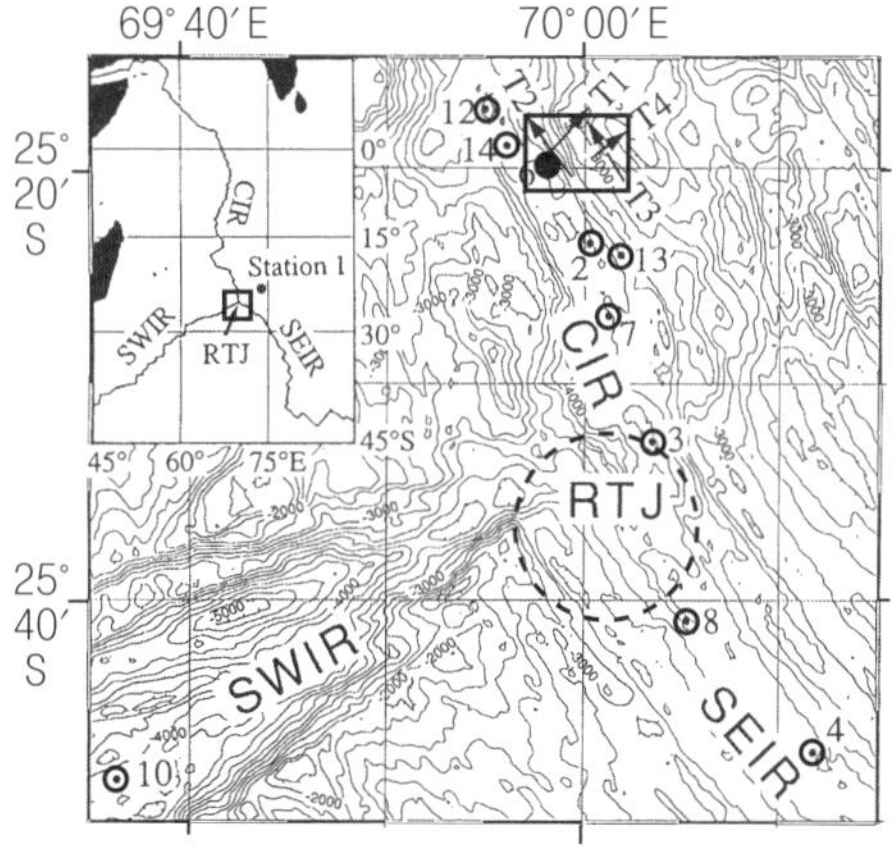

図2　インド洋中央海嶺群（CIR：中央インド洋海嶺、SEIR：南東インド洋海嶺、SWIR：南西インド洋海嶺）とロドリゲス3重点（RTJ）

観測点の位置を丸印で示す。測点6（黒く塗りつぶした測点）で熱水プルームが見つかり、測点6をふくむ黒い□でかこまれた海域を精査した（矢印のようにTow-Yo観測を実施した）

市販の地図やインターネット上のグーグルマップなどで大まかな地理をつかみ、乗用車や公共の交通機関などを利用して市内を広く走りまわって手がかりを収集するところからはじめるだろう。やがて有力な情報が蓄積され、どうやら柏市の北のはずれ、柏の葉五丁目一番の東京大学柏キャンパス内（面積〇・四平方キロ）に隠されているらしいと、場所が絞りこまれる。そこではじめて、わたしたちはじっくりとキャンパス内を歩きまわる探査をはじめるだろう。

海底温泉の場合もおなじだ。まず海底地形の特徴をつかみ、船足のある研究船が広範な海域を動きまわって予備調査をおこない、温泉水の兆候（熱水プルーム）をさがす。首尾よく見つかると、その源をたどり、いよいよこのあたりだと場所を絞りこめたところで、最終段階へと進む。最終段階というのは、後述するように潜水船を用いた潜航調査である。

3　意外な深度で見つかった熱水プルーム

前ページの図2は、わたしたちが調査した海域の海底地形図と観測点の位置を示している。熱水プルームに遭遇することを念じつつ、その可能性が高いと期待される**中央海嶺**（海底火山山脈）の中軸谷《ちゅうじくだに》に沿って観測点を設定した。最初はまったくの手探りだった。

観測点で船を停めては、深層海水の性質を調べる。写真3に示したような探査装置（CTD採水装置）を、丈夫なチタンワイヤーで被覆した電線の先端にぶらさげ、毎秒一メートルくらいの速さで海底に向かって降下させる。この装置には、海水の水温、塩分、水圧（深度）、酸素濃度、透明度（透過度）などを計測するセンサー群が搭載されており、そ

中央海嶺（海底火山山脈）
深海底には、地球深部から上昇するマグマによって形成される火山帯が山脈として連なり、新たな海底が生まれ、拡大している。このような火山列を、中央海嶺と呼ぶ。

れらのデータは、電線を通じてリアルタイムで船上の研究室へ送信されてくる。装置を海底面と衝突させないよう、ピンガー（海底に向かって音を発し、海底との距離を測る）も搭載する。

もし、水温が不自然に高かったり、海水が濁っていたりしていた場合は、すかさず海水試料を採取する。そのために、円筒型のニスキン採水器が蓋を開けた状態で二〇本ほどとりつけてある。船上から電気信号を送れば、採水器の蓋を一本ずつ閉めることができる。

なお、この装置に搭載されている音響トランスポンダーは、白鳳丸の船底にある音源とのあいだで音波をやりとりすることによって、海中での位置を正確に教えてくれる。船からぶらさげた機器は海流で流されることがあり、必ずしも船の真下にあるとは限らないのだ。

ニスキン採水器
円筒体の上下に蓋がついており、バネの張力を利用して蓋を閉めるしくみになっている。

写真3　白鳳丸から降下させたCTD採水装置

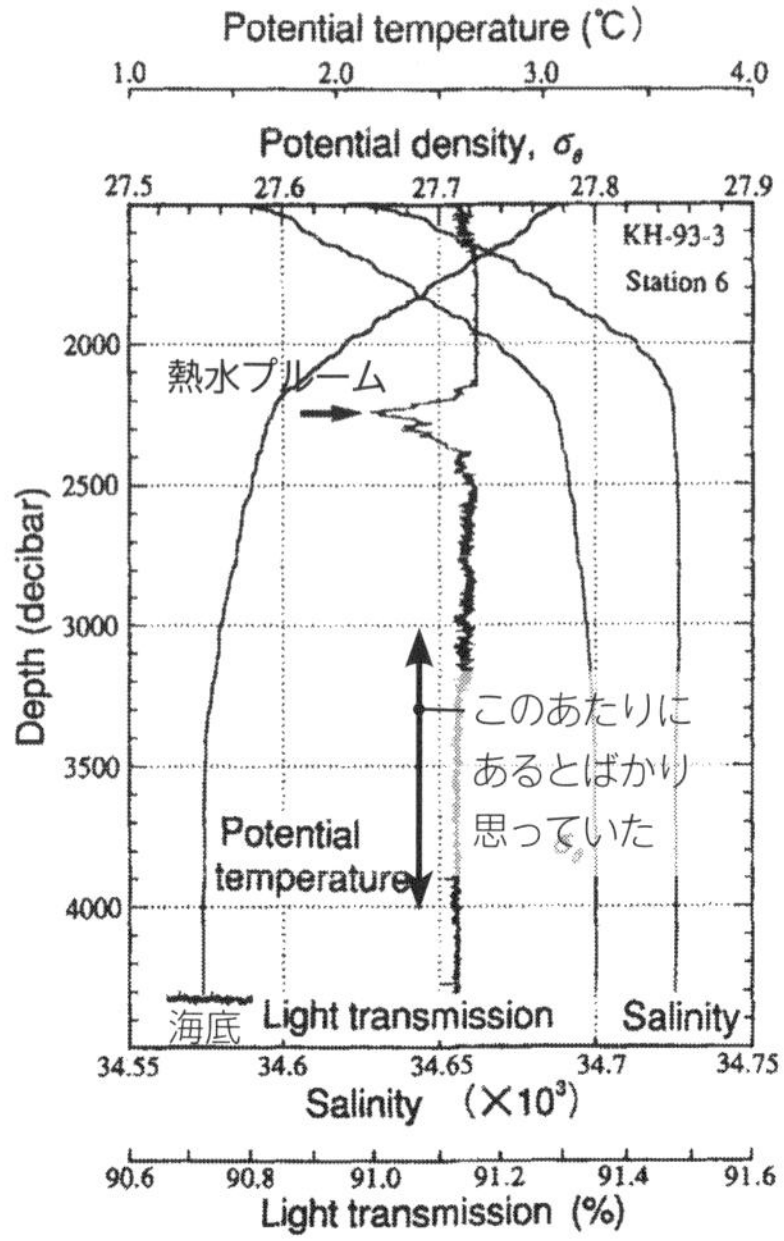

図3　見つかった熱水プルームの位置（深さ）

最初の五つの測点では、からぶりがつづいた。しかし、気落ちせず観測をくり返す。六番めの観測点で、待望の透過度異常が見つかった（前ページ図3）。ただし、危うく見逃しかねないケースだった。過去の事例によれば、熱水プルームはふつう海底から二〇〇～三〇〇メートル上あたりをただよっている（まれに、「メガプルーム」と呼ぶ一時的な大規模プルームが見えることもあるが、それでも海底から立ちのぼる高さは一〇〇〇メートル程度である）。インド洋中央海嶺の中軸谷は水深四二〇〇メートルなので、この海底から熱水プルームが立ちのぼるとすれば、いかに大プルームとて水深三〇〇〇メートルより浅いところまで上昇することはあるまいと予測していた。ところが、熱水プルームはなんと水深二二〇〇～二三〇〇メートルのところにあった。

かけだしの大学院生のころ、「測定中は、何があってもけっしてデータから目を離すなよ！　何が起こるかわからんのだから」とよく叱られた。その記憶がかろうじてのこっていたおかげで、〝大漁〟を逸さずにすんだ。「こんな浅いところにあるわけがない」とディスプレーから目を離して遊んでいたら、それまでだった。

この透過度異常層から採取した海水には、高い濃度でメタン（CH_4）やマンガン（Mn）がふくまれており、すぐに熱水プルームにまちがいないことが確認された。ついに海底温泉の尻尾をつかんだのだ！

4　熱水プルームの源にせまっていく

熱水プルームが見つかった測点6は中央インド洋海嶺中軸谷のいちばん底にあり、両側はゆるやかな斜面である。プルームが直下の海底から二〇〇〇メートルも立ちのぼるとは考えにくい。しかし、もし斜面の上のほう（たとえば水深二五〇〇メートルあたり）に熱水噴出口があり、そこから出た熱水プルームが横方向にただよってきたのだとすれば、水深二二〇〇―二三〇〇メートルにプルームがあってもおかしくはない。

この仮説をたしかめるために、斜面の上側に向かって熱水プルームを追跡してみることにした。

ここで、とっておきの奥の手を使う。「Ｔｏｗ―Ｙｏ（トーヨー）」法と呼ばれる観測手法だ。図４に示すように、研究船から観測装置を曳航（ｔｏｗ）したまま船をゆっくり一方向に移動させ、装置をヨーヨー（ｙｏ―ｙｏ）のように上げたり下げたりするのである。装置は水中でジグザグのパターンを描き、きわめて短時間のうちに熱水プルームの広がるようすを断面図として描くことができる。

予想は的中し、熱水プルームが測点６の東側斜面の上へ上へとつづいていることがあきらかになった。Ｔｏｗ―Ｙｏ中に強い透過度異常が見つかると海水を採取し、メタンとマンガンを分析した。これらの化学成分は熱水プルームの広がりとともに希釈され、濃度が減少していくが、メタンは微生物による分解が加わるので、マンガンよりも減りかたがはやい。つまり、若い（熱水噴出域に近い）熱水

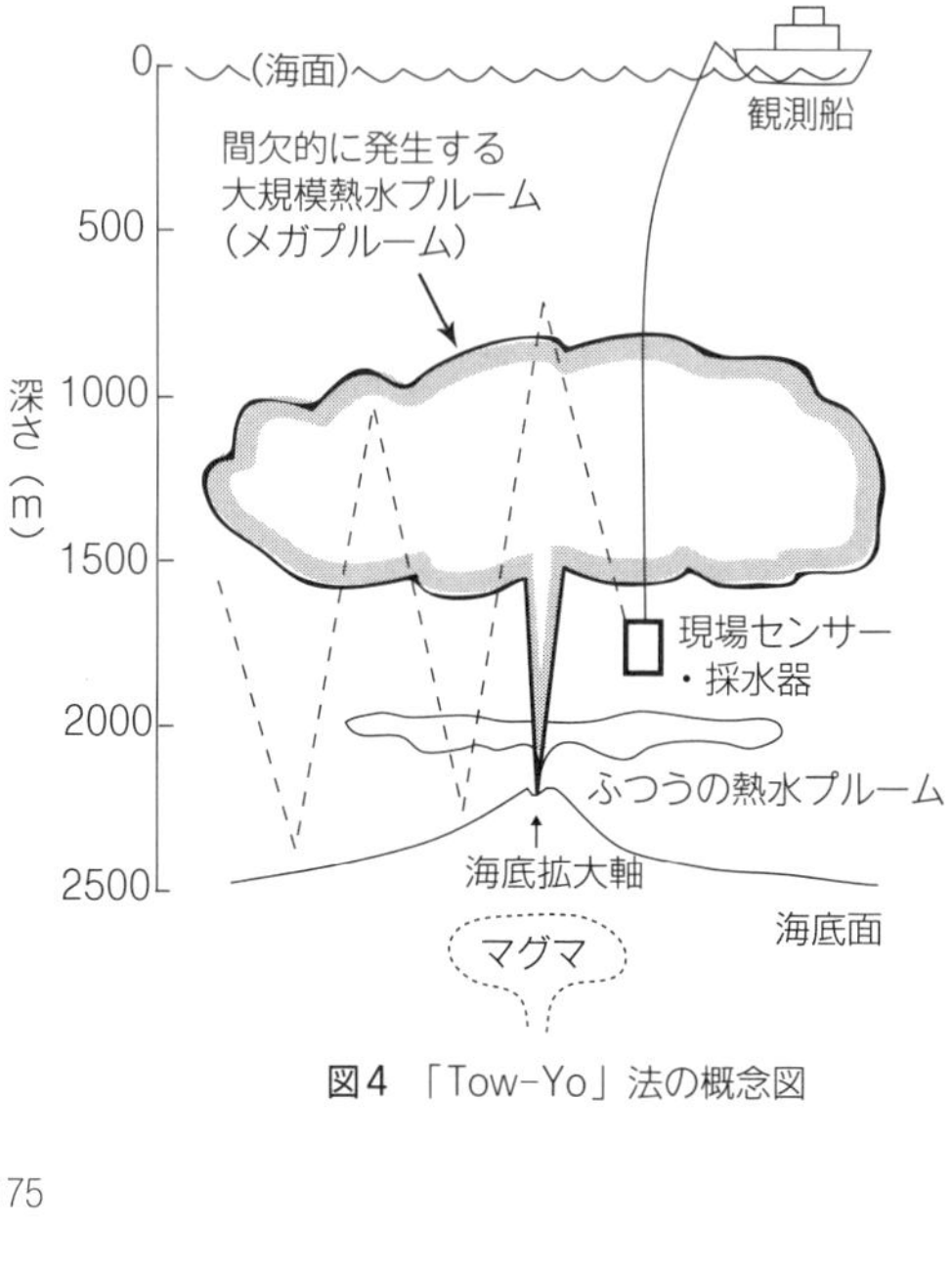

図４　「Tow-Yo」法の概念図

プルームほど、メタン／マンガン比が大きくなる。分析データを海底地形図の上に落としてみると（図５）、斜面を東方向に登るほど熱水プルームは若いことがわかった。どうやら、斜面を登りきったところにある小さな海丘のあたりに、海底温泉はあるらしい。

5　潜水船で海底を直接探査

海底温泉の場所をここまで絞りこめれば、研究船による予備調査はほぼ終了だ。次は潜水船の出番である。わが国では、国立研究開発法人海洋研究開発機構（ＪＡＭＳＴＥＣ）が、海洋研究のためにいくつかの潜水船を運航している。

潜水船には、人が乗るものと乗らないものの二通りがある。前者を「有人潜水船」と呼び、わが国では「しんかい６５００」（その名のとおり、深さ六五〇〇メートルまで潜ることができる）が世界の海で活躍している。研究者一名とパイロット二名が、直径二メートルの球状の耐圧殻《たいあつこく》（コックピット）に乗りこむ。海底をある程度自由に動きまわりながら、肉眼で海底を観察して試料を採取する。

人が乗らない潜水船は無人探査機とも呼ばれ、三〇〇〇メートルまで潜れる「ハイパードルフィン」、七〇〇〇メートルまで潜れる「かいこう７０００マークⅣ」などが知名度

しんかい6500
一九八九年に竣工。パイロットふたりと研究者ひとりが乗船できる。支援船「よこすか」を母船として、深海底の地質・生物などの探査に活用されている。

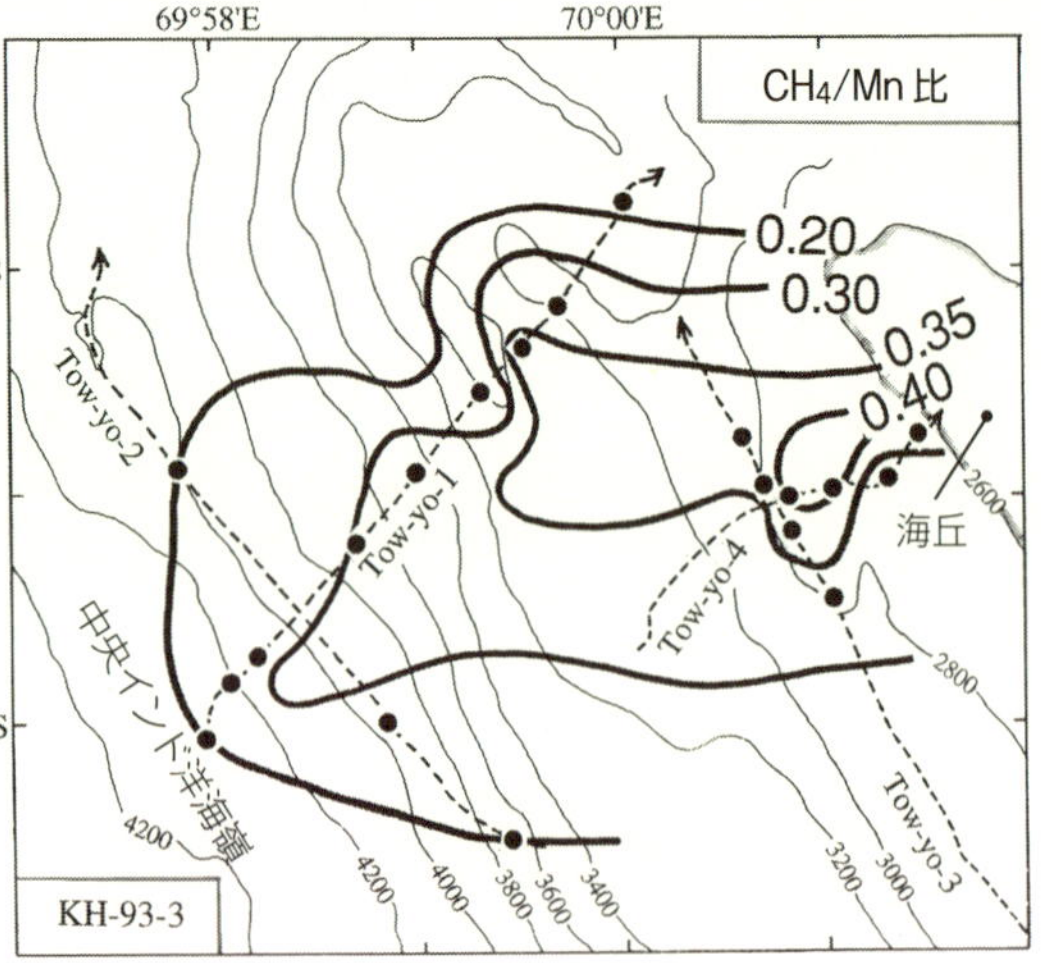

図5　メタン／マンガン比からみた熱水プルームの広がり

が高い。これらの無人機は、丈夫な光ファイバーケーブルで母船とつながっており、着底した探査機を船上から遠隔操作する。高性能ビデオカメラによる映像を見ながら、さまざまな海底作業をおこなうことができる。

白鳳丸航海から五年後の一九九八年、わたしたちの研究グループはインド洋ではじめての「しんかい６５００」航海に参加した。当初の予定にはなかったが、航海中に潜航計画の変更があり、白鳳丸航海で絞りこんだ図５の右端にある小さな海丘で二回の潜航が実施された。

インド洋ではじめての海底熱水系が見つかるかもしれない！　まさに降ってわいたビッグチャンスに、血わき肉おどる気持ちになる。一回目の潜航では見つからなかった。しかし、芯から楽天的な性格のわたしは、きっと見つかると信じて、二回目の「しんかい６５００」潜航に乗船した。

最初の斜面をあがる。見つからず。北側の斜面を見る。見つからず。もう一度南にもどって尾根の部分を見る。見つからず。さらに南にさがり、再び斜面をあがる。見つからず。西側へ移動する。見つからず。のこり時間はあとわずかだ。最後に海丘の頂上をめざすも、登りきれないうちに、潜航時間がつきた。「しんかい６５００」はバラスト（浮力調整用の錘《おもり》）を落として浮上を開始した。疲労困憊に、しばし頭の中が真っ白になる。

冒険小説なら、最後の最後に劇的に見つかって大団円となるところだが、現実はそうはいかない。残念ながら、世界初のインド洋熱水系の発見はおあずけとなった。

しかし浮上中に「しんかい６５００」が観測した透過度異常は、これまででもっとも

ハイパードルフィン
一九九九年にカナダで製造された。超高感度ハイビジョンカメラ、二基のロボットアームなどを装備している。

かいこう７０００マークⅣ
二〇〇三年に海没した「かいこう」にかわってべつの七〇〇〇メートル級無人探査機があとを引き継いできたが、現在では四代目にあたる「かいこう７０００マークⅣ」（二〇一二年完成）が運用されている。

強いものであった。あとわずかのところまで肉薄したのはたしかだった。もうひと息だ。

そして二年後の二〇〇〇年八月、今度は無人探査機「かいこう」（写真4）による潜航調査がおなじ海域で実施されることになった。わたしは「今度こそ」の思いで、西オーストラリアのポートヘッドランドから母船「かいれい」に乗船した。

現場海域に向けてインド洋を西へ西へと進みながら、いろいろなことを考える。海底温泉はきっと見つかる。見つかったら採水して温泉水の化学的性質をくわしく調べたい。しかし、深海底での温泉水採取はけっこうむずかしい。まわりにある大量の海水とすぐに混じって薄められてしまうためだ。白鳳丸で使用したようなニスキン採水器ではまったく役に立たない。まだ海水にふれていないピュアな熱水を、噴出口から強制的に吸いだせる採水器が必要だった。

米国ではチタン製の注射器型採水器がすでに開発されており、潜水船「アルビン号」が熱水の採取に活用していた。これが転用できそうだと思いつき、「かいこう」の二本のロボットアームであつかえるように改造した。この航海に先立つべつの「かいこう」航海（マリアナ海溝で実施）でテスト使用し、問題なく作動することを確かめてあった。

首席研究員の橋本惇博士（海洋研究開発機構）は、「かいこう」を潜航させるまえに、なお慎重を期して、べつの小型の探査機「ディープ・トウ」を用いて事前調査をくり返し、海底温泉のありそうな場所をさらに絞りこんでいた。

写真4　無人探査機「かいこう」

かいこう
一九九五年に完成した一万メートル級の無人探査機。同年、マリアナ海溝の一万九一一メートルの海底に到達。五台のテレビカメラ、二基のロボットアームを装備し、高度な海底作業に威力を発揮したが、二〇〇三年にケーブルの破断によって亡失した。

ディープ・トウ
自走能力はなく、ケーブルの先端にとりつけて、海底付近を低速で曳航する。目的に応じて、カメラ、ソナー、採水器などを搭載することができる。

そしていよいよ、「かいこう」の潜航する日がやってきた。

6　大事故発生！　もうこれまでか……

当日の朝八時、母船「かいれい」船上に張りつめた空気がただよう。固縛が解かれて「かいこう」を乗せた台車が、格納庫から後部甲板へと移動しはじめた。ところが、その動きはすぐにとまってしまった。

「おや?」と思うまもなく、「かいこう」運航チームや乗組員が慌ただしく整備場のほうにかけだしていくのが見えた。たいへんなことが起こっていた。「かいこう」をつるケーブルをとりまわすための水平シーブ（滑車）のひとつの根本がはずれ、無残に傾いている。これではケーブルをくりだすことができない。ケーブルをくりだせなければ、「かいこう」はもちろん潜航できない。

急遽、研究者に召集がかかった。橋本首席が悲痛な表情で開口一番、「最悪の事態です。本航海で『かいこう』は使用できないでしょう」。研究者のだれもが、「これで一巻の終わりだ」と思った。

次のチャンスはいつめぐってくるだろうか。日本から遠く離れたインド洋にいる現実が、急に意識されてくる。予定をはやめて帰国することになるのだろうか、モーリシャスからの航空券の変更は可能なのだろうか……。

ところが、こんな早まった妄想をよそに、「かいれい」の石田船長・田淵機関長以下乗組員はけっして諦めず、事態の解決に向けて冷静に対処した。そして、その日の深夜までに、損傷箇所をみごと溶接修理してくださったのだ。

「これで、潜航に問題ありません」

船長のことばを聞いたとき、わたしたちは、この画に描いたような急転直下、起死回生の成り行きに、夢を見ているような心地がした。

7　インド洋初の海底温泉をついに発見

翌日は海況悪化のため潜航中止。しかし、翌々日の二〇〇〇年八月二五日、「かいこう」は無事インド洋の深海底に潜航し、水深二四五〇メートルの海丘斜面上で、インド洋初の熱水活動（海底温泉）を発見した。

その瞬間は、いまでもよく覚えている。

静まりかえった「かいこう」総合指揮室の中で、「かいこう」チームと研究者数名が、固唾をのんでプラズマ・ディスプレーに映しだされる海底の伝送画像を見つめている。潜航長の平田さんが突然、「水が濁っとる！」と、わたしの背中をつついた。

「マリアナのときとおなじや。こりゃ、近くにあるで！」

全員の視線が、ディスプレーに釘づけとなる。画面は暗く、はっきりしない。しかし、強いライトの光に照らされた部分だけ細かい粒子がただよい舞っているようにも見える。濁りの源はどこにあるのか。目をこらすと、白っぽい、柱のような形が浮かびあがってきた。そして、その先端から、ゆらゆらと……。「あ、チムニーだ！」だれかが叫ぶ。輪郭がはっきりしてきた。まちがいない。先端から、勢いよく熱水を噴きだすチムニーだ。

それは、「もくもく」と形容するしかない、典型的なブラックスモーカーだった。チムニーの側面からも、いく筋もの黒煙が吹きあがっている。近づいてみてわかったが、白く見えたのは、チムニーをすきまなくおおう白っぽいエビのためだった。以前、大西洋のTAG熱水域で見たことのある、目のないエビ（リミカリス）に似ているようだ。

「かいこう」がさらに前進し、斜面をくだる。前面に数本の大きなチムニーが、さらに激しく煙を吐いているのが見えた。わたしはこの日は写真係で、シャッター切りのためディスプレーの真正面に陣どっていたので、もっともいいシーンを堪能することができた。カメラにめいっぱいズームをかけると、チムニーを満遍なくおおうエビの一匹一匹がくっきり見える。ほかに、カニ、巻き貝、イソギンチャク、ゲンゲなど多彩な生物群が、圧倒的な迫力でせまってくる。

総合指揮室は「やった、やった」のどよめきであふれかえる。橋本首席と握手。船長はわたしと記念写真。さながらお祭りさわぎだ。田淵機関長は画像をしみじみとながめ、「こんなになっとるのか。はじめて見たア」と感嘆のようす。「機関長が水平シーブを溶接してくださったおかげですよ」と、わたしは破顔でふりむく。いつのまにか、ほとんどの研究者が総合指揮室に集まっていた。

「かいこう」操縦者がばつぐんの腕前を発揮し、ロボットアームをスムーズに動かして、熱水の噴きだし口にメモリー式水温計をさし入れる（169ページ写真1の②）。熱水の温度は三六〇℃に達することがあとでわかった。インド洋にふさわしい本格的な熱水だ。しかし、これだけではわたしたちの仕事は終わらない。なんとしても、この熱水の化学的性質を知りたい。そのためには、熱水そのものを採取しなければならない。

翌日はまたも海況不良で潜航中止となり、やきもきしたが、翌々日の潜航で待望の熱水を採取するチャンスがめぐってきた。「かいこう」の左ロボットアームが採水器をしっかりと保持して熱水吸入管を熱水噴きだし口にさし入れ、右ロボットアームが採水器を作動させた（写真5）。強力なバネの力で採水器のピストンが引きだされ、熱水試料が吸いこまれていく。「かいこう」がもどってくると、金塊よりもたいせつな採水器をしっかりかかえて船内実験室に運ぶ。バルブを開けると、強い硫化水素臭、温泉の匂いが室内に充満した。純度の高い、透明の熱水がうまく採取できた。さっそくpHを分析してみると、三・四〜三・八という酸性を示した。これまでに太平洋や大西洋の中央海嶺系の熱水で観測されているpH値にほぼ等しい。陸上でおこなう本格的な化学分析のために、熱水試料をさまざまな容器に慎重に小分けして、保存した。

母船「かいれい」の名前をとって、この海底温泉は「Ｋａｉｒｅｉ Ｆｉｅｌｄ（かいれいフィールド）」と名づけられた。

帰国後、これらの試料が多くの専門家によってくわしく化学分析され、インド洋中央海嶺の熱水の化学組成が世界ではじめてあきらかになり、国際誌に論文が掲載された。七年越しのフィールド調査は、大成功のうちに一件落着となった。

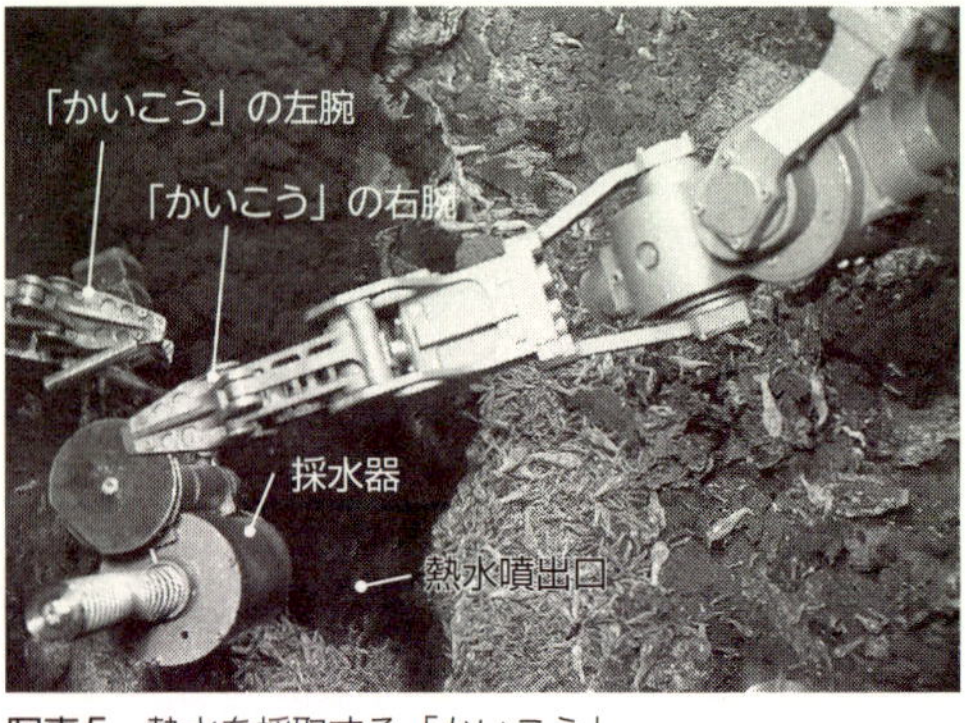

写真5　熱水を採取する「かいこう」

おわりに

広大な海底のごく限られた場所にしか存在しない海底温泉を見つけ、化学的性質をあきらかにするフィールド調査の実例を紹介した。広い海域を走りまわって熱水プルームの分布情報を収集できる高速の研究船と、深海底の狭いエリアを歩きまわるように探査できる潜水船の両方をうまくくふうして使いわけていくところに、調査の醍醐味があるといえそうである。

わたしたちがＫａｉｒｅｉ Ｆｉｅｌｄを発見してわずか半年後、米国の調査グループが同様の海底調査をおこない、Ｋａｉｒｅｉ Ｆｉｅｌｄの北方約一六〇キロにおいて、べつの熱水噴出域「Ｅｄｍｏｎｄ Ｆｉｅｌｄ（エドモンドフィールド）」を発見した。これら近接するふたつの熱水域は、それぞれ化学的性質が大きく異なっていたことから、比較研究の対象としても多くの熱水研究者の興味をひき、その後、毎年のように有人潜水船や無人潜水船を用いた調査研究がつづけられている。

白鳳丸によるべつの調査航海が、インド洋で二〇〇六年に実施されたことにすこしだけふれておきたい。東京大学海洋研究所の玉木教授が、一九九三年の航海に引きつづき主席研究員として、中央インド洋海嶺をかいれいフィールドから北方へ約八〇〇キロ離れた場所の海底拡大軸を調査した。

この航海で特筆すべきことは、わが国ではじめて、自律型水中ロボットが海底熱水探査に活用されたことである。自律型水中ロボットは、先に述べた無人探査機のカテゴリーに属するが、「ハイパードルフィン」や「かいこう」が母船とケーブルで接続されているのとは異なり、ケーブルによる拘束を受けず、自律的に水中を泳ぎまわることができる。東京大学生産技術研究所の浦環《うらたまき》教授（当時）の開発した四〇〇〇メートル級ロボット「r2D4《アール・ツー・ディー・フォー》」（写真6）の活躍によって、新たな海底熱水活動の兆候が見つかり、広域にわたってくわしくデータが取得された。あたらしい技術の進歩がフィールド科学をさらに前進させた好例といえよう。

写真6　自律型ロボットr2D4を白鳳丸に揚収しているところ

　ところで、深海底の温泉は、陸上の温泉とちがい、残念ながらわたしたち人間がくつろいで楽しめる場所ではない。しかし、写真（169ページ写真1の②③および182ページの写真5）にも示したように、おびただしい数のエビ、カニ、巻き貝などの動物が海底温泉に集まっている。いったい海底温泉の何が、これら熱水生物群をひきつけるのだろうか。じつは、彼らのお目当ては、熱水中にふくまれている硫化水素やメタンといった化学物質である。これら還元的な化学物質からエネルギーをとりだし、太陽エネルギーの恩恵のまったくない暗黒の深海底でも有機物（つまり食物）を合成することのできる微生物（化学合成細菌）がいる。先に述べた熱水生物群は、化学合成細菌と共存することによって生命活動を維持し、次の世代への命をつないでいるのだ。

　地上にすみ、太陽エネルギーに依存するわたしたちとは基本的に異なる生存戦略が、そこにある。しかし、地球の歴史をはるかにさかのぼれば、地球上に最初に誕生した生命、すなわちわたしたちの遠い祖先は、海底の熱水活動域で育まれたとの説が有力である。もしそうであれば、暗黒の深海底にこそ、わたしたちの遺伝子の源があるのかもしれない。そのような原始時代の地球環境を垣間見ること、これはフィールド科学でしか味わえない感動の瞬間といえるだろう。

蒲生俊敬（がもう・としたか）

大学院に進学後、外洋の海をフィールドとする研究を四〇年以上つづけている。その一年めに小さな研究船で野島崎沖の太平洋へ乗りだした。晩秋の海はうねりが大きく、無我夢中で海水試料の採取や化学分析にとり組み、船酔いとも向きあう。現在、一六〇〇日以上の乗船経験を経て、船酔いをやりすごす術を身につけた。深海潜水船にも一五回乗船した。表面にあるときの潜水船は木の葉のように波に翻弄されるが、海面下に沈めばうそのように静かな世界が、はるか何千メートル下までつづくのに感動した。

＊　＊　＊

■わたしの研究に衝撃をあたえた一冊『地球の科学　大陸は移動する』

高校卒業間際の三月、受験勉強からしばし解放された自由を謳歌しながらぶらついた書店で、偶然目にとまった本。プレートテクトニクスというあたらしいパラダイムの誕生にいたる波瀾万丈が、きわめてわかりやすく、かつ生き生きと記述されており、血わき肉おどる思いで読み終えた記憶がある。高校で学んだ地学とはまったく異なる世界がそこにあった。「地球のことをもっと知りたい」と痛切に感じたこの瞬間が、その後の研究人生の原点になったように思う。

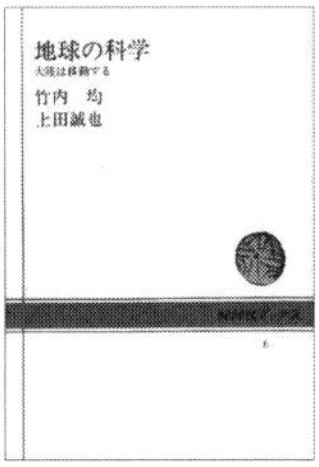

竹内均・上田誠也著
NHKブックス6
一九六四年

ニホンウナギの大回遊を追いかける

——青山 潤

多くの生物が旅をする。単なる〝移動〟ではなく、遺伝子に組みこまれた、本質的な〝旅〟である。海洋生物の場合、それは「回遊（Migration）」と呼ばれる。種によっては、地球儀でたどらなければ全体像が理解できないほど壮大な旅である。しかし、このロマンあふれる生命現象のメカニズムや進化過程は、いまだほとんどあきらかになっていない。

わたしはこれまで、世界に生息するウナギ属魚類を対象に研究をおこなってきた。ウナギといえば、川底の岩の下からとぼけた顔をのぞかせている印象がある。一般に淡水魚と考えられがちなウナギだが、じつは、はるか外洋で産卵する「降河《こうか》回遊魚《かいゆうぎょ》」である（図1）。そして、彼らの壮大な旅の多くは、いまだ謎につつまれたままである。

一九九〇年代初頭、ニホンウナギの産卵場がグアム島の南西海域

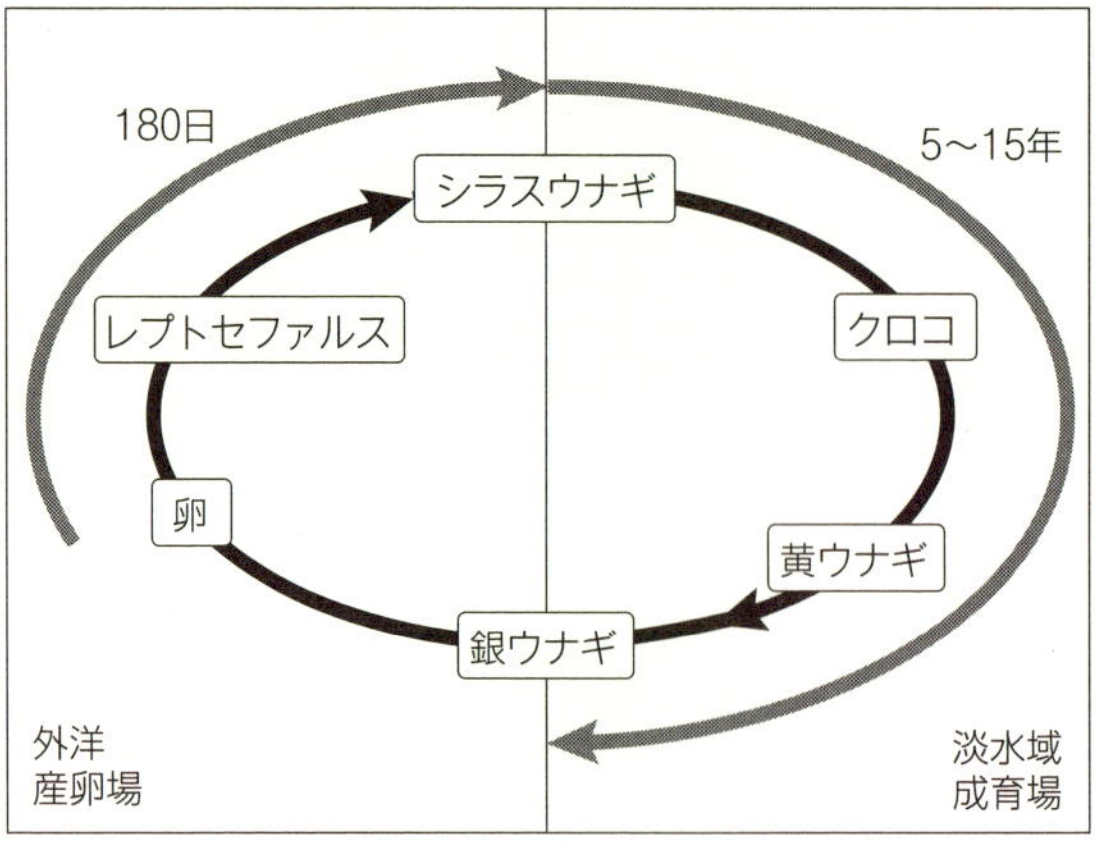

図1　ウナギの回遊

にあることがあきらかになった[1]。ここでふ化したウナギは「レプトセファルス」という透明な柳の葉のような浮遊幼生となって、およそ半年ものあいだゆっくりと海流に流されながら、東アジアの沖合へとやってくる。そこで親とおなじ形の「シラスウナギ」に姿を変え、淡水を求めて沿岸、河口域へ来遊するのだ。

生育場となる河川や湖沼にたどり着いたウナギは、「クロコ」を経て「黄ウナギ」となり、五年から一五年ほどかけてゆっくり生長する。やがて成熟がはじまると、ギラギラ輝く皮膚をもつ「銀ウナギ」へと姿を変え、生涯でたった一度の命をつなぐ旅——産卵回遊——のために、太平洋へのりだしていく。

そんなウナギの生活圏全域をフィールドとして、すでに二〇年以上の歳月がすぎた。「なぜ、彼らは数千キロも旅をするのか?」という本質的な疑問にたいする答えも、おぼろげながら見えてきたように思う[2]。

これまでに得られた学術的成果については、科学論文や書籍、マスコミなどで広く世間に公表するよう努力してきたつもりである。しかし、こうした成果を追い求める過程、すなわち研究の現場には、またひと味ちがうおもしろさがある。

いまのところ、こうした研究の魅力を広く皆さんに知っていただく機会は残念ながらすくない。しかし、科学的成果だけでなく、この過程があってこそ、真の研究活動のおもしろさを味わえるのだと思う。

そこで、ここからはがらりと趣を変えて、蒲焼きとしてなじみ深いニホンウナギを例に、わたしをとらえて離さないフィールドサイエンスの魅力をあますことなく伝えることに挑んでみたい。

降河回遊魚
河川など淡水域で成長し、海で産卵する魚。

1 ウナギを追いかける

ピッコン、ピッコン、ピッコン。

晩秋の徳島県阿南市、福井川河口。昼間は目に鮮やかだった紅葉も、いまはひっそりと眠りについている。遠く波音の響く暗闇に、間抜けな電子音だけが響きわたっていた。

音の源は、ウナギの背中にとりつけた小型の超音波発信器である。船外機つきのボートに乗ったわれわれ東京大学大気海洋研究所の三名は、手元の受信機から聞こえる音をたよりに、ウナギの移動のようすを調べている。陸上生物とちがって直接行動を観察することができない水中生物では、こうした遠隔測定法(「バイオテレメトリー」と呼ばれる)が広く用いられている。

川面から湧きあがった濃い霧が、最低気温に達した夜明け前の冷気を押しあげる。垂れ落ちんとする鼻水をすすりあげながら、つぶやく。

「ほんとに大丈夫なのかな? 死んでるとかいう〝落ち〟だけは避けたいんですけど……」

仲間たちと顔を見合わせた。どの顔にも、睡眠不足と寒さによる疲労の色が浮かんでいる。

「音の調子やくる方向が微妙に変化しているんで、すこしは動いているんだと思います」

われわれのボートは、もう三日以上も錨《いかり》を打ったままおなじ場所に浮かんでいた。なぜなら、ウナギが動かないのである。放流した場所から数百メートルほど泳いだのち、ピタリと動きをとめたままだった。黙りこんだ船外機のエンジンは冷えきり、さわると思わず身ぶるいするほどだった。

いつきてもおなじ場所に浮かんでいるボートに、難民よろしく疲れきった小汚い男たちがへたりこんでいる。

これが漁師の興味をひかぬはずはなかった。漁場へ向かう一隻の小型ボートが近づいてきた。

「なにしょん？」

「発信器をつけたウナギを追いかけてるんですけど……」

「んなこといっても、あんたらずっとそこにおるやないか」

「はぁ、ウナギが動かないんです」

「死んどんちゃう？」

「ハハハッ。その可能性を否定できないのが、苦しいところです。死なないまでも、弱っちゃってるとか、発信器が何かにひっかかって動けないとか……。あっ、ウナギから脱落してるって可能性もありますね」

「あんたら、いったい何がしたいん？」

そのとおりである。この時点では、追いかけているモノの正体すら定かではないのだから。しかし、まちがいのないことはただひとつ。われわれは、なんとしてもウ

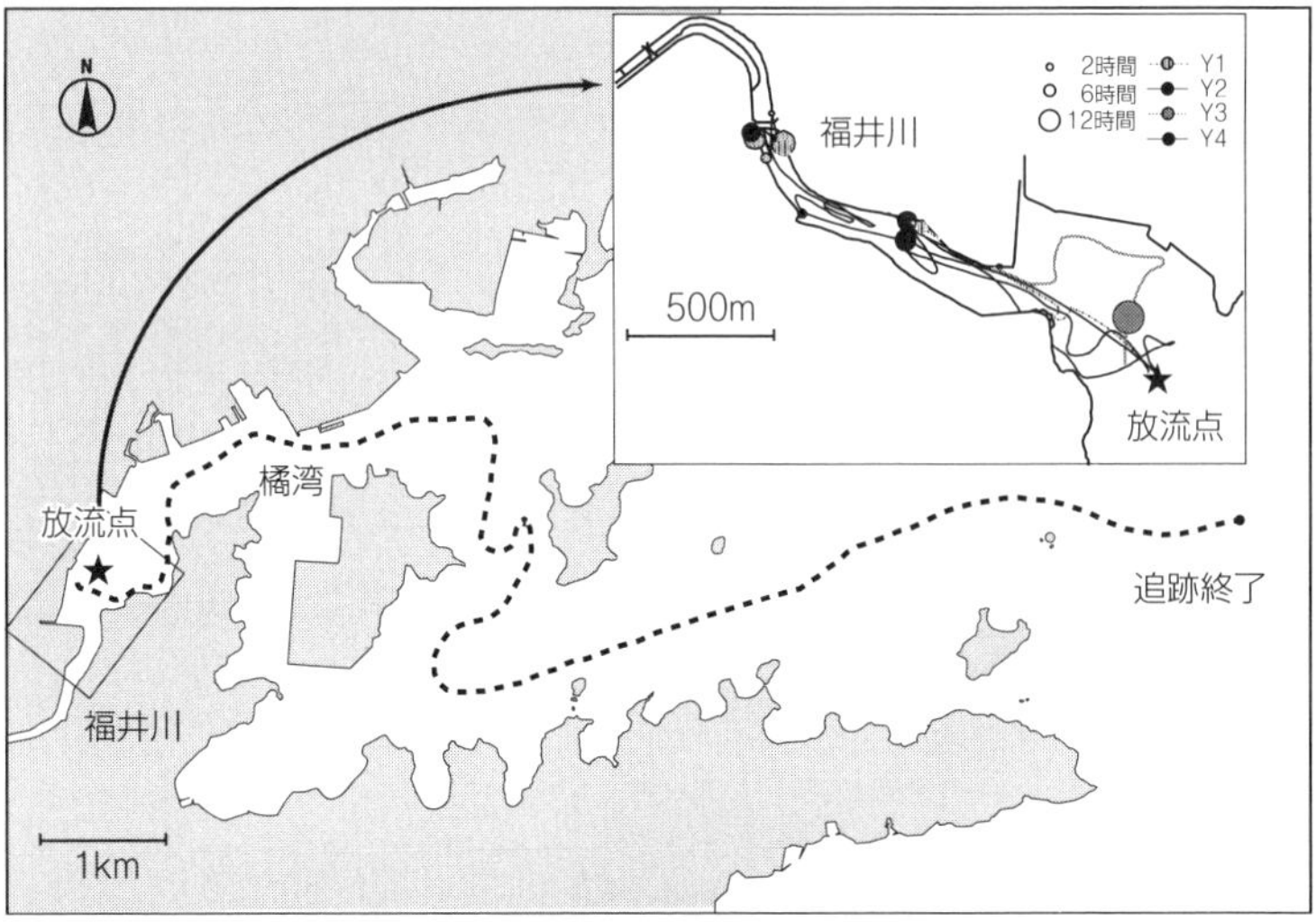

図2　福井川河口でのウナギの追跡調査。約3週間におよぶ追跡調査の結果、黄ウナギは夜間に河川内の決まった場所間をわずかに行き来するだけなのにたいして、銀ウナギは放流後ただちに外洋へ泳ぎさったことがわかった

ナギの旅について知りたいのである[3][4]（前ページ図2）。

河川を離れたウナギがどのように産卵場まで泳いでいくのか、いまだほとんどあきらかになっていない。いま、われわれにできる直接的な観察は、バイオテレメトリーによるものしかない。時には前述のような迷路に迷いこむこともある。しんどいし、すべてが無駄に終わるかもしれない。だからといって、何もしなければ何もわからないのである。超音波のみならず、電波や人工衛星を用いた発信器を使って、世界中の研究者がこの謎に挑みつづけている。

2　産卵場をつきとめる！

遠く日本付近を北上中の台風の影響だろう、見わたす限りどこまでも青い海は、波長の長いうねりに揺れていた。太平洋の真ん中、グアム島の西およそ二〇〇キロに浮かぶ全長一〇〇メートル、五層の甲板からなる大型学術研究船白鳳丸は、巨大な入道雲に押しあげられた青い空の下をゆっくりと進んでいる（写真1）。

四〇〇〇トンの巨大な船体が押しわける透きとおった海水が、真っ白い泡をのみこんで飛沫をあげている。船上のわたしは、Tシャツの袖口で額の汗を拭い、ギラギラと照りつける熱帯の陽光に目を細めた。

プランクトンネットの投入作業がはじまろうとしている後部甲板では、お揃

写真1　学術研究船「白鳳丸」

いのライフジャケットに身をつつんで白いヘルメットをかぶった白鳳丸乗組員とオレンジ色のヘルメットの研究者たちがいそがしくたち働いている（写真2）。

「ウィンチ、まきこみ」

船内各所のスピーカーから作業を統括する航海士の声が響くと、船の中心部にすえつけられた巨大なウィンチがゆっくりと回転をはじめた。ウィンチにまきとられたワイヤーは、後部甲板の上空をとおり、船尾にそびえ立つ高さ一〇メートルほどの起倒式《きとうしき》フレームの滑車を経由して、プランクトンネットに連結されている。

観測に用いているのは、直径三メートル、重さ一四〇キロのステンレス製リングに、長さ一五メートルのネットをとりつけた、通称「ビッグフィッシュ」と呼ぶ大型プランクトンネットである。網地の目合いは、わずか〇・五ミリだ。

ワイヤーによってつりあげられたビッグフィッシュが、きしみをあげながら甲板から浮きあがる。研究者たちがタイミングをはかり、長いネットをじょじょに海へ投入していく。ゆっくりと移動する白鳳丸に置き去りにされたネットは、ギラギラと輝く深い海にのみこまれていった。

そんな光景を見つめるわたしたちの思いはただひとつ、この見わたす限りの広大な海のど真ん中でウナギを見つけることだった。昨年の秋、河口を旅立ったウナギは、まちがいなくこの海域にやってきて、産卵――次の世代へ命をつないでいるはずだった。

写真2　プランクトンネットの回収作業

一九九二年、東京大学海洋研究所（現・東京大学大気海洋研究所）の塚本勝巳教授率いる研究グループは、ウナギの産卵場がマリアナ諸島の西方海域にあることをあきらかにした。しかしながら、これはふ化後二週間以上経過した仔魚《しぎょ》（レプトセファルス）から推定したものであり、いまだ産卵中の親ウナギや卵、ふ化したばかりの仔魚は、一度も見つかっていない。すなわち、厳密な意味ではニホンウナギの産卵場はまだ特定されていないのである。これでは腹の虫のおさまらない塚本教授は、一九七〇年代から海洋研究所がおこなってきた産卵場調査の結果をまとめてこういい放った。

「ウナギは、新月の夜、マリアナの海山付近で産卵する」

なんともロマンチックなこの仮説の裏には、ニホンウナギの生態や進化の道筋を考慮した深い考察がある(5)(6)。いっぽうで、部外者が鬼の首でもとったように指摘する例外や細かい定義などは、いっさいふくめない。くだらぬことにはこだわらず、あくまでも美しくひとつの生命現象を表現しようとした例を、わたしはほかに知らない。やはり一流の海洋生物学者はひと味ちがうと、唸るしかない。

さて、ウナギの産卵盛期である夏の新月、西マリアナ海嶺付近。産卵場調査航海では、海流や海底のようすを調べながら、ウナギの子どもや卵を採集するため、ただひたすら大型プランクトンネットによる観測をくり返す。観測作業は二四時間不眠不休でつづけられ、長いときには、これが一か月、二か月とつづく。

「青山さん、ちょっと休んでくださいよ。しばらく出ずっぱりじゃないですか」

この航海の現場監督であるわたしを補佐する後輩が声をかけてくれた。

思えば、ここのところ船室のベッドで横になって寝た記憶がない。そういう彼の顔も、睡眠不足のためかすこしむくんで見えた。

全国の大学から集まった二四人の研究者は、三つの班にわかれ、それぞれ八時間ずつ作業をおこなうワッチ体制をとっていた。しかし、ウナギの卵が採集された場合や、プランクトンネットの破損、さらには台風の発生など突発的な事態に対応するため、現場監督であるわれわれは、自分の班だけを担当すればいいというわけではなかった。

「ありがとう。じゃあ、俺は次の測点まで休ませてもらおうかな。久しぶりにシャワーも浴びたいし」

「そうしてください。そのあとで、ぼくと交代してくださいよ」

何日ぶりかのシャワーは、体にこびりついた汗と塩ばかりでなく、張りつめていた気持ちまでも洗い流してくれるようだった。

「ふぅー」

大きく安堵のため息をついて、窮屈なベッドに横になった。うねりにのって右へ左へ、大きく揺れる巨大なゆりかごのなかで、わたしはいつしか深い眠りに落ちていた。

「青山さーん、ついにきましたよ！」

そんな大声を聞いたような気がするのだが、目を覚ましても、あたりに人気はない。すぐに作業着に着替えて研究室へと急いだ。

研究船の居室スペースと作業区画を仕切る重い扉を開けると、そこには異様な緊張と熱気がただよっていた。

「いました、いました！」

「こっちも出ました！」

「これはどうですかぁ？」

「ぜんぶ写真を撮るから、そこの冷やした海水に漬けておけ！」

どうやら、ふ化したばかりのウナギの子どもらしいものが大量に採集されたようだ。採集したサンプルは小さな透明の容器にうつし、デスクライトにかざして卵やレプトセファルスを選別する（このような作業を「ソーティング」という）。このときは、本来なら休息中のはずの研究者が作業に混ざっていた。


もしほんとうにウナギが採集されたのならば、当然、世界初の快挙である。形態的特徴を観察するために顕微鏡にとりつけられたモニターのなかには、まだ目も口もできていない体長五ミリほどの細長い前期仔魚（プレレプトセファルス）が映しだされていた。しかし、だれも見たことのないウナギのプレレプトセファルスである。姿かたちだけではどうにも判断のしようがない。そのとき、正確に種類を判定するため研究船上にもちこんだ遺伝子解析装置にとりついていた学生が叫んだ。

「結果が出ました。まちがいありません。ニホンウナギです！」

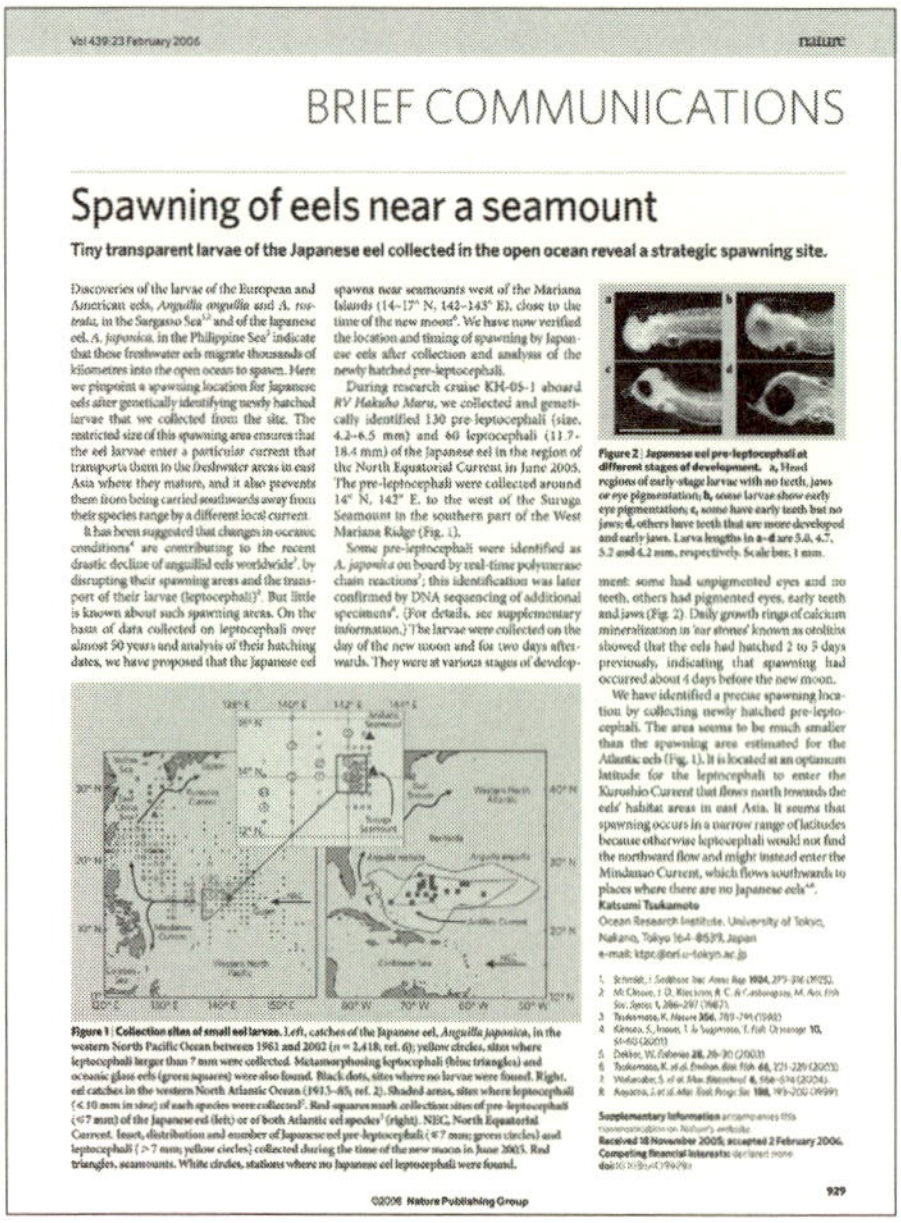
Vol 439|23 February 2006 nature

BRIEF COMMUNICATIONS

Spawning of eels near a seamount

Tiny transparent larvae of the Japanese eel collected in the open ocean reveal a strategic spawning site.

Discoveries of the larvae of the European and American eels, *Anguilla anguilla* and *A. rostrata*, in the Sargasso Sea[1,2] and of the Japanese eel, *A. japonica*, in the Philippine Sea[3] indicate that these freshwater eels migrate thousands of kilometres into the open ocean to spawn. Here we pinpoint a spawning location for Japanese eels after genetically identifying newly hatched larvae that we collected from the site. The restricted size of this spawning area ensures that the eel larvae enter a particular current that transports them to the freshwater areas in east Asia where they mature, and it also prevents them from being carried southwards away from their species range by a different local current.

It has been suggested that changes in oceanic conditions[4] are contributing to the recent drastic decline of anguillid eels worldwide[5], by disrupting their spawning areas and the transport of their larvae (leptocephali)[3]. But little is known about such spawning areas. On the basis of data collected on leptocephali over almost 50 years and analysis of their hatching dates, we have proposed that the Japanese eel spawns near seamounts west of the Mariana Islands (14–17° N, 142–143° E), close to the time of the new moon[6]. We have now verified the location and timing of spawning by Japanese eels after collection and analysis of the newly hatched pre-leptocephali.

During research cruise KH-05-1 aboard *RV Hakuho Maru*, we collected and genetically identified 130 pre-leptocephali (size, 4.2–6.5 mm) and 60 leptocephali (11.7–18.4 mm) of the Japanese eel in the region of the North Equatorial Current in June 2005. The pre-leptocephali were collected around 14° N, 142° E, to the west of the Suruga Seamount in the southern part of the West Mariana Ridge (Fig. 1).

Some pre-leptocephali were identified as *A. japonica* on board by real-time polymerase chain reactions[7]; this identification was later confirmed by DNA sequencing of additional specimens[8]. (For details, see supplementary information.) The larvae were collected on the day of the new moon and for two days afterwards. They were at various stages of development: some had unpigmented eyes and no teeth, others had pigmented eyes, early teeth and jaws (Fig. 2). Daily growth rings of calcium mineralization in 'ear stones' known as otoliths showed that the eels had hatched 2 to 5 days previously, indicating that spawning had occurred about 4 days before the new moon.

We have identified a precise spawning location by collecting newly hatched pre-leptocephali. The area seems to be much smaller than the spawning area estimated for the Atlantic eels (Fig. 1). It is located at an optimum latitude for the leptocephali to enter the Kuroshio Current that flows north towards the eels' habitat areas in east Asia. It seems that spawning occurs in a narrow range of latitudes because otherwise leptocephali would not find the northward flow and might instead enter the Mindanao Current, which flows southwards to places where there are no Japanese eels[4,6].

Katsumi Tsukamoto
Ocean Research Institute, University of Tokyo, Nakano, Tokyo 164-8639, Japan
e-mail: ktpc@ori.u-tokyo.ac.jp

Figure 1 | Collection sites of small eel larvae. *Left*, catches of the Japanese eel, *Anguilla japonica*, in the western North Pacific Ocean between 1961 and 2002 ($n = 2,418$, ref. 6); yellow circles, sites where leptocephali larger than 7 mm were collected. Metamorphosing leptocephali (blue triangles) and oceanic glass eels (green squares) were also found. Black dots, sites where no larvae were found. Right, eel catches in the western North Atlantic Ocean (1913–85, ref. 2). Shaded areas, sites where leptocephali (< 10 mm in size) of each species were collected[2]. Red squares mark collection sites of pre-leptocephali (≤7 mm) of the Japanese eel (left) or of both Atlantic eel species[1] (right). NEC, North Equatorial Current. Inset, distribution and number of Japanese eel pre-leptocephali (≤7 mm; green circles) and leptocephali (>7 mm; yellow circles) collected during the time of the new moon in June 2005. Red triangles, seamounts. White circles, stations where no Japanese eel leptocephali were found.

Figure 2 | Japanese eel pre-leptocephali at different stages of development. **a**, Head regions of early-stage larvae with no teeth, jaws or eye pigmentation; **b**, some larvae show early eye pigmentation; **c**, some have early teeth but no jaws; **d**, others have teeth that are more developed and early jaws. Larva lengths in **a–d** are 5.0, 4.7, 5.2 and 4.2 mm, respectively. Scale bar, 1 mm.

Supplementary Information accompanies this communication on Nature's website.
Received 18 November 2005; accepted 2 February 2006.
Competing financial interests: declared none.

929

図3 「世界的な発見」を伝える雑誌「*Nature*」

これらのプレレプトセファルスがニホンウナギとおなじ遺伝子型をもっていることが確認されたのだ。二〇〇五年六月七日新月の晩、西マリアナ海嶺南部のスルガ海山付近での発見だった[7]（図3）。

このあとも、われわれは同様の調査を継続し、二〇〇九年五月二二日新月の二日前、ついに史上初となるウナギの卵を採集することにも成功している[8]（写真3）。やはり、ウナギは新月の夜、マリアナの海山付近で産卵していたのである。

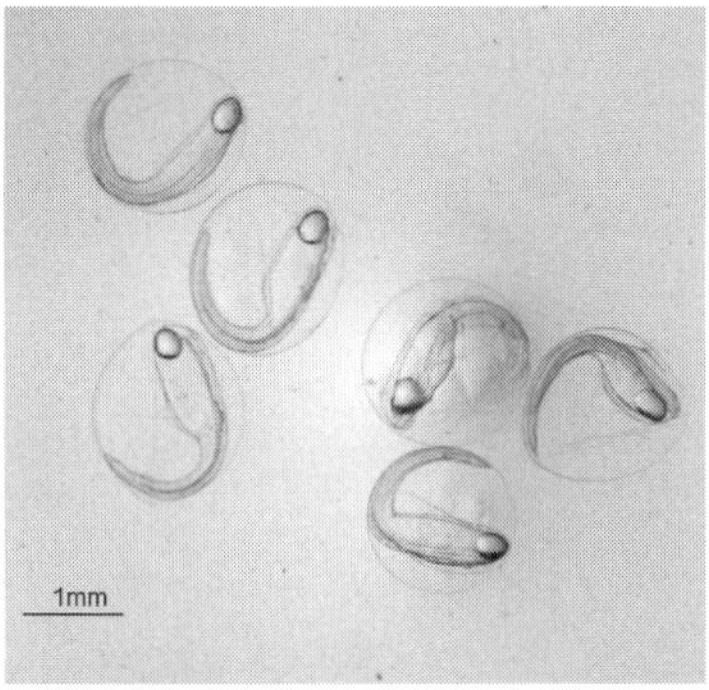

写真3　航海で採集されたニホンウナギの卵（直径1.6mm）

3　蒲焼きの未来

寒風吹きすさぶ深夜の河口に、シラスウナギ漁の灯りがずらりと並ぶ。新年あたりの新聞やテレビにしばしばとりあげられる、冬の風物詩ともいえる光景である。

ウナギといえば「養殖」のイメージが強い。しかし、マダイやヒラメなどとちがって卵から人工的に育てる技術は、ウナギではまだ十分に確立されていない。このため、現在の養鰻《ようまん》はすべて、冬に河口へ集まってきた天然のシラスウナギを採捕して人工的に育てているだけなのだ。すなわち、われわれが蒲焼きとして消費しているウナギは、一匹残らずまぎれもない「天然生まれ」なのである。

いま、このシラスウナギが激減している。一九六〇年代、わが国だけで二〇〇トン以上

シラスウナギが激減している
環境省のレッドリストでは、二〇一三年にニホンウナギを「情報不足」から「絶滅危惧ⅠB類」へカテゴリーの変更をおこなった。また、IUCN（国際自然保護連合）は絶滅する危険性が高い「絶滅危惧種」に指定し、二〇一四年にレッドリストに掲載した。

あったシラスウナギの漁獲量は、現在では五トンほどにまで減っている。しかし、これはあくまで漁業のデータである。そこにはまず、規則によって定められたシラスウナギの採捕期間、すなわち漁期がある。また、相場や漁向きによって採捕の努力も変動する。加えて、絶対に表に出ない密漁が横行していることは周知の事実である。こうした事情をかんがみれば、そもそもシラスウナギの漁獲量が、地球上に生息するニホンウナギの資源状態をどれほど正確に反映しているのかを推定することはむずかしい。漁業のみにたよるのではなく、科学的な情報を得るための研究が必要である。

そこでわれわれは、二〇〇九年一一月から、神奈川県の相模川河口を調査地として周年にわたるシラスウナギの接岸量調査を開始した。ほぼ一か月ごとに訪れる新月の夜。おなじ場所で、おなじ時間帯に、おなじ方法でシラスウナギの採集をおこなうのだ。マリアナの海で追い求めたウナギの子どもたちを、今度は相模川河口で待ち受けるのである。

調査をはじめて半年以上がすぎた六月。とっくに漁期は終わり、すっかり顔なじみとなった漁師たちの姿もない。シラスウナギの接岸は、三月の二二匹をピークに、四月、五月と減少し、今シーズンは終わりだろうと考えていた。

冬の風物詩であるシラスウナギ漁にありえざるTシャツ姿で川岸に座りこみ、いつもとおなじように水中ライトの照らす水面を見つめていた。すると海から入ってくるうねりのなかにヒョロッ、ヒョロッ、ヒョロッ……。たくさんのシラスウナギの姿が浮かんでいた。

「うわぁ、いっぱいいいるぞ！」

この日、大さわぎしながらすくいあげたシラスウナギの数は六二匹。水温が二四度を越えようとする初夏の河口に、無視できない量のシラスウナギが現れた。これまでの常識では説明できない事態に、われわれは困惑した。

ニホンウナギの産卵期は、夏を中心とした春先から秋口であり、ふ化した子どもはおよそ半年かけて東アジアの沿岸へやってくることがあきらかになっている。われわれが見つけた初夏のシラスウナギは、産卵期の終わりに産みだされた個体群のうち、複雑な海流系にとりこまれ、とくに接岸の遅れた一部が、たまたま相模川あたりへ集中したのではないかと考えていた。

しかし、翌シーズンも、六月に大量のシラスウナギが現れた。本来ならもっとも多いはずの一月と二月は三〇匹程度であったにもかかわらず、その数は一五二匹におよんだ[9]（図4）。

のちの解析によって、初夏のシラスウナギは一〇月から一月にかけて生まれ、半年ほどで相模川へやってきたものであることがわかった。すなわち、これらは従来の産卵のピークから大きくはずれた冬に産みだされたものだったのである。これは、相模川だけで認められた例外的な事象なのか。それとも、ニホンウナギという生物の生活史に、これまでにはない大きな変化が起きているのだろうか。それを知るためには、相模川のみならず東アジア一帯のシラスウナギの接岸調査が必要である。

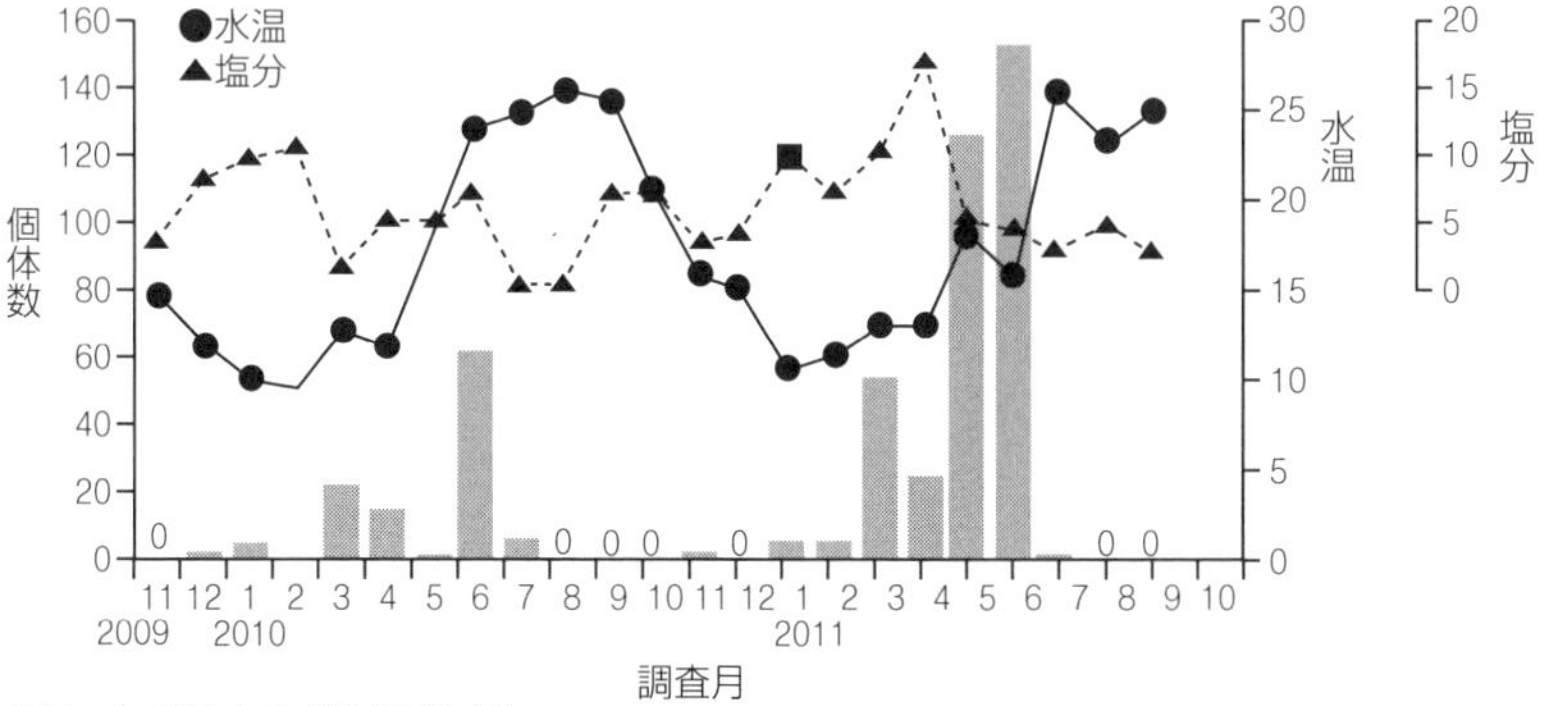

図4　シラスウナギの接岸回遊

従来は冬（12月〜3月）だと考えられていたが、調査の結果、2010〜2011年シーズンの相模川では初夏（5月〜6月）にピークとなることがわかった

おわりに

なぜか、ウナギは淡水魚図鑑に記載されている。時間的にみれば、たしかに生涯のほとんどを河川や湖沼域ですごす魚である。しかし、彼らの一生ははるかマリアナ諸島周辺の海にはじまり、またそこへもどることによって終焉を迎える。すなわち、生物のもっとも重要なイベントである繁殖は、どこまでも深く、どこまでも青い海の中でおこなわれるのである。だからこそ、川の魚と考えられがちなウナギを研究するわれわれは海を見つめる。河川、河口、沿岸、そして外洋にくり広げられるウナギの一生を追いつづけるのである。

〈参考文献〉

（1）Tsukamoto Katsumi (1992) Discovery of the spawning area for the Japanese eel. *Nature* 356: 789–791.

（2）Aoyama Jun (2009) Life History and Evolution of Migration in Catadromous Eels (Genus *Anguilla*). Aqua-BioScience Monograph, 2 (1) 1–42.

（3）Aoyama Jun, Seiji Sasai, Michael J. Miller, Akira Shinoda, Akira Nakamura, Hisashi Kusaka and Katsumi Tsukamoto (2001) The first tracking studies on yellow and silver eels *Anguilla japonica* in the estuarine habitat. Journal of Taiwan Fisheries Research, 9 (1 & 2) 153-160.

（4）Aoyama Jun, Seiji Sasai, Michael J. Miller, Akira Shinoda, Akira Nakamura, Koji Kawazu and Katsumi Tsukamoto (2002) A preliminary study on the movements of yellow and silver eels, *Anguilla japonica*, in the estuary of the Fukui River, Japan, as revealed by accoustic tracking. Hydrobiologia, 470 (1-3), 31-36.

（5）Tsukmoto Katsumi, Jun Aoyama and Michael J. Miller (2002) Migration, speciation, and the evolution of diadromy in anguillid eels. Canadian Journal of Fisheries and Aquatic Science, 59 (12), 1989-1998.

（6）Tsukamoto Katsumi, Tsuguo Otake, Noritaka Mocioka, Tae-Won Lee, Hans Fricke, Tadashi Inagaki, Jun Aoyama, Satoshi Ishikawa, Shingo Kimura, Michael J. Miller, Hiroshi Hasumoto, Machiko Oya and Yuzuru

Suzuki (2003) Seamounts, new moon and eel spawning: The search for the spawning site of the Japanese eel. Environmental Biology of Fishes. 66 (3), 221-229.
（7）Tsukamoto Katsumi (2006) Spawning of eels near a seamount. *Nature* 439: 929.
（8）Tsukamoto Katsumi, Seinen Chow, Tsuguo Otake, Hiroaki Kurogi, Noritaka Mochioka, Michael J. Miller, Jun Aoyama, Shingo Kimura, Shun Watanabe, Tatsuki Yoshinaga, Akira Shinoda, Mari Kuroki, Machiko Oya, Tomowo Watanabe, Kazuhiro Hata, Shigeho Ijiri, Yukinori Kazeto, Kazuharu Nomura and Hideki Tanaka (2011) Oceanic spawning ecology of freshwater eels in the western North Pacific. Nature Communications, DOI: 10.1038/ncomms1174.
（9）Aoyama Jun, Akira Shinoda, Tatsuki Yoshinaga and Katsumi Tsukamoto (November 2012) Late arrival of *Anguilla japonica* glass eels at the Sagami River estuary in two recent consecutive year classes: ecology and socio-economic impacts. Fisheries Science, 78 (6), 1195-1204.

青山　潤（あおやま・じゅん）

なんの伝手《つて》もなく、ただウナギを求めてインドネシアをさまよったのが一九九二年。以来、アジア、アフリカ、オセアニアなど赤道熱帯域を中心に生息するウナギ属魚類の生態ならびにそれらの産卵場調査のため、太平洋、インドネシア周辺海域、インド洋で汗まみれになって研究をおこなっている。最近、東北の河川・沿岸域におけるサケの研究を開始し、凍える手に息を吹きかけながらフィールド調査の奥深さを実感している。

＊　＊　＊

■わたしの研究に衝撃をあたえた一冊『アマゾン河の博物学者』

いまから100年以上前、大秘境だったアマゾン河周辺に一〇年あまりも滞在し、さまざまな動植物をヨーロッパへ報告しつづけたヘンリー・ウォルター・ベイツの名著である。分子・遺伝子レベルで生命現象を解きあかそうとする研究が主流の現在、いわゆる専門書を読んでもなぜか「生きもの」について学んだような気がしなかった。ワクワクしなかった。そんなとき、まるで自分がアマゾンの川岸に座りこみ、じっと生きものを見つめているような気分にしてくれたのが本書である。

ヘンリー・ウォルター・ベイツ著
長澤純夫／大曽根静香訳
新思索社
二〇〇二年（平凡社、一九九六年）

南鳥島周辺のレアアース泥《でい》を調査する

——木川栄一

南鳥島《みなみとりしま》は、東京の南東二〇〇〇キロあまりに位置し、日本で唯一太平洋プレート上にある、一辺が約二キロの正三角形のような形をした小島である（図1）。島の周囲は水深一〇〇〇メートル以上の断崖であり、まさに絶海の孤島と呼ぶのにふさわしい。これまで、南鳥島といえば、台風の位置や、日本の最東端に位置する排他的経済水域（ＥＥＺ）の起点として、その存在が表現されてきたが、最近、その周辺海域に賦存するレアアース泥が新たに加わることになった。調査に深くかかわる者として、その経緯を、海洋フィールド調査の観点を交えて記述していきたい。

1　レアアースが海底の泥に濃集している？

二〇一一（平成二三）年七月、「ネイチャー・ジオサイエンス」誌（*Nature Geoscience*）に画期的な論文が発表された。東大資源工学の加藤泰浩《やすひろ》教授（当時は准教授）が主著のその論文によると、最先端産業に欠かせない重要な金属資源であるレアアースが、タヒチ沖、ハワイ沖などの太平洋の海底に海の泥となって大量に賦存するという内容である（図2）。

レアアース泥
レアアースを豊富にふくんだ暗褐色の泥質堆積物。太平洋の深海底に広く分布し、ふくまれるレアアースの濃度は六〇〇〜二二三〇ppmにも達する。①レアアース（とくに重レアアース）含有量が高い、②海底に広く分布しているために資源量が膨大、③地層として分布しているため探査が容易、④開発の障害となる放射性元素（トリウム、ウラン）をふくまない、⑤レアアースの抽出が容易——などの特長をもつ。

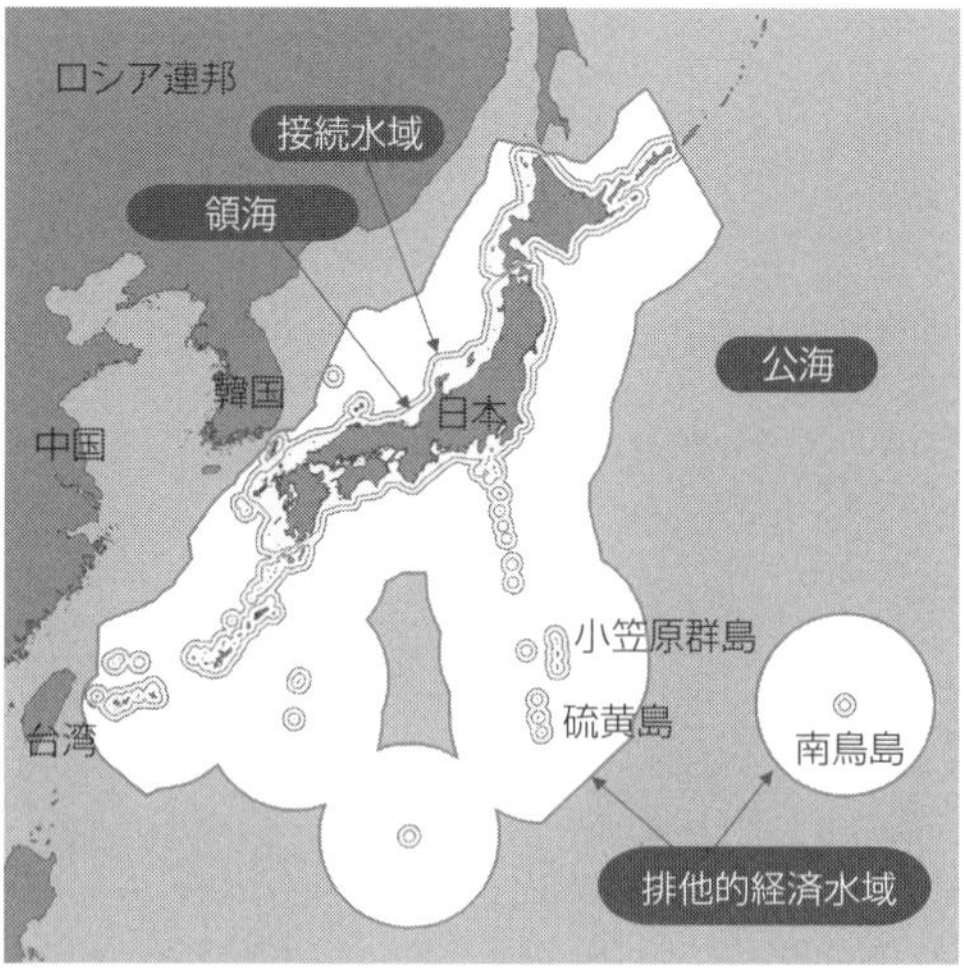

図1　日本の排他的経済水域（EEZ）とその起点になるおもな島嶼《とうしょ》。南鳥島は日本の最東端に位置し、広大なEEZをもたらしている（「日本の領海等概念図」海上保安庁：http://www1.kaiho.mlit.go.jp/JODC/ryokai/ryokai_setsuzoku.htmlを加工して作成）

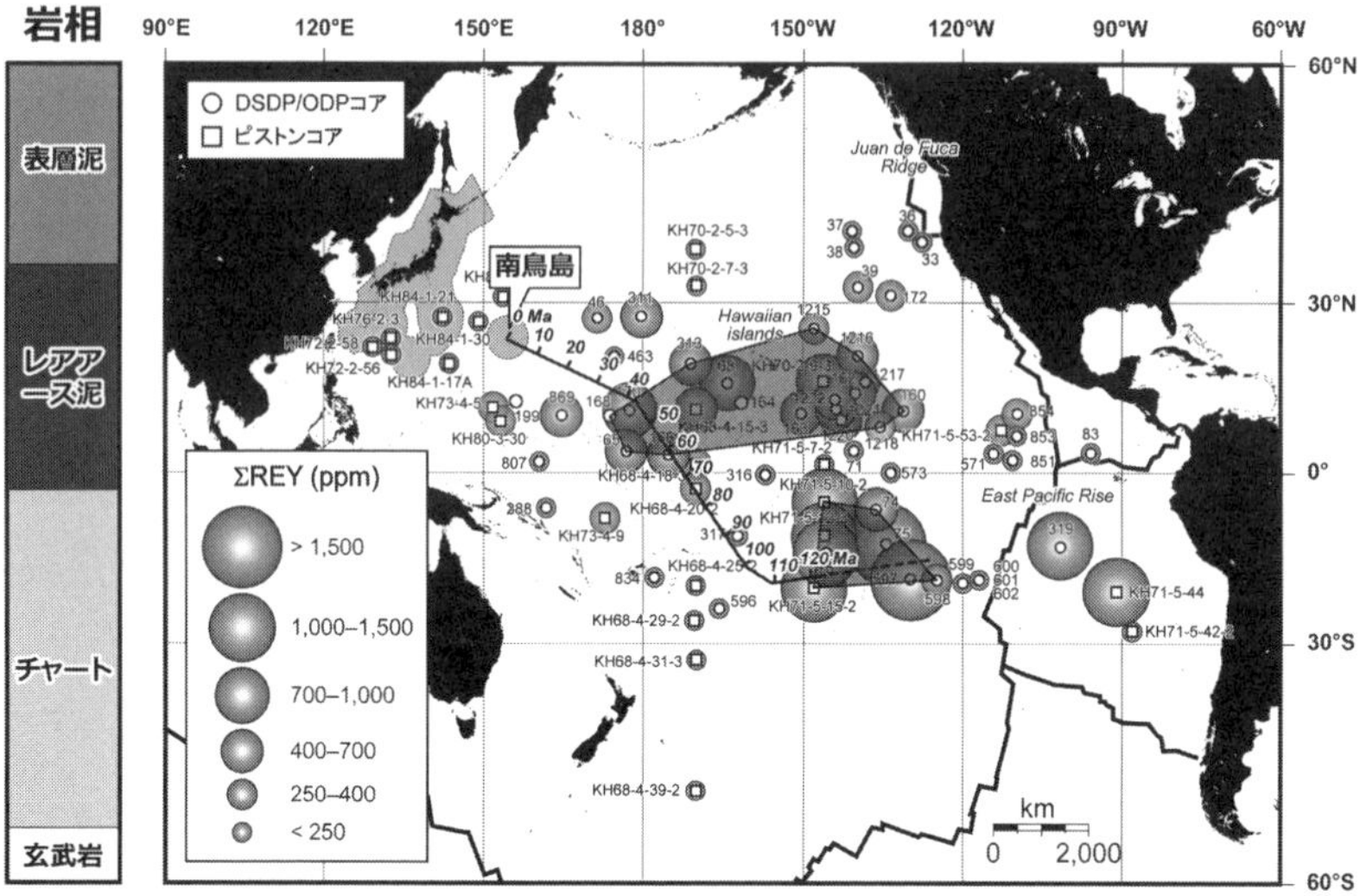

図2　南鳥島の過去から現在までの軌跡（図中、数字がついている実戦。120Maは1億2000万年前、40Maは1000万年前）と予想される現海域での海底地質層序（加藤ほか、2012）。図中の円の大きさは、レアアース濃度を表す。灰色でかこんだ領域は、高濃度のレアアース泥の堆積がみこまれる海域　©JAMSTEC

高濃度のレアアースをふくむレアアース泥は、世界シェアの大部分を占める中国の陸上鉱床をしのぐ重レアアース濃度を示すなど、資源として有利な特長をもっているため、マスメディアも大々的にとりあげた。

わたしが勤務する国立研究開発法人海洋研究開発機構（以下、ＪＡＭＳＴＥＣ。当時は独立行政法人海洋研究開発機構）では、これまで培ってきた海洋に関する研究や技術開発の成果を最大限活用して日本の海洋資源開発に貢献していくために、その年の四月に海底資源研究のためのあたらしい部署である海底資源研究プロジェクト（現・海底資源研究開発センター）が設置されたばかりだった。ただし、研究対象はメタンハイドレート、海底熱水鉱床、コバルトリッチクラスト、マンガン団塊などで、レアアースはふくまれていなかった。この時点では、海底の泥にレアアースが濃集しているという認識自体がなかったのだ。勉強させていただこうと、ＪＡＭＳＴＥＣ横須賀本部でのセミナーに加藤教授を招待し、論文の詳細を語ってもらった。

レアアースが海底泥《かいていでい》となって濃集するプロセスに関しての加藤教授の仮説には、セミナーに集まったＪＡＭＳＴＥＣ研究者のあいだでもいろいろと議論があった（最先端の科学では、議論があるのはむしろあたりまえのことである）が、高濃度での濃集を断定する根拠となった大量かつ高品質のデータには文句のつけようがなかった。このセミナーをきっかけに、あたらしく発見された海底資源であるレアアースがＪＡＭＳＴＥＣにおける海底資源研究の課題に加わることになり、加藤教授と共同で研究をはじめることになった。

共同研究でまずめざしたのは、南鳥島周辺海域のレアアース調査であった。「ネイチャー・ジオサイエンス」誌の加藤論文では、レアアース濃度が高い場所はハワイ沖、タヒチ

世界シェアの大部分を占める中国
中国のレアアース資源量は世界全体の三割程度だが、低価格での輸出攻勢により、二〇〇九年には全世界産出量の九七％を占めていた。

重レアアース
レアアース（希土類元素）は、三一鉱種あるレアメタルのなかの一鉱種で、一七元素の総称。スカンジウムとイットリウム以外の一五元素（ランタノイド）のうち、ガドリニウムより原子量が小さい元素（ランタンからユウロピウム）を軽レアアース、重い元素（ガドリニウムからルテチウム）を重レアアースという。とくに重レアアースは最先端産業に欠かせない磁性体、光ディスク、光磁気ディスク、光ファイバ増幅器、レーザーに使用されるもので軽レアアースに比べて重要

沖といった東南太平洋海域で、日本周辺海域ではおしなべて低い値を示していた。しかし、ＪＡＭＳＴＥＣでのセミナーで聞いたところでは、データの質はよくないけれど、南鳥島周辺海域に高濃度を示すデータがあるとのことだった。それは国際深海掘削計画で得られた試料で、南鳥島周辺の海底下一〇メートル以深に一〇〇〇ppmを超える高濃度のレアアース泥が存在することを示唆していた。しかし、試料の採取地点が二か所のみであることや、堆積物試料の連続性がよくないといった問題があり、南鳥島周辺のレアアース泥の深度分布や水平方向への広がりについてはさらに詳細な科学的調査が必要なことは明白だった。日本の排他的経済水域である南鳥島周辺海域の海底にレアアース泥が賦存するのであれば、当然ながらその科学的調査をおこなわなければならない。

ＪＡＭＳＴＥＣは、海底掘削をする地球深部探査船「ちきゅう」をはじめ海洋調査観測のための船舶を八隻擁しており、あらかじめ研究者から提出される調査研究提案を担当委員会で審査し、調査実施の可否を決定する。ＪＡＭＳＴＥＣの内部申請でも落とされる場合がすくなからずあるが、南鳥島海域のレアアース泥調査の航海は、その重要性が広く認識されて採択にいたった。

2　南鳥島へ向けて出航

二〇一三（平成二五）年一月二一日、深海調査研究船「かいれい」は、ＪＡＭＳＴＥＣ横須賀本部の岸壁から南鳥島周辺海域へ向けて出発した。公募によって選定されたＮＨＫの取材クルー三名が乗船するためか、取材ヘリコプターが上空から出航の様子を撮影し、

性が高い。

メタンハイドレート
海底下のメタンガス分子が低温高圧下で水分子のかご状構造にとりこまれたもの。一見、氷のように見え、実際にさわると冷たいが、地上（実験室）で火を近づけるとよく燃える。

海底熱水鉱床
海底下のマグマによって熱せられた海水（熱水）中に、マグマにふくまれていた有用な元素が抽出され、海底に噴出した際に急冷されることで沈殿して生成する鉱床で、銅、鉛、亜鉛のほかに金、銀などをふくむ。

コバルトリッチクラスト
海山の斜面や頭頂部の基盤岩をおおうように存在する鉄・マンガン酸化物の一種で、とくにコバルトに富むものをいう。

民放からも出航のようすを取材にくるなど、やや騒然とした船出であった。
本航海の首席研究員を担当する童顔の飯島耕一技術主任を、岸壁から見えなくなるまで手をふって見送りながら、航海の成功を祈ったものであった。というのも、この航海はスケジュール的にややきついものだったからだ。「かいれい」は、次に予定されていたべつの調査研究航海のために、一〇日後の一月三一日には横須賀本部の岸壁にもどらなければならなかった。約二〇〇〇キロ離れた南鳥島周辺の調査海域までの往復に一週間程度を要することを考慮すると、現場海域での調査日数は四日ほどしかなかった。

海洋調査は、文字どおり海洋で実施されるため、海洋の自然状況が大きな影響をおよぼす。一月下旬という時節柄、台風の心配はないものの、近隣で低気圧が発生すれば、その影響で波のうねりが高くなり、調査の障害としかならない。これまでの経験では、船が動揺すると海底の堆積物試料を採取する作業はかなりむずかしくなり、断念せねばならない場合もすくなくなかった。

採泥は、ピストンコア（中が空洞になった円筒形の鉄柱）を海底に刺して堆積物を採取する方式でのぞむ（図3）。当初、ピストンコアの全長は、最長で二〇メートル編成で試行し、状況によって五メートル短い一五メートル編成で実施することになっていたが、いずれにしても

マンガン団塊
マンガンと鉄を主体として、ニッケルやコバルトなどのレアメタルを含有する塊状をなすもの。五〜一〇センチ程度のジャガイモ状のものがもっとも多く、海底一面をおおうように賦存する。

国際深海掘削計画で得られた試料
深海掘削計画（Deep Sea Drilling Project＝DSDP）

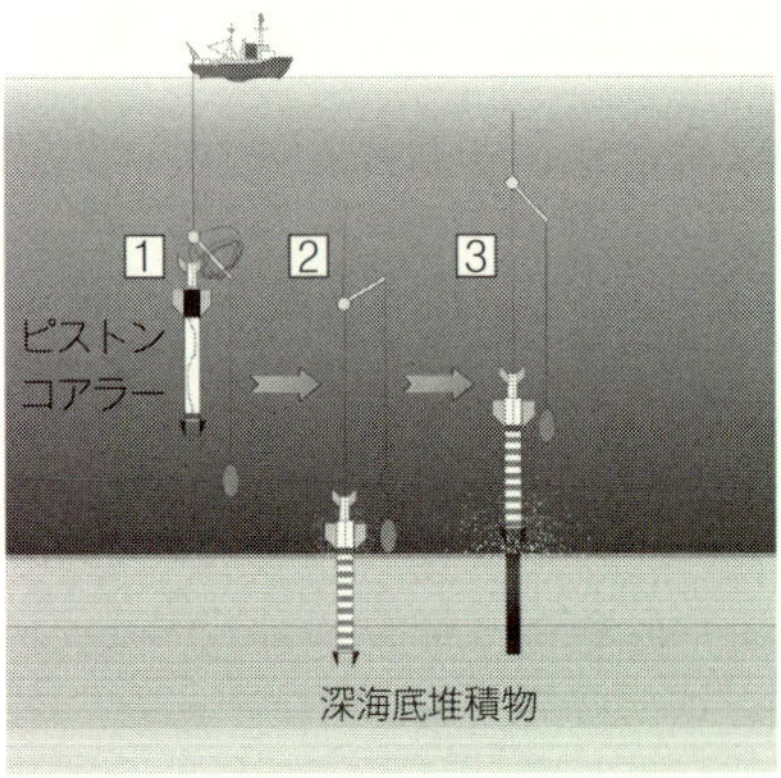

図3　ピストンコアによる採泥
ピストンコアラーのパイプの中にプラスチックのインナーパイプを入れ、さらにその中にピストンとワイヤーをしこむ。パイプの先端が着底すると、本体が自由落下し、その重さ（1.2t〜）による落下力とインナーパイプ内でピストンが吸いこむ力の両方により、堆積物を効果的にパイプに入れることができる（高知大学ホームページをもとに作成）

乾舷が二・八メートルと低い「かいれい」では、海況がよくても作業はけっしてやさしくない。調査団一同ばかりでなく、陸で見守る関係者全員が静かなる海を願ったことは、いうまでもない。

結果として、海況はあまりよかったとはいえなかったが、「かいれい」の船長や乗組員、そして調査団の頑張りもあって、ＰＣ１からＰＣ７の七地点でのピストンコアによる採泥を実施することができた（図４）。

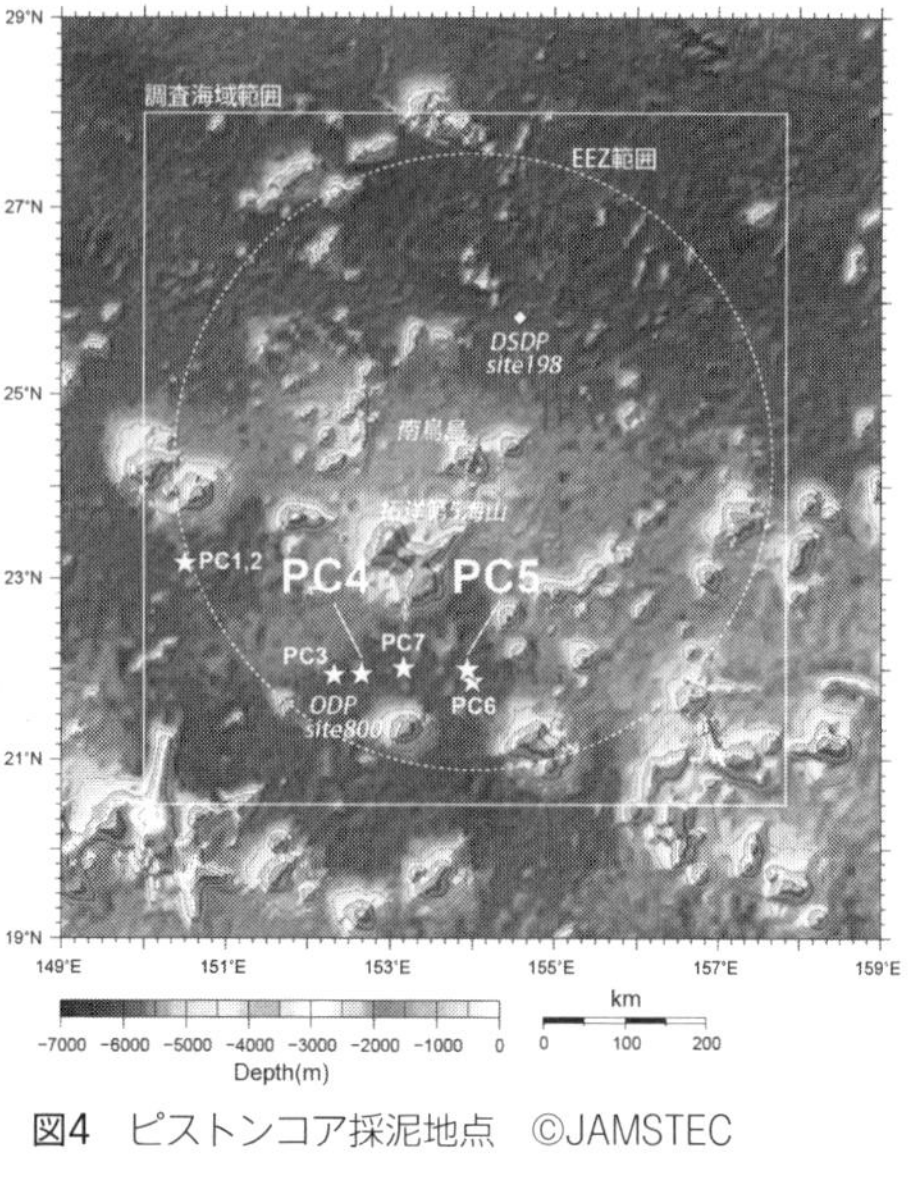

図4　ピストンコア採泥地点　©JAMSTEC

3　簡便レアアース調査法

海洋と陸上の調査は決定的にちがう。海洋調査が陸上調査よりもはるかにむずかしいのは、水（海水）の存在による。光をふくむ電磁波が、水中では急速に減衰するからだ。

月と地球の地形や表面を構成する物質分布の研究に関しては、圧倒的に月のほうがよくわかっていることは、意外に知られていない。月面には海がないため、人工衛星の電磁波（レーザー）観測によって、詳細な調査がおこなわれている。いっぽう、地球は表面の七割をおおう海が障害になって電磁波観測がおこなえないために、月ほどの精度ではわかっていないのだ。

および国際深海掘削計画（Ocean Drilling Program＝ODP）において、南鳥島周辺EEZ（排他的経済水域）内の海洋底を掘削して採取したコア試料。図2に掘削地点を示している。

乾舷
船の中央部で、満載喫水線から上甲板の舷側までの高海洋調査でのリモートセンシングは、時間あたりの調査効率は電磁波に比べてはるかに悪くなるが、海水中を伝播する音波を使用する。

南鳥島海域の調査では、音波探査のひとつであるサブボトムプロファイラー（ＳＢＰ）が大活躍した。使用する周波数（強弱）によって異なるが、サブボトムプロファイラーを使うと、海底下数十メートルの地質構造を数センチの分解能で調査することが可能だ。ＪＡＭＳＴＥＣでは、ピストンコアによる採泥を実施する際には必ずサブボトムプロファイラーのデータを分析し、海底の起伏および海底下の浅部構造を確認する。大洋の海底は、通常は平坦かつ柔らかい泥におおわれており、二〇メートルもある鉄製のピストンコアを海底につきさす場合、海底や海底下の状況のちがいで、まったくささらなかったり、極浅部までしか貫入できずに曲がってしまうことがある。調査対象海域は水深が五五〇〇メートル以上あり、船上から海底までのピストンコアの上げ下げをふくめた一度の採泥作業は四時間ほどの時間を要するため、現場海域日数が限られた調査では時間を無駄にはできない。

船上でサブボトムプロファイラーの記録を見ていた中村謙太郎・東京大学准教授（当時ＪＡＭＳＴＥＣ研究員）をはじめ乗船研究者たちは、ある特徴に気がついた。海底表層をおおう表層粘土と基盤層（チャート層）のあいだに特徴的な泥層が見いだされる成層構造が明瞭に観察できたのだ（図５）。ピストンコアで採泥をしながら調査しているから、表層粘土とチャート層のあいだの泥層がレアアース濃集層だとわかるには、それほど時間がかからなかった。

航海中にこのような簡便なレアアース調査法を編みだしたため、採泥をしなくてもサブ

さ。これが十分にないと浮力が不足し、安全性が損なわれる。

リモートセンシング
人工衛星や航空機などから遠隔的に地表面付近を観測すること。

サブボトムプロファイラー
三～五㎑（キロヘルツ）前後の周波数の音波を用いた測深機。周波数が低く、海底下に音波が浸透するため、海底下数十メートルの地質情報が得られる。

ボトムプロファイラーの記録だけで海底下のレアアース泥の賦存状況がわかるようになった。時間がすくないなかで効率的な調査を実施するうえで、簡便なレアアース調査法は大きな武器となり、高濃度レアアースの発見につながることになる。

この調査では、当初、最大長である二〇メートルのピストンコアの編成を組んだ。なるべく海底下の深いところまでピストンコアを貫入させて海底堆積物試料を採取したかったからである。だが、調査海域は水深が五五〇〇メートル以上と深いために、つりさげるワイヤーだけでも相当の重さになる。

ピストンコアを海底から引き抜くときの張力は、ワイヤーにとりつけた張力計で測定し

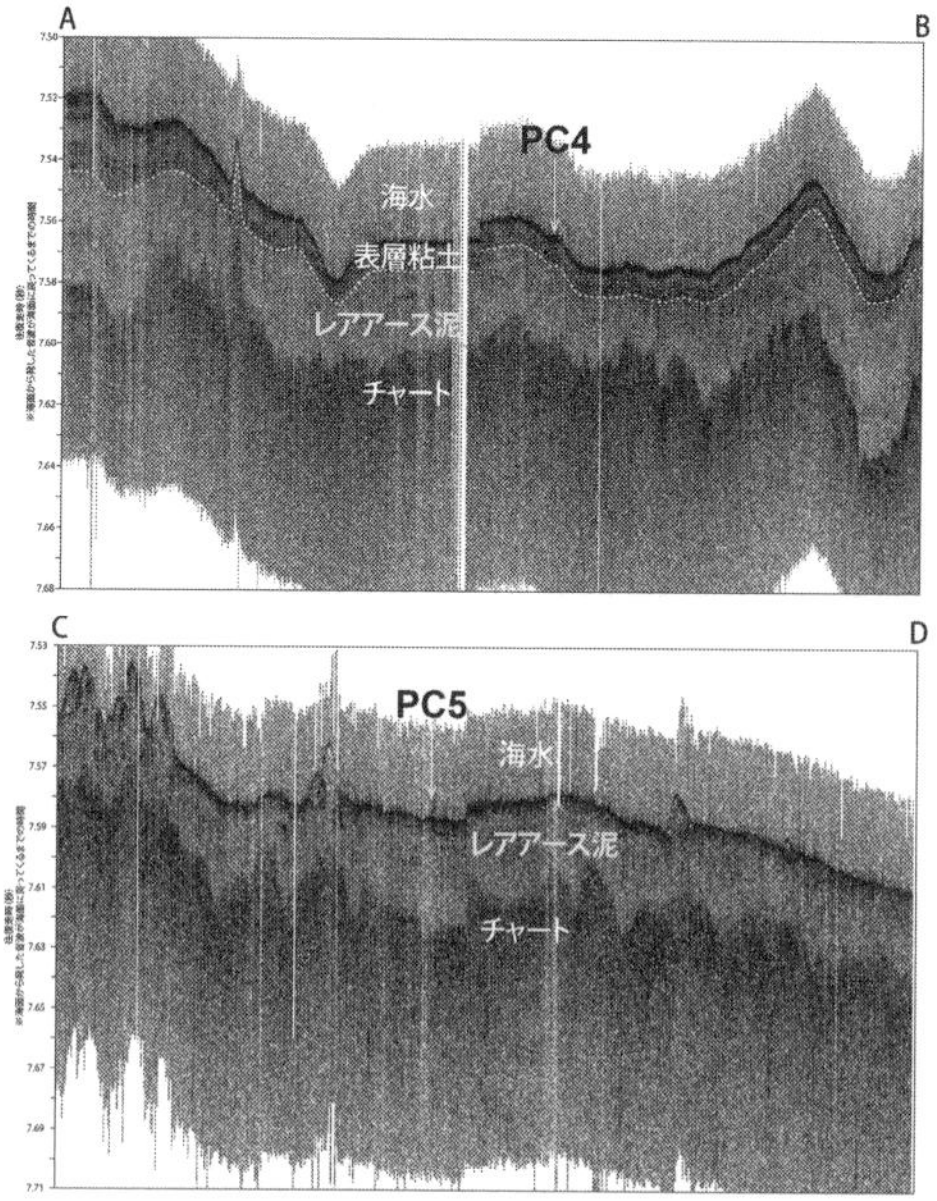

図5　サブボトムプロファイラーによるPC4およびPC5を採取した地点の海底下の地質構造イメージ
基盤のチャート、レアアース泥、表層をおおう粘土が観察される。PC5では表層粘土がほとんど確認できず、海底近傍にレアアース泥が賦存することが予想された
©JAMSTEC

ている。このときはワイヤー切断が懸念され、途中からは一五メートル編成に変更しての採泥作業を余儀なくされた。

　なるべく海底下の深いところにあるレアアース泥の回収が必要であったが、海洋調査では、安全の確保がいちばん重要である。簡便レアアース調査法により、効率的に採取地点を選定できたばかりでなく、目的のレアアース泥を採取することができた（図6）。

　もち帰った試料は、陸で待ち受けていたＪＡＭＳＴＥＣの鈴木勝彦主任研究員（当時。現在は上席研究員）が中心となり、加藤研究室と共同で分析した。一か月半後にはデータが出そろったが、その結果は驚くべきものであった。

4　高濃度レアアース泥の発見

以下は、二〇一三（平成二五）年三月二一日にＪＡＭＳＴＥＣが東大と共同で発表したプレスリリース文の冒頭部分の抜粋である。

　独立行政法人海洋研究開発機構（理事長　平朝彦、以下「ＪＡＭＳＴＥＣ」という。）海底資源研究プロジェクトの鈴木勝彦主任研究員らと、東京大学（総長　濱田純一）大学院工学系研究科附属エネルギー・資源フロンティアセンターの加藤泰浩教授（ＪＡＭＳＴＥＣ海底資源研究プロジェクト招聘上席研究員）らは、深海調査研究船「かいれい」により本年一月に

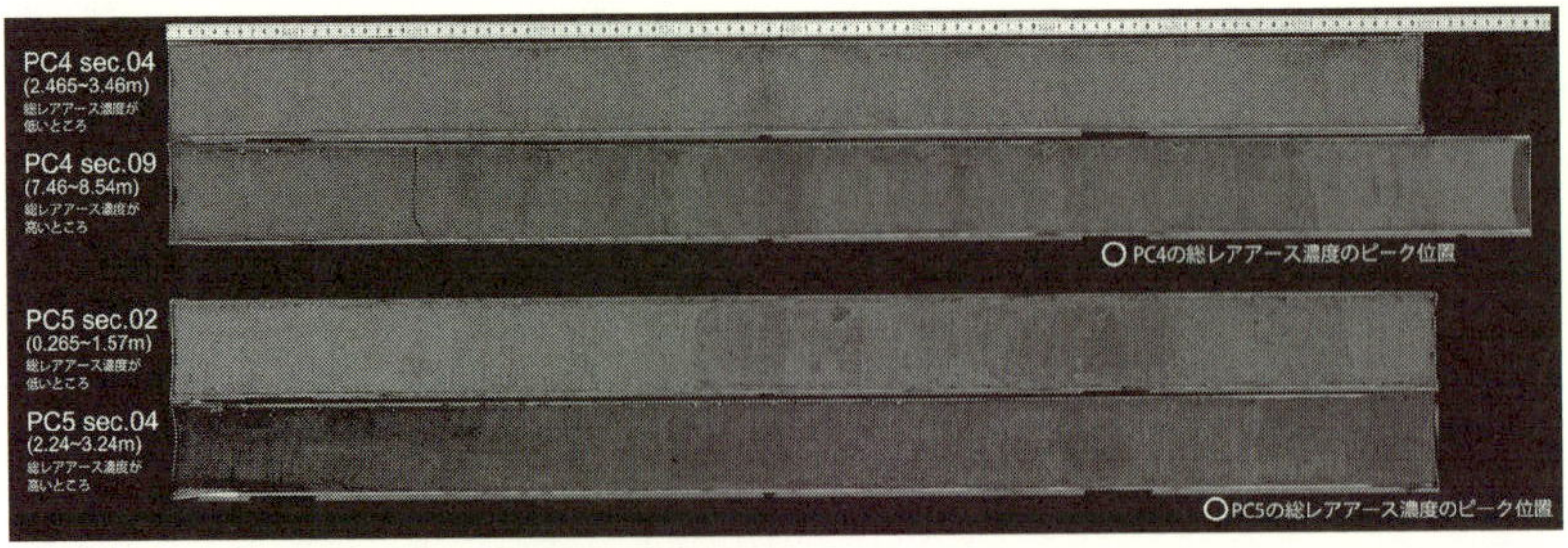

図6　図4、図5のPC4とPC5で採取した堆積物コア
PC4のsec.04およびPC5のsec.02は暗褐色の粘土で、レアアース濃度は低い。いっぽう、PC4のsec.09およびPC5のsec.04は黒褐色の粘土で、レアアース濃度が高い。○は、図4のレアアース濃度のピーク部分　©JAMSTEC

実施した研究航海において、南鳥島周辺の水深五六〇〇m～五八〇〇mの海底から採取された堆積物のコア試料の化学分析を行い、海底表層付近におけるレアアース濃度の鉛直分布を調べました。

その結果、南鳥島南方の調査地点において、海底下三m付近に、最高六五〇〇ppm（〇・六五％）を超える超高濃度のレアアースを含む堆積物（以下「レアアース泥」という。）が存在し、複数の地点で海底下一〇m以内の浅い深度からレアアース泥が出現することを発見しました。

また、五〇〇〇ppmを超える高濃度のレアアースを含む層は、レアアース泥の上端から下一～二m以内に存在することが明らかになりました。

それに加えて、今回の調査ではサブボトムプロファイラー（SBP：音響による海底表層地層探査）によって、レアアース泥の出現深度や厚さの情報を効率的に取得できることが分かりました。

これらの研究成果は、南鳥島周辺のレアアース資源の賦存量や分布等、今後の成因解明研究や開発等に必要な科学的知見をもたらすものとして期待されます。

われわれが測定結果（次ページ図7）に驚いた理由はふたつある。ひとつは、レアアース泥の濃度は一〇〇〇ppmでも高濃度だが、ここでは六五〇〇ppmを超えていること。もうひとつは、最高濃度を示した堆積物は海底下三メートル付近の浅いところから採取されていることだ。

「ネイチャー・ジオサイエンス」誌の加藤論文で示された高濃度レアアース濃集海域は、

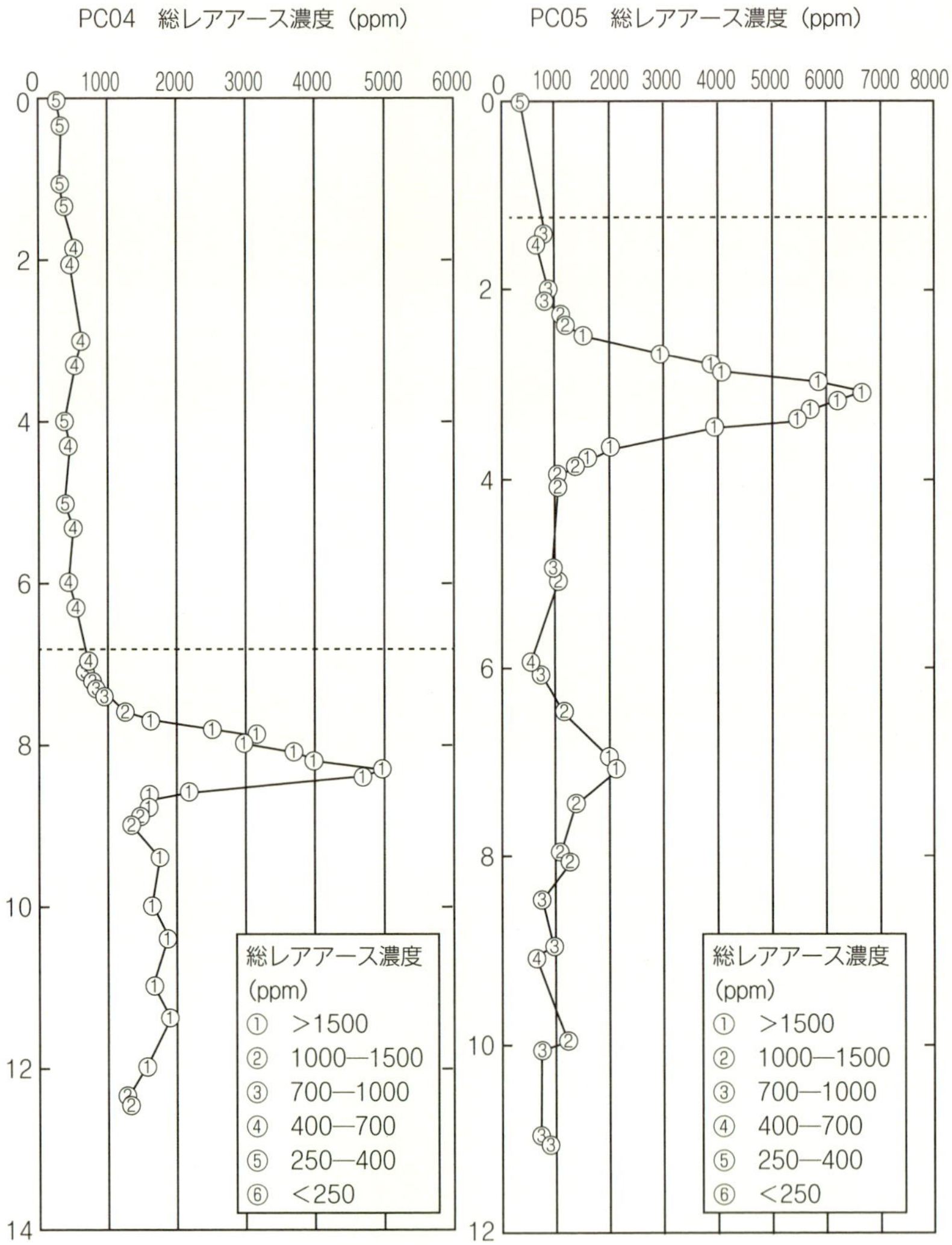

図7　PC4およびPC5の総レアアース濃度の深度分布
PC4では深さ約8m付近に、PC5では約3m付近に高濃度の層が存在する。これは、レアアース泥の出現深度（点線）の下1〜2mにあたる　©JAMSTEC

タヒチ沖やハワイ沖など南鳥島海域から数千キロ東にあり、タヒチ、ハワイ、南鳥島がのっている太平洋プレートは、最近四〇〇〇万年は基本的に西に動いているので、南鳥島海域は、三〇〇〇万年以上前に高濃度レアアース濃集域である現在のタヒチ沖、ハワイ沖の海域を通過したと推定できる。この調査時には、海底表層付近の濃集したレアアース泥の上に三〇〇〇万年間堆積した一〇メートル以上の堆積物があり、遮蔽されていると考えられていたからだ。

加藤教授は「南鳥島海域のレアアース賦存量を日本の年間使用量の二三〇年分と見積もり、海底下の浅いところにあるから回収しやすく商業化に適している」と発言しているが、水深が五五〇〇メートルを超えるので、**現段階では経済的な回収技術はない**。JAMSTECがとり組むべきことは、試料の分析と検証を進め、最先端の分析機器や解析技術を駆使して微小領域や化学状態を分析し、レアアースを濃集している鉱物相の特定や、レアアース泥の生成プロセスをあきらかにしていくことである。今後の調査航海では、サブボトムプロファイラーによって海底下数十メートルの地質構造を調べ、ピストンコアラーによるコア試料を採取して分析し、南鳥島周辺のレアアース資源の分布など、今後の開発に必要な科学的知見を取得することと考えている。

おわりに

「商業的に利用可能なものが資源であり、海底資源はまだ資源とは呼べない」という意見がある。本書で述べてきたレアアース泥は、二〇一一年に発見された。現在はその成因の

現段階では経済的な回収技術はない
東京大学では、レアアース泥の開発技術を確立することによってレアアースの安定供給に貢献し、レアアースの新たな需要開拓を通じて日本の産業を活性化することをめざし、二〇一四年一一月に「レアアース泥開発推進コンソーシアム」を設立。レアアース泥開発システムの全体最適解を検討している。

研究、賦存状況の調査段階だから、レアアースに関しては、この意見「海底資源はまだ資源とは呼べない」は正しいといえる。

ほかの海底資源についても、二〇一三年一二月に経産省から発表された「海洋エネルギー・鉱物資源開発計画」における産業化までの具体的計画は、メタンハイドレートと海底熱水鉱床だけである。それらも二〇三〇年代以降に商業化プロジェクト開始をめざしたものだから、海底資源が本当の意味で「資源」と呼べるようになるのはもうすこし先になりそうだ。

英国が一九六〇年にスカンジナビア半島とのあいだの大陸棚に広がる北海油田の開発をはじめた当初は、技術的困難さから有望視されたものではなかった。しかし、英国とノルウェーの政府が集中的に予算を投入した結果、二〇年以上の歳月を経て両国は石油の輸入国から輸出国となり、経済的な恩恵を受けることになった。

日本の排他的経済水域には、ほぼ一〇〇%輸入にたよってきた資源が相当量賦存する。輸出国の政情によって輸入も万全とはいえない現状からすれば、開発に向けた努力の継続が重要であるのは論を待たない。その開発に向けて、われわれは本書で述べたようなフィールドにおける展開を、これからも積み重ねていく。

木川栄一（きかわ・えいいち）

はじめての海洋調査は、気象庁「凌風丸《りょうふうまる》」による黒潮観測だった。三五年前のことである。以来、七つの海のうち北極海をのぞくすべての大洋での海洋調査のための洋上生活は三年半を越える。南極海調査時のこと、南極半島付近の氷山という氷山がペンギン村だった。陸上調査は三四年前の伊豆半島の達磨《だるま》火山がはじめてである。以来、愛鷹《あしたか》火山、伊豆大島、北海道、豪州、オマーン、フレンチポリネシアなどで一年ほど、エンジンドリルで岩石試料を抜きまくった。

＊　＊　＊

■わたしの研究に衝撃をあたえた一冊『地球と磁石　―地球科学者の模索』

わたしの指導教官は著者の弟子の上田誠也《せいや》先生なので、同先生著『新しい地球観』（岩波新書）をあげるつもりでいたが、同書は本書により導かれた書であった。読んだのは大学一年次だが、方位磁石が南を向いていた時代があったという驚くべき事実、海溝型の巨大地震のメカニズム、プレートテクトニクスについて平易に解説されていた。地球という惑星のダイナミックな姿にひきこまれ、気づいたら約四〇年たったいまも魅了されつづけている。

力武常次著
玉川大学出版部（玉川選書）
一九七四年

マントル到達に挑む

――阿部なつ江・末廣　潔

人類が掘ることのできた、もっとも深い穴

日本に住む人びとの多くは、「不動」といわれる大地がじつはそれほど不動ではないことを知っている。ときおり地震の揺れが襲い、火山の噴火があることを、多くの人が身近に感じていることだろう。そういえば、日本という弧状列島、四方の海のありようも、気の遠くなるような時間をかけて形成され、変動してきた。われわれをとりまく自然は、どのようにしていまのようになり、これからどうなっていくのだろうか？　人類は、その自然とどのようにつきあっていけばいいのだろうか？

海、山を動かし、地震や火山活動を起こす原動力は、**地球の中にある**。地球の最大体積を占める**マントル**は、固体の岩石であるが、長い年月をかけてゆっくり対流して――地表近くでは、温度が低いので、より固い岩盤板（プレート）となって――移動している（年間数～一〇数センチ）という。科学の態度は、考えるだけでは答えは出ない。「自然に聞こう」である。しかし、このマントルを現場で見た人はいない。

地球の中にある
気候、気象の変化は、太陽や月などからのエネルギーによる。地表の形が変わってしまう地質学的時間では、地球内部からのエネルギーも関与する。

マントル
地球（半径約六四〇〇キロ）の内部構造は、よく卵にたとえられる。殻の部分に相当するのが地殻で、白身がマントル（地球体積の約八四％）、黄身がコア（核＝同約一五％）である。

歩いて見にいくことのできない世界を、われわれはどのように探検したらいいだろうか。人体を検査するレントゲンやCTスキャンのように、地震波などを使って外から地球内部のようすを推定する手法もある。もっともわかりやすく、すぐに思いつく方法は、〝掘る〟ことだろう。これまでに人類は、地表から**約一二キロの深い孔**《あな》を掘ったことがある。しかし、そこはまだ薄い地殻の内にあり、マントルには届かなかった。

地球のマントルに到達するには、海底からめざすのがいちばんいい。海底下では、大陸と比べて地殻が薄いからだ。一九六一年に、米国の地球科学者たちが、地殻とマントルとの境界にある**モホ面**（モホロビチッチ不連続面）を掘削する計画（**モホール計画**）を実行にうつそうとした。しかし、足の立たない海上の船から海底下を掘る技術は確立したものの、海底堆積物の下の火成岩が玄武岩であることを発見したところで、計画は中断してしまった。そして、五〇年の時空を超えていまだ、モホ面を貫通してマントルに到達することは実現されていない。

この間、地球科学では**プレートテクトニクス**が定着し、地震や火山噴火などの現象はこの地殻変動の一環であることがわかった。生物の進化も、気候変動も、このプレートテクトニクスなしには理解することはできない。その実体をつかむには、そこにあるマントルを手にとって調べるしかない。科学の世界では、決定的な証拠を得てはじめて、〝推定モデル〟から〝確立された理論〟となって受け入れられるのだ。

＊　＊　＊

海洋科学掘削の最前線で活躍する阿部なつ江さんに、現場の状況を説明してもらおう。

約一二キロの深い孔
地殻深部を調べるために旧ソ連（現在のロシア）がコラ半島でおこなった科学的掘削調査による。本坑から何本もの支坑が掘られ、もっとも深いものは一万二二六一メートルに達した。

モホ面
大陸ではおよそ四〇キロ、海洋では海面からおよそ一〇キロの深さにある、地殻とマントルとの境界面。この面を境にして地震波速度が不連続に増大する。一九〇九年に旧ユーゴスラビアの地球物理学者モホロビチッチが発見した。

モホール計画
地球の地殻を貫いてモホロビチッチ不連続面まで掘削をおこなおうという、アメリカのプロジェクト。海面下三五〇〇メートルの大陸棚を一八三メートル掘りさ

1　洋上の研究所

わたしの研究フィールドは、拡大する海洋底、プレートテクトニクスを担う現場だ。わたしは、一九九七年から二〇一二年までのあいだに計五回、アメリカの科学掘削船「ジョイデス・レゾリューション号」（写真1）に乗船し、合計でほぼ一年間を大西洋・太平洋の〝洋上研究所〟ですごすことができた。

　まったく陸地をおがめない大洋の真ん中で、世界各国から集まった約三〇人の研究者、それを支える一五人ほどの技術者、そして七〇人ほどの船員や掘削技師たちとともに、一航海ごと原則無寄港で二か月間をすごす。この体験は、わたしの人生観をも変えるものだった。

　船上での仕事はすべて英語でおこなわれ、掘削試料の観察記録を記載したり議論を重ねて、下船までのあいだにレポートを仕上げる。乗船中は、一日一二時間のシフトを休みなくこなす。日々、レポートの締め切りとセミナーでの発表が待っている。緊張感はあるが、「楽しんでこそ人生、研究は楽しいもの」という、諸外国の研究者たちの考えかたに接して、何度も目から鱗が落ちる思いをした。また、二か月間の共同生活で、熱のこもった議論をくり返すうちに乗船研究者どうしの連帯感が生まれ、かけがえのない仲間を得ることができた。試料をわけあう際のかけひきなど、英語が苦手なわたしにはむずかしい場面も

写真1　プンタレナス港（コスタリカ）に停泊中の科学掘削船「ジョイデス・レゾリューション号」（2012年12月撮影）

げたが、予算不足などのために途中で中止された。

プレートテクトニクス
地球の表面は何枚かの固い岩盤（プレート）で構成されており、このプレートが、対流するマントルにのってたがいに動いていると説明される。
プレートどうしが衝突する場合、どちらかいっぽうのプレートがもういっぽうのプレートの下に沈みこむ。大陸プレートよりも密度の大きい海洋プレートが沈みこむ場所は、海溝と呼ばれる溝になっている。沈みこまれる側の大陸プレートには、通常、火山が形成される。その火山は、海溝に沿って弧状に連なることから、これを島弧と呼ぶ。

多かったが、自分の考えや下船後の研究計画などを熱意をもって話せば、たいていの人はわかるまで時間をかけて聞いてくれた。
そんな掘削研究航海について、船上での作業、研究者の役割と、わたしが経験した航海の醍醐味について、ここに紹介したい。

2 海底下の岩石を採取し、記載する

日本列島をふくむ大陸プレートの最上部を構成する地殻は安山岩から花崗岩質で、その厚さは約三〇キロ程度、厚いところでは六〇キロにもおよぶと推定されている。いっぽうで、海洋プレートのそれは玄武岩質のマグマから形成され、六～七キロの厚さであると考えられている。
太平洋でおこなわれた二回の航海（第335次および第345次航海）では、この**海洋地殻**をターゲットに掘削をおこなった。また、大西洋でおこなわれた三回の航海（第173次、第209次および第305次航海）では、より深部の地殻下部からマントル物質（マグマを吐きだしたあとの、溶けのこり物質）が海底まで顔を出している場所で、基盤岩掘削をおこなった。どちらも、**中央海嶺**下で起こるマグマ活動がどのように海洋地殻を形成するのかを調べるのが目的である。そして、ゆくゆくはおこなわれるであろうマントル掘削（海底から約七キロ下のマントルまでの超深度掘削）による実証に向けた前哨戦ともいえる掘削でもあった。

マグマ
かんらん石や輝石などのケイ酸塩（SiO_2）をふくむ数種類の鉱物で構成された岩石をかんらん岩と呼び、そのかんらん岩の圧力低下または温度上昇によって一〇～二〇％程度が部分的に溶けたものが、玄武岩質マグマ（液体）である。海洋地殻は、玄武岩質マグマが固まってできていると考えられている。

海洋地殻
海洋底基盤岩と呼ばれる堆積物の下にある火成岩や変成岩。

中央海嶺
大洋のほぼ中央に連なる大山脈で、あたらしい海洋プレートが常に形成される場所。中央海嶺の下では、マントル対流にともなって固体のマントル物質（かんらん岩）がゆっくり上昇し、

科学掘削船上での作業は、国際的な研究者の主導によって、乗船研究者が研究しやすいようにくふうされている。

海底から一〇〇〇メートルを超える深さから採取されることもあるコア試料は、すべて半割《ハンカツ》（写真2）され、記載テーブル上に並べられる。すべてがおなじ条件で記載、測定できるよう配慮されており、航海中、研究者は、自分の専門（目視から物性、化学分析、生物など必要な専門家がそろっている）の作業に責任をもちつつ、他の結果と合わせて考察をする。したがって、通常の野外調査とは比べものにならない速度で専門性の高い観察にたどり着くことができる。

ハンカツされたコア試料は、まず、目視で色や鉱物粒子の大きさ（粒径）、鉱物の組み合わせなどから、岩石名（岩相）を決定する。さらに、重要な箇所を選んで切りだし、薄片（写真3）を制作して、顕微鏡を使って微細組織の観察をおこなう。同時に、全岩の化学組成分析をしたり、試料の物理特性（密度、地震波伝搬速度、空隙率《くうげき》など）を測定する。これら船上での記載は、掘削をおこなった箇所の海底層序を示し、航海終

写真2　岩石コア（Core 209-1274A-4R-1&2）
2003年に実施されたODP Leg 209航海時に採取したもの。この円柱状の試料を「コア」と呼ぶ。採取後、長さを測り、上下まちがいがないように並べられたのち、岩石カッターを使って縦に半分にカットする。その状態を「ハンカツ（半割）コア」と呼ぶ

その圧力低下にともなって玄武岩質マグマが発生し、海底に噴出することで、あたらしい海洋地殻を形成している。海洋地殻と、それを吐きだした溶けのこりのマントルかんらん岩は、対流するマントル部分よりも固いため、岩盤（プレート）となってマントル対流にのって移動する。

空隙率
地層や岩石のあいだに存在するすきまの割合。おなじ岩石や地層でも、空隙率が小さいほど岩石が緻密で、地震波伝搬速度が速い。通常、地下深部ほど圧力が高いため、空隙率は小さい。

了後におこなわれる陸上研究施設における化学分析や物性計測などの高次分析レファレンスとなる。

目視観察だけでは、岩石を特定しにくいこともある。たとえば、はんれい岩試料にふくまれるかんらん石は、ときとして輝石と見分けにくい。海底試料中のかんらん石は、程度の差こそあれ確実に蛇紋岩化している。蛇紋岩化にともなって、同時に磁鉄鉱を晶出しているため、もともと薄緑色の透明鉱物だったものが黒色不透明になってしまい、輝石と区別しづらいのだ。ただ、これらは試料全体の帯磁率を調べれば区別できるため、そんな場合にはいっしょに乗船している地磁気の専門家に聞けばいい。おなじ試料、おなじ掘削孔から得られた情報を各専門家がちがった角度から考察し、もち寄って意見をたたかわせると、新たな発見につながることも多い。

はんれい岩

玄武岩とおなじ化学組成をもち、地下深部でゆっくり冷えて固まった深成岩。急冷してガラス質の玄武岩と異なり、岩石全体が、輝石や斜長石、かんらん石などの鉱物結晶が集まってできている。これらの鉱物は、通常高温・高圧で安定なため、海底付近で海水と反応することで角閃石や蛇紋石などの含水鉱物に変化する。

写真3-1　岩石薄片
2003年に実施されたODP Leg 209航海時に、船上で作成されたもの。すべての薄片を、1枚1枚顕微鏡で観察し、微細組織や鉱物の組み合わせなどを詳細に記載する

写真3-2　ODP Leg 209航海で採取した岩石コア試料の薄片（左：Interval 209-1271B-13R-1, 33-37cm、　中：Interval 209-1274A-4R-2, 77-79cm）および岩石コア試料の岩片（右）。長辺がおよそ5cm

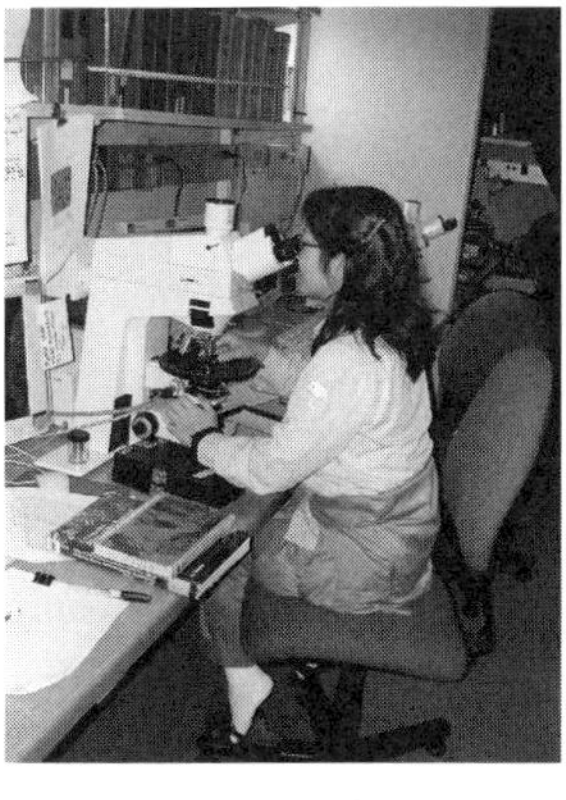

写真3-3　偏光顕微鏡で岩石薄片を観察しているようす

3　研究航海の魅力

科学掘削航海がいかにわたしの地球科学研究者としての動機にこたえてくれているかを箇条書きすると、以下のようになる。

・航海中は、明けても暮れても科学のことだけに集中できる。
・自分の専門の試料（わたしの場合は、地下深部の岩石）が、コア記載テーブルにずらっと並ぶ。観察しやすく、約三〇人のさまざまな分野の研究者が、一度におなじサンプルを研究し、情報共有するので、スピード感をもって研究が進む（写真4）。
・掘れば、必ずといっていいほどあたらしい発見がある。海底は宝の山（海）だ。もちろん、期待値の高い場所を選び抜いて掘削しているのだが……。
・国際学術誌に論文を出すネタには困らない。論文を書いて発表することは、乗船者の義務である。乗船前のもくろみがはずれることも、科学のあたらしい発見につながる研究の醍醐味だ。

また、これは副産物ともいえるものだが、あわせて列記しておきたい。

・乗船すれば、世界中に研究仲間・友人ができる。船に缶詰状態なので、皆じっくり話につきあってくれる。現在は、二六の国々の研究者といっしょに乗船する可能性があり、その人脈は一生の「財産」となる。
・航海中の会話は英語なので、二か月間タダで留学気分を味わえる。書きかけの論文な

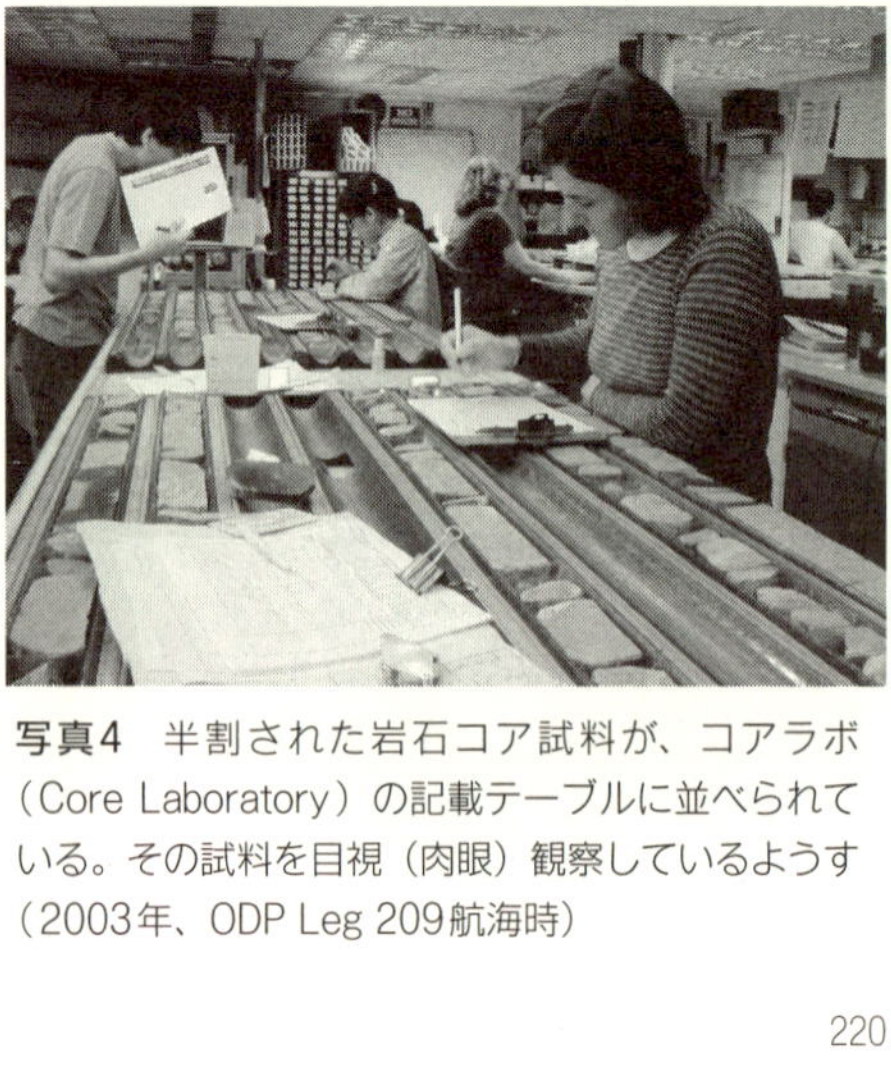

写真4　半割された岩石コア試料が、コアラボ（Core Laboratory）の記載テーブルに並べられている。その試料を目視（肉眼）観察しているようす（2003年、ODP Leg 209航海時）

どを持ちこんで、空き時間にいろいろな人に助言してもらったり、英語を直してもらったり。ふだんの生活のなかではなかなかない経験である。

もちろん、すべてがいいことずくめとはいかない。とてつもなく広い海域がいまだ手つかずという領域で、自分の興味のある海域で科学掘削の航海を実現させることは、かんたんではない。航海実現の待ち時間が長いことはざらで、需要過多なのである。

海洋は公海だけではなく、極域など気象・海象条件のきびしいところもある。わたしのほしい岩石試料の採取率は低いことが多く、掘削技術をもっと進歩させてほしい。

時間をかけて研究者が声をあげてきたおかげで、最近ではこういうことも改善されてきている。計画を実践している各国の政府機関が研究者の声を尊重していることも実感される。

生活面でのデメリットは、洋上研究所の環境をどう受け入れるかにかかっている。陸上とは、二か月間、インターネット経由でしか交信することができない。ドライシップ（禁酒）である、船内の人間関係がギクシャクすることもある、母国語ではない英語を使う必要がある、休日はない……。が、自分の専門の興味とかみあえば、そこは研究者の天国になる。

予想もしなかった発見や、自分では経験のない現象を、船上ではじめて体験することも多い。

陸上や海底面における調査では、表面からほんの数十センチ程度までの試料しか採取することができず、わたしの専門であるかんらん岩やそれが変質した蛇紋岩は、大気や海水とさらに反応して風化してしまっている。しかし掘削の場合、地下数百メートルという深部から空気にふれていない状態の試料が採取され、船上でカットされてはじめて大気にふれる。

その際、岩石の一部が急速に酸化し、ほんの数時間で色が変わることがある。蛇紋岩の場合、岩石中に存在するある種の含水鉱物が、還元状態では淡い透明のブルーに輝いていたかと思えば、三〇分ほどのあいだにみるみる緑色に変色し、数時間後には黄褐色の不透明鉱物に変化したりする。硬く、変化しにくいと思っていた岩石が急激な変化を見せるのを目のあたりにするのは、掘削ならではの経験であり、世界中から乗船してきた研究者のだれしもがはじめて見る光景であった。あとから聞いた話では、陸上でもトンネル工事などで蛇紋岩地帯の掘削をおこなうと同様の現象が見られるとのことであったが、われわれ岩石研究者には知られていない事実として、あらためて研究対象となった現象である。

4　求められるコミュニケーション能力

国際掘削プロジェクトは、「国際」であるがゆえに、公用語は英語である。科学に国境はなく、現在の国際共通言語である英語力は、研究者にとってたいへん重要なスキルである。わたしは、英語の単位たった一つを落としたがために一年間留年したという経験があるくらい、英語が苦手だった。しかし、英語力はあることにしたことはないが、乗船中にも身につけることはできる。

「乗船中、どんな仕事を分担しておこなえばいいのか?」「この機械はどうやって使うのか?」などと質問したり、出てきた分析結果にたいして自分はどう思うとか、その意見には反対・賛成だなどの基本的な意見を述べることができれば、文法が多少まちがっていても、語彙がすくなくても、つたない英語でも意思疎通をはかることができるし、自分でも驚くくらい成長できる。また、自分が書いた英語を直してほしいとか、これまでに書いた論文を添削してくれなどとたのめば、たいていの英語のネイティブ・スピーカーはよろこんでやってくれる(ただし、このようなやりとりができるために最低限の使える英語力は求められる)。日本の標準的な大学を出て研究者(または大学院生)としてすごしている人なら、基礎英語力は十分備わっているので大丈夫だ。研究航海のような場でもっとも重要なことは、単に英語力というよりもコミュニケーション能力だということを、この五回の乗船生活で学んだ。日本語での生活でも、コミュニケーション能力がなければ、研究航海のような共同生活の場をこなすことはむずかしいだろう。

5 マントルへ

掘削によって古い地層や地下深くの情報を掘りおこすことは、地球の過去の姿を暴き、現状を正確にとらえ、未来を予測することで、「温故知新」という故事にあてはまる。

現在、日本が運航する**地球深部探査船「ちきゅう」**では、これまでなしえなかった深い掘削、海洋地殻の完全掘削をめざしている。一般的な六~七キロの厚さをもつ海洋地殻を掘り抜いてマントル物質を直接手に入れようという計画(**マントル掘削計画**)である。一

地球深部探査船「ちきゅう」
世界最大の科学掘削船。現在は、水深二五〇〇メートルまでの海底から、海底下六〇〇〇メートルまで掘削する能力を有している。マントルまで到達するために、将来的には水深約四〇〇〇メートルの海底から海底下七〇〇〇メートルまで掘削する能力を開発する予定。

マントル掘削計画
モホール計画から五〇年のあいだに発展した科学・技

九五九年にアメリカで提案された計画だが、半世紀をすぎたいまでも達成されていない。

この計画を、日本の科学技術の粋を集めて実現できる日はちかい。そのときには、地球四六億年の歴史が塗り替えられるような大発見が待っているかもしれない。そしてそれは、地球とわれわれ人類の未来を予測する発見となるだろう。

＊　＊　＊

モホ面到達への展望

地球科学は、まだ解明すべき謎を多くかかえている。探検家的な動機——そこに何があるか、見てみたいという科学的好奇心——がある。いっぽうで、科学は実証されなければ先へ進めない。地球体積のほとんどを占めるマントル物質の採取は、未知への挑戦とその実証というふたつの面をあわせもっている。

半世紀前よりも飛躍的に知識は増えた。プレートテクトニクスがその最たる知だ。最近は、地下生物圏が地球上の生物量の見積もりを変えようとしている。いったいどのくらいの深さまで、どのような生物がどのように生息しているのか、どのように進化したのか、それはわれわれの究極の祖先なのか……謎だらけだ。

海洋地殻はプレートとともに生成し、海溝からマントルへ沈みこんでしまう。マントルをプレートで混ぜているわけだが、いったいどういうプロセスなのか。

地殻は、マントルでできた玄武岩質マグマが固まったり、その玄武岩マグマから派生した安山岩や花崗岩、それらが削剥《さくはく》されてできた堆積岩など、密度の低い岩石でできている。


術に即して提案されたもの。科学目標は、①マントル物質の直接採取、②海底からモホ面までの海洋地殻完全掘削と地殻形成過程の解明、③海洋プレートと海水との反応過程解明、④地下生命圏限界の探求——の四本柱がある。

いっぽうプレートは、剛体《ごうたい》としてふるまう固い岩石の板状の部分をさし、地殻よりも厚く、およそ一〇〇キロ程度の厚さがあると考えられる。プレート下部の大部分は、その下のマントル——柔らかく、対流する部分——と、基本的な化学組成はおなじかんらん岩だが、冷えたり水分が抜けたりすることで、より固い性質をもち、マントル対流にのっかって移動すると考えられる。多少ちがいはあるが、牛乳を温めたときにできる表面の膜のようなものを想像するとわかりやすいだろう。

生命ある惑星、地球に必須の水や炭素はどのように循環しているのか。海洋プレートがマントルに沈みこんでしまう時間は長くて二億年と見積もられるが、マントルがどのくらい混ざりあっているのかよくわかっていない。

地球化学的推論ではマントルの不均質を示す証拠があるが、地球物理学は、いまだそれを証明できていない。われわれの現在の地球観は、五〇年前とは大きく異なっているが、進歩があったぶんだけ新たな疑問が投げかけられてくる。

地震や火山現象も、海洋プレート作用があっての現象である。ところが、この海洋プレートの実態は、海底下にあるためほとんどわかっていないのが現状だ。マントルは、力学的には緩衝剤のような役割を果たすが、地震を起こす地殻応力にはどのように作用しているのだろうか。

医療の分野で初歩的なレントゲンがCTスキャンなどへと進化し、さらに小型の内視鏡が開発されたことによって人体の内部を目視観察できるようになったように、地表での物理観測データをもとに、掘削という手法で地球内部を直接観察しようとしている。いったんその実体を目にすれば、その後はレントゲンに映った影の意味をより理解できるようになるだろう。

直接的な課題は、海洋地殻の実体解明だ。モホ面を境に、地震波速度は不連続に変化する。その変化をつくる地質学的要因を、物質（岩石）を手に入れて確認することができれば、地表からの観測で入手しうる地球物理学的データを解釈するうえで、決定的な物証となる。いったん物証が手に入れば、他の地域においても、その場の地質をある程度推定することができるため、将来的に海洋モホ面全体への応用も可能になる。いまだに手にしたことのない領域を想像し、現時点で手にしているデータを駆使して、推定した現場から新たに試料やデータを採取することで、地球内部に広がる世界を展望する可能性が、海洋科学掘削には秘められている。未踏の科学に挑む若い研究者の想像力、創造力がおおいに羽ばたくことを期待する。

阿部なつ江（あべ・なつえ）

はじめてのフィールドは、大学三年次の進級論文調査。能登半島において三週間、グループで調査をおこなった。また、はじめての調査航海は、博士号取得直後の「ODP Leg 173」で、初乗船にしていきなり国際プロジェクトに参加し、本稿に記したとおりおおいに刺激を受けた。専門は岩石学、海洋底科学。国立研究開発法人海洋研究開発機構・海洋掘削科学研究開発センター・マントル・島弧掘削研究グループ・主任技術研究員。金沢大学大学院客員准教授。

■わたしの研究に衝撃をあたえた一冊『四次元の世界　超空間から相対性理論へ』

＊　＊　＊

高校時代、サイエンティストになりたいと考えはじめていたころ、兄の本棚から拝借して読んだ。相対性理論にはじめてふれた本。高次元から低次元の世界を俯瞰する発想や、光の速度を尺として、世界を測るものさしについて、はじめて意識した。自分の頭の中が宇宙空間のような無限の広がりをもっているように感じて、このときの衝撃とワクワク感が、地球の中を立体的にのぞき、正確に測りたいという現在の研究の根源的な好奇心につながっていると考えられる。

都筑卓司
講談社ブルーバックス
一九六九年（新装版二〇〇二年　※書影は新装版）

末廣　潔（すえひろ・きよし）

一九七四年の伊豆半島沖地震の余震観測につれていかれたのが、はじめてのフィールドワークであった。博士論文（一九八〇）を既存の陸上地震観測データにもとづいて書いたが、観測ができていない海域にほんとうにほしいデータがあると認識。その後、東大、東北大、千葉大、ＪＡＭＳＴＥＣに身をおき、海域での観測を充実し、高品質なデータを得ることを追求してきた。最近（～二〇一三年）は海洋科学掘削の推進に国際的にかかわってきた。ＪＡＭＳＴＥＣ上席研究員兼東京海洋大学客員特任教授。

＊　＊　＊

■わたしの研究に衝撃をあたえた一冊　*Plate Tectonics and Geomagnetic Reversals*

一九七〇年代はプレートテクトニクスがみるみる科学界に受け入れられていったころだった。当時大学院生であった自分にとってわくわくする時代であったが、それまでの常識をどう捨てて何を信じていいのか、不安なときでもあった。そのころあたらしい地球のみかたを示したオリジナル論文をまとめて解説をつけた本が出版された。疑問が疑問を生んで科学が進むというサイクルに自分も入ろうとしていたときに、この論文集は大きな指針ともなった。

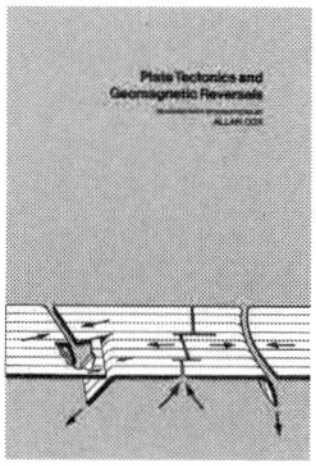

Allan Cox編
W. H. Freeman
一九七三年

観測を支援する技術

――蓮本浩志

1　海洋学と海洋観測のはじまり

海上の気象や海流、海水温の観測は、航海の安全をはかるために一九世紀ごろからおこなわれていたが、地球規模での観測が最初におこなわれたのは、一八七二年から七六年にかけてのイギリスのチャレンジャー号による世界一周探検航海によってである。チャレンジャー号がイギリスにもち帰った膨大な生物サンプルや海水、海底の堆積物や岩石類は、二〇年あまりの歳月を費やして分析され、五〇巻にもおよぶ報告書が刊行された。この研究成果によって海洋学の基礎が築かれ、ノルウェーの探検家フリチョフ・ナンセンが一八九三年から九六年にかけておこなった北極探検によって、今日の海洋観測の技術が確立された。

2　日本の海洋学の発展

日本では、一九四一年に日本海洋学会が発足し、一九六二年に、東京大学に文部省（当

チャレンジャー号による世界一周探険航海　足かけ四年をかけて太平洋、大西洋、インド洋、南極海の科学的探検航海をおこない、海底・海洋生物、海水温などを調査した。多くの発見をして、海洋学の基礎をつくった。

フリチョフ・ナンセン　一八六一―一九三〇年。フラム号で北極探検をおこなった際、自身で考案したナンセン採水器を使って深層を調査した。そして、北極は、南極とはちがって大陸ではなく、海面が氷におおわれていることを発見した。

時）管轄の海洋研究所（現・東京大学大気海洋研究所）が設置された。そして、学術研究船として一九六三年に「淡青丸《たんせいまる》」（二五七トン）が、四年後には「白鳳丸《はくほうまる》」（三二〇〇トン）が建造された。また、一九六三年から六九年にかけて、気象庁の「啓風丸《けいふうまる》」、海上保安庁の「明洋《めいよう》」、気象台の「高風丸《こうふうまる》」、防衛庁の南極観測船「ふじ」、東京水産大学の「神鷹《しんよう》丸《まる》」「青鷹丸《せいようまる》」、東海大学の「東海大学丸」、その後、一九八一年に海洋科学技術センター（現・海洋研究開発機構＝ＪＡＭＳＴＥＣ）の有人潜水調査船「しんかい２０００」が建造され、観測技術の大きな発展が見られた。

この発展のきっかけとなったのが、アメリカのスクリップス海洋研究所が所有する海洋観測船「ベアード号」の日本への寄港（一九五三年）である。

戦後はじめてアメリカから訪れた海洋観測船だったため、函館、東京、神戸の港に入ったベアード号を見るために数千人の人が訪れ、当時の日本の若き海洋学者たちは、大きな関心をもってベアード号を迎えた。同船を見学するとともに、短期間ではあったものの乗船し、ベアード号の機材を使って実際に海洋観測をおこなう幸運にも恵まれた。

のちに東京大学海洋研究所で筆者がお世話になった中井俊介先生（故人）によると、ベアード号の船橋《せんきょう》には、レーダーはもとより電波によって船の位置をわりだす**ロラン**があり、実験室には海底の地形を調べるための**音響測深機**やソナー、回収したサンプルを船内で分析するためのさまざまな化学分析用機器類が積みこまれていた。甲板上には大型ウィンチが設置され、ワイヤーの長さは一万二〇〇〇メートル以上。**テーパドワイヤー**を使用していて、大型の採泥器、採水器、ネット類が積まれていたという。船を見学した日本の海洋科学者たちは、日本の海洋観測船の装備・技術の遅れを痛感し、戦後日本の海洋研究

ロラン
Long Range Navigation
電波を利用した双曲線航法システムで、船の位置を出す測位システム。

音響測深機
音波を使い、発信音が海底からはね返ってくる時間によって海の深さを測る機器。

テーパドワイヤー
ワイヤー自体の重さを考慮して、先端から根元にかけて太さが増していくようにつくられたワイヤー。ウィンチワイヤーの長さにもよるが、先端が一〇ミリでじょじょに太くなり、根元では二〇ミリ程度の太さになる。

に邁進し、今日の発展の礎を築いたのである。

3　なぜ、採水をおこなうのか

海洋観測では、各専門分野（海洋物理、海洋化学、海洋生物・水産、海洋地質）によって使用機器が異なるが、研究の基礎となる海中の各層における水温や塩分濃度、水深などのデータを集めるために、まずおこなわなければないのが採水である。これらは海流の動きを決める大きな要素であるためで、海流の変化が地球の気象にも海洋生物の生長にも大きな影響をあたえることは自明である。また、海洋化学分野では採水した海水の分析が必須で、海水内に溶けこんでいる種々の物質の存在量、存在形態をあきらかにして、物質の循環や生物過程を究明する研究もおこなわれている。

採水をはじめとした海洋観測では、一か所の観測をするだけでも約二時間半〜三時間を要するので、観測船は昼夜を問わず航行し、観測地点に到着したら夜中でもただちに観測をはじめる。そのため、観測を支援する甲板作業では、研究者、士官、甲板員、機関員の相互の協力は欠かせないものとなっている。研究者であっても船員とともに三交代制（〇〜四時、四〜八時、八〜一二時）のワッチ（ｗａｔｃｈ：見張り当直）に組みこまれ、自分の観測目的とは関係なくとも、他人の観測や仕事を手伝うのが習わしとなっている。甲板作業のほかにも船内作業（機器の整備、点検、データ解析）があり、それぞれの協力で観測作業は成り立っている。

4　採水のための道具

北極探検をおこなったナンセンは、みずから採水器を考案して北極海深層部の海水を採集、転倒式水銀温度計を用いて深層部の海水温と水圧（水深）とを観測した。ナンセンの考案した「ナンセン採水器」（写真1）は、メッセンジャー（海中に投入する金属製の物体で、ワイヤーにはめこんで走らせる）があたると筒が回転しながら上下の蓋がとじられ、中に水をとじこめる。さまざまな深度の海水を自由に採集できるので、一九七〇年代まではこの採水器が使われていた。だが、ナンセン採水器の筒は金属製のため、採水した海水に金属イオンが溶出することがわかり、七〇年代以降はしだいにニスキン採水器（写真2）が使われるようになった。

ニスキン採水器は、円筒体の上下に蓋がついており、筒内をとおしたゴムの張力を利用

転倒式水銀温度計
ナンセン・ニスキン採水器にとりつけられる。ある深度まで到達すると、メッセンジャーを使って温度計を転倒させる。温度計は転倒することで水銀を切り、その深さで測った温度を固定するしくみになっている。

写真1　ナンセン採水器

写真2　ニスキン採水器

して蓋を閉めるしくみになっている。船上で蓋についたワイヤーを本体のフックにひっかけて蓋が開いた状態を保持してから海中に投じ、メッセンジャーによってフックをはずして蓋を閉め、深層の海水を筒内にとじこめて採取する。ニスキン採水器は塩ビ製で軽いという長所もあったが、筒内にゴムを使用しているため、ゴムから溶出する化学物質があり、正確な化学分析ができないことがわかり、現在では筒内にゴムをとおさないかたちの**レバーアクション採水器**や**ゴーフロ採水器**、Xニスキン採水器が使われるようになった。これらの採水器を使えば、水深一〇〇メートルくらいまでなら、人力でもかんたんに採水をおこなうことができる。

いっぽう、一気に複数層の海水を採取する必要がある場合は、円形の枠に複数の採水器をとりつけたキャローセル採水装置とCTD（Conductivity＝電気伝導度、Temperature＝温度、Depth＝水深――の略称）センサーとを組み合わせて「CTD多筒採水装置」（写真3）として使用する。船上から水温や塩分濃度をリアルタイムでモニタリングしながら採水をおこなえるほか、蓋の開閉は電動式で、任意の水深で海水を採取できるようになっているのも、CTD多筒採水装置の特長である。

採水作業に先立ち、CTD多筒採水装置にアーマドケーブルワイヤー（船上から機器に電気信号を伝える、心線をワイヤーで被覆したケーブル）をつないで連結させるのだが、この作業はたいへん重要で、おろそかにすると機器の落失につながる。CTD多筒採水装置は

写真3　CTD多筒採水装置
この採水装置には、12リットルのニスキン採水器が24本とりつけられており、6000mまでの採水が可能。CTDセンサーを耐圧にすぐれた深海用に交換すれば、10000mまで採水することができる

レバーアクション採水器
この採水器は、外側に強力なバネを使用している。構造は複雑。採水器をセットするときは蓋の部分の取手に力をいれて開けるので、閉めるときに筒にぶつかり、壊れることがある。

ゴーフロ採水器
ボールバルブ式の開閉装置

採水するとかなりの重量になるため、強度のある「チタンアーマドケーブルワイヤー」を用いるのが一般的だが、これは通常の鋼線アーマドケーブルワイヤーに比べて曲がりに弱いため、つり金具をとりつけるのは熟練を要する。また、ケーブルをＣＴＤ多筒採水装置につなげるときには、ケーブルの電蝕をふせぐために中継ボックスを使ってケーブルに流れる電流のプラスとマイナスを変換し、ケーブルの部分では心線にマイナス、外装にプラスの電流を流すようにする（チタンケーブルの場合）。

あるとき、ゴーフロ採水器を三六本装着したＣＴＤ多筒採水装置で観測をはじめたところ、だれも想像していなかったことが起きたことがあった。甲板士官の号令で採水装置をウィンチでまきあげ、水面に降ろしたのだが、沈んでいくものとばかり思っていた採水装置が水面に浮いて波間にただよったのだ。さすがにみんな驚いて、笑いだした。考えてみると、ゴーフロ採水器はバルブを閉めて海中に投じるので、三六本の採水器の中には空気が入ったままである。その浮力が機器全体の重さよりも大きくなってしまった。はじめての経験である。すぐに船上に引きあげて採水器のバルブを開け、再度観測をおこなった。

5　各層採水の手順

キャローセル採水装置ではない採水器を用いての、海中各層から海水を採取する手順について紹介する。作業は、甲板で採水器をとりつける人（甲板員）、数人の採水器を運ぶ人（研究者）、チェックする人（研究者班長）、ウィンチマン（機関員）、甲板士官（船の操船、甲板作業の監督）が協力しあって進められる。

で、海表面の汚れが筒内を通過しないようにくふうされている。最初に海中に入れるときはバルブを閉めたまま投入する。一〇メートルほど沈むと水圧でバルブが開き、海水が入る。

Xニスキン採水器
現在、はば広く使用されている採水器。外側にバネを使用しているが、セットは比較的容易。蓋も簡便で、破損してもすぐに交換可能である点がすぐれている。

ケーブルの電蝕をふせぐ
水中にある金属物体に電流が流れると、電気分解によって腐食される現象が起こる。これは海水と外装の電位差の問題で、イオン化傾向の強い金属から弱い金属に電子が移動し、電荷を失った金属が溶けだすために腐食が起こるので、ケーブル部分の極性を反転させることによって、電蝕を小さくしている。

最初にワイヤーの先端に錘《おもり》をとりつけ、そのすぐ上にピンガーと呼ばれる発信器をとりつける。さらに、必要な採水層（〇、二〇、三〇、五〇、七五、一〇〇、一二五、一五〇、二〇〇メートル……最深層）ごとに採水器をとりつける。

ワイヤーのくりだしが最深層に到達したら、採水器の蓋を閉めるためにメッセンジャーと呼ばれる錘を投入する。メッセンジャーはワイヤーを伝って落下し、それぞれの採水器の蓋を閉めながら最深部に到達する。メッセンジャーがピンガーにあたると、それまで一秒間隔で音波を出していたピンガーが〇・五秒間隔で音波を発信するようになり、メッセンジャーが最深部までとどいたことがわかるようになっている。

海底の上何メートルで採水したかを確認して、採水器のまきあげがはじまる。採水器は順次揚収し、転倒温度計を読んで、それぞれの採水器の深度と温度を記録する。数字の読みかたは、聞きまちがいがないように一を「チョイ」、二を「フタ」、八を「パアー」などというのが決まりである。

観測作業は細心の注意をはらいながらおこなわれるが、突然の横波によって作業中の船に大量の海水がとびこみ、甲板上を海水が川のように左右に流れたこともあった。作業をしている人たちは流され、甲板上を泳ぐ人、天井につかまって波をよける人もいた。流された人のなかには、運悪く鉄柱にぶつかって肋骨にひびが入った人もいた。

6　大量採水器

海洋化学分野における採水では、微量の化学物質を分析するために多量の海水が必要である。しかし、ＣＴＤ多筒採水装置では最大でも採水器一筒あたり二〇リットル程度しか採取できず、採水作業に困難がともなった。そのため、採水器一筒あたり二五〇リットル程度が採取できる大量採水器（写真４）がつくられた。この大量採水器は、採水器一筒が大人の背丈ほどもある大きなもので、採水器の蓋を閉めるためにはＧ剤と呼ばれる一種の火薬を使って高圧ガスを発生させ、その力で蓋を閉めるようになっている。

大量採水器の準備作業には、デジタル転倒温度計・圧力計、ピンガーのとりつけ、蓋を開閉するためのＧ剤のセッティングなどがある。無機化学分野の観測航海では、Ｇ剤をセットしているときに突然暴発し、目にけがをした研究者が出たことがあった。幸い大事にはいたらず、ほっとしたことを覚えている。機材をセッティングしたあとは、船尾甲板上に備えつけられたクレーンの一種である大型油圧式起倒式Ａフレームで採水装置をつりあげ、海中に降ろす。

写真４　大量採水器
250リットルの採水筒を４筒たばねたもので、１回の観測で１トンの海水を採水することができる

大量採水器の重量は、海水が入ると二トン以上になる。ワイヤーのくりだし・まきあげ速度を一メートル／秒で計算すると、水深六〇〇〇メートルの観測の場合、海底直上まで降ろすのに六時間強かかる計算になる。深さ別に何回か降ろすので、観測時間は長くなる。採水器があが

ってくると、大量の海水を筒から貯水槽に移すため、ポンプを使って海水を抜く。

7　生物採集のためのネット

海洋に生息する生物の生理生態・行動を研究する海洋生物学の分野においては、プランクトンや底生生物の捕獲と観測がおこなわれており、採集するプランクトン、ネクトン（浮遊生物）の種類によって「ノルパックネット」「ＩＫＭＴネット」「ＶＭＰＳネット」などのネットが使いわけられている。

ノルパックネット（North Pacific Standard Net＝北太平洋標準ネット　写真5）

筒円錐型のプランクトンネットで、比較的小さな動・植物プランクトンを同時に採集することができる。

〇〜一五〇メートルの鉛直曳き（ネットを垂直に曳く）でターゲットを採集する。ネットの口径は四五センチで、網目の大きさは〇・一ミリ目と〇・三三ミリ目のダブルネットになっており、ネットの先端にサンプルをためるためのアイマと呼ばれる器具がついている。このネットは定点観測に向いており、種の季節変動を見られる点ですぐれている。

観測技術的にはかんたんで、二、三人でできる作業である。甲板のウィンチを使ってネットを海に降ろす→ワイヤーの傾角を測り、

写真5　ノルパックネット

指定の深さ（一五〇メートル）に到達するようにワイヤーをくりだす→まきあげ時にネットが見えたところでウィンチマンに知らせ、引きあげ滑車までの距離を教える→滑車の近くでウィンチをとめ、海水ホースでネットを洗い流した後、サンプルのたまったアイマから中身を瓶に入れ、ネットは船上に揚収する。

ＩＫＭＴネット（Isaacs-Kidd Midwater Trawl＝中層トロールネット　写真6、図1）

中深層性のマイクロネクトン（稚魚などある程度遊泳力のある海洋生物）を水平曳き（ある一定の深度で水平にネットを曳く方法）または傾斜曳き（ある深さから斜めに、深いほうから浅いほうへとネットを曳き、水面まで曳いてネットを揚収する）して採集するためのネットである。一九七三年からはじまったウナギの産卵場調査では、おもにレプトセファルス（葉《よう》形《けい》仔《し》魚《ぎょ》）の採集に用いられている。

調査では、夕方から翌朝まで、このネットの傾斜・水平曳きの作業が毎日くり返される。とれたサンプルは研究室に運び、すぐにソーティング（目的の種をピックアップすること）して、顕微鏡で採取されたレプトセファルスの

写真6　IKMTネット

図1　IKMTネット模式図

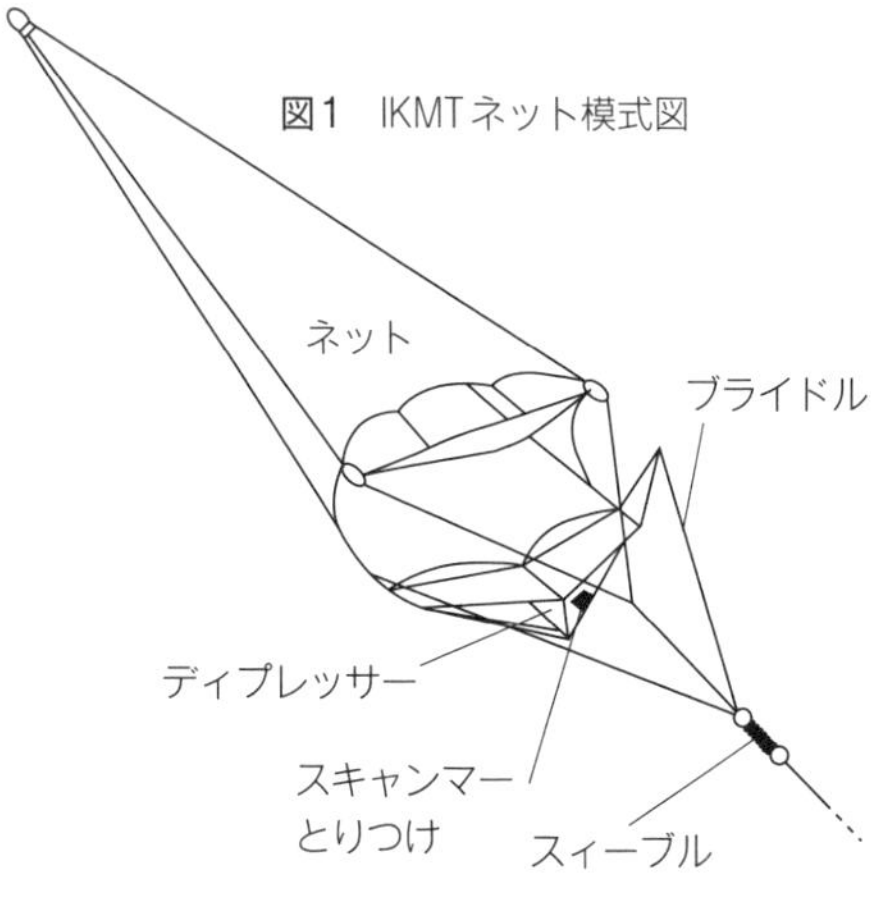

筋節数《きんせつすう》を調べてニホンウナギのレプトセファルスか否かを判定することもおこなわれる。研究スタッフはいずれも昼夜交代で顕微鏡をのぞいた。

このウナギの産卵場調査では、最初、台湾東方海域で体長五〇ミリのレプトセファルスが採取された。その後、学術研究船「白鳳丸」によってウナギ産卵場の調査航海がはじまり、サイズの小さいレプトセファルスの採取をめざして数多くの航海が組まれた。フィリピン東方海域から、さらに西側の海域へと移っていくにつれて採集されるレプトセファルスのサイズは小さくなり、一九九一年に二〇ミリ前後のレプトセファルスが一〇〇〇尾採取採集されたとき、研究者、船側乗組員ともども、その成果に大喜びをした記憶がある。そしてその後、一〇ミリ程度のレプトセファルスとウナギの卵が採取され、ウナギの産卵場を特定することができた。

VMPSネット（Vertical Multiple Plankton Sampler＝鉛直多層式開閉ネット　写真7）

鉛直に四層（たとえば、〇〜二〇〇メートル、二〇〇〜五〇〇メートル、五〇〇〜七五〇メートル、七五〇〜一〇〇〇の層）のプランクトンを採集するためのネットである。アーマドケーブルをまいたウィンチを使用し、船内の研究室に設置されているコントローラから指令を送り、ネットの開閉をおこなってサンプルを採取する。

モクネスネット（MOCNESS NET＝多段開閉式ネット　写真8）

曳航式試料採集システムで、海面表層から中層にかけてネットを曳き、目的深度でネットを開閉して各層で動物プランクトンやマイクロネクトンを採集する。専用の可搬型ウィンチが使われていて、船上局からネットの開閉を制御する。採集現場の温度、塩分、深度を同時に記録する機器がとりつけられており、網口が一メートルと四メートルのものがある。専用のウィンチとアーマドケーブルが用いられ、船内には専用のコンピュータとコントローラが用意されている。ネットの組み立てには数人以上が必要となる。スィーブルスリップリングのとりつけ、水中コネクターの接続、枠とネットの組み立てなどは経験を要する。

ビームトロール（Beam trawl nets　写真9）

このネットは、海底面をひっぱって底生生物を採取するときに使われる。むかしは、深

スィーブルスリップリング　わかりやすくいえば、撚《よ》りもどし。ワイヤーの撚りをとるために回転させるが、電気信号はそのまま機器から船内まで通じるようにつくられているので、海中で機器が回転しても信号は途切れない。

水中コネクター　アーマドケーブルと機器を

写真7　VMPSネット

写真8　モクネスネット

写真9　ビームトロール

海には生きものはいないと思われていたが、水中カメラに映った画像や深海トロールで生物が採取されたことから深海にも生物が生息していることがわかり、深海生物の研究がおこなわれるようになった。現在でも新種が採集され、今後も新種が見つかる可能性が多い。

一九六八年八月の淡青丸航海では、ビームトロールを使っての、海底に眠っているナウマンゾウの化石採取の調査がおこなわれた、海域は日本海の沿岸、水深二〇〇メートルほどのところ。この時期はまだズワイガニの禁漁時期であったが、特別採捕の許可をもらって調査を実施した。

残念ながら、この航海ではナウマンゾウの化石はとれなかったが、網をあげるたびにズワイガニが入ってきた。はじめは、数匹の個体をサンプルとしてとって、生きているものは海にもどしていた。しかし、弱っているカニを海にもどしても、いずれは死んでしまう。食べてしまうほうがいいだろうということになり、研究者、船員一同、大喜びでカニを食べた思い出がある。

ビームトロールは海底をひっぱるので、岩などにひっかかり、ネットが破れたり、筐《きょう》体《たい》が曲がったりすることがある。そんなときには、機関員が溶接機やハンマーを駆使して修理する。船に搭載している機器、部品などは限られていて、出港して航海に入ると補充できないことも多い。修理、補修は、すべて船内にある機材を使っておこなわれる。予備の機器は常に用意してもっていくべきだ。

電気的につなぐこと。また水中の機器どうしをつなぐときにも使われる重要な部品。

8 採泥器類

ひとくちに採泥するといっても、表層数十センチの部分の土を集めることから、何メートルにもわたって柱状に採泥することまである。そして、研究目的によって最適な採泥器が選ばれる。表層数十センチの採泥では、表層付近の化学物質（カドミウム化合物、ヨウ素、放射線量）などの濃度を把握する。また生物的には、バクテリア、微小生物、貝殻等の分布を把握することが重要な研究目的になる。柱状に採泥したコアからは、堆積層の状態で地球の歴史を読みとることができる。たとえば、過去の地球の気候変動、磁場の反転などが何万年くらい前に起こったのかなどがわかるのだ。また鉱物資源、希少金属（レアアース泥）の発見なども、その成果としてあげられる。

マルチプルコアラー（Sediment Multiple Corer　写真10）

泥を撹拌せずに海底から試料を採取することができ、海水と海底境界面の研究には有力な採泥装置である。柱状式採泥器は、表層部から四〇センチくらいのコア（柱状に切りとった堆積物試料）を六～八本まとめてとることができる。とったコアは、研究目的別に研究者に試料として一～二本が配分される。研究者は、コアを押しだしながら数センチごとに輪切りにし、深さ別に保存した後、微生物、生物、化学物質の成分、間隙水《かんげきすい》などを分析する。

写真10　マルチプルコアラー

ピストンコアラー（Piston corer　写真11）

海底の泥を柱状の状態で採取するための機器（採泥器）である。一本五メートルのアルミ採泥管をつなぎあわせて通常一〇メートルまたは一五メートルの長さにし、表層から一〇～一五メートルのコアを採取する（いまでは二〇メートルのものも試みられている）。

ピストンコアラーには、パイプ内にピストンがとりつけられ、パイプを堆積物に押しこむ力と、ピストンが堆積物を吸いあげる力とのバランスがうまくとられており、堆積物を攪乱せずに層状を保ったまま採取することができる。

採取したコアは半分に切られ、堆積物を観察し、堆積物の年代測定をおこない、過去数百万年間にわたる地球環境変動の解明に使われる。陸上で風化した岩石の破片、火山灰、海中生物の遺骸、堆積物中の有孔虫などの多寡など堆積物の状況で、その時代の環境が推測できるためである。またコアの磁場を年代別に測ることによって、地球磁場の逆転現象が起こっていることもわかってきた。

自航式サンプル採取システム（Navigable Sampling System　写真12）

ピストンコアラーとおなじく採泥作業をおこなうが、特筆すべきは、ピストンコアラーの横に深海ＴＶカメラがとりつけられていて、海底のようすを見ながらピンポイントでの採泥がおこなえるということ。

写真11　ピストンコアラー

採水と同時に、温度、塩分、深度の計測もおこなうことができる。ただし、システムを稼働させるためには大がかりなセッティングが必要で、ピストンコアラーをつりさげる部分の機器（ビークル）だけでも空中重量で一二五〇キロもあるうえに、ピストンコアラーの錘（五〇〇～九〇〇キロ）があり、さらにケーブルの自重が加わるので、大きなケーブル強度が必要になる。まきあげウィンチも大型で、大がかりな装置一式になるため、装備して使える観測船は限られている。

地球深部探査船「ちきゅう」（写真13）

海洋研究開発機構が所有する採掘船。科学掘削船では世界ではじめて、海洋石油採掘に利用されているライザー掘削システムを採用している。科学掘削船では世界最高の掘削能力をもち、水深二五〇〇メートルの深海から地底下七五〇〇メートルまで掘削することができる。マントル物質や巨大地震発生域の試料を採取でき、統合国際深海掘削計画として二〇一三年九月一三日から翌年一月二〇日までのあいだ、地球深部探査船「ちきゅう」による第三四八次研究航海「南海トラフ地震発生帯掘削計画」が実施された。

＊　＊　＊

ここまで甲板作業機器の話をしてきたが、このほかにも海洋観測に

写真12　自航式サンプル採取

写真13　地球深部探査船「ちきゅう」

おける船内での支援作業は多くある。たとえば、観測点から観測点までの距離計算をおこなって次の観測点までの到着時間を計算し、昼か夜かに着くかによって観測項目の順番を決め、観測予定表を作成して船内に伝える業務。海水の分析（栄養塩＝硝酸、亜硝酸、シリカ、リン、アンモニア）、塩分の測定、酸素の測定、観測結果の整理、レポート作成などの業務。

船内では二四時間体制で仕事がおこなわれている。今後も、研究者の要望・考案などを考慮した、さらにあたらしい観測機器の開発が進んでいくと思われる。

蓮本浩志（はすもと・ひろし）

一九六七年、東京大学海洋研究所に入った。この年に研究船白鳳丸が竣工し、淡青丸とともに本格的な観測業務がおこなわれるようになった。観測業務に関しては各分野の研究航海に乗船し、乗船日数も三七一三日になった。

＊　＊　＊

■わたしの研究に衝撃をあたえた一冊『海洋時代』

現在では未来学という学問分野はないが、地球環境的に見ると、いま人類はおそろしい時代を迎えようとしている。未来にたいする考察が非常にたいせつで、学問的にこれを築きあげることが求められている。この本は、現在の海洋科学がかかえる問題点などを当時からしっかり予想しており、興味深い。

ライザー掘削システム
海洋石油掘削に使われている技術で、ライザーパイプの内側には地層を掘り進むためのドリルパイプがあり、船上のポンプから特殊な液体をドリルパイプ内に送って孔底まで流しこむ。孔壁とドリルパイプのすきまをとおしてこの液体を循環させることによって、数千メートルまで掘削することができる。

速水頌一郎著
東海大学出版会
一九七四年

あとがき

赤坂憲雄

数千メートルの深海の底に、いかなる世界が広がっているのか。星空のようだと聞いて、八〇〇〇メートル級のエベレストの山々の頂きは、まるで深い海の底のようですよ、という若き登山家の言葉を思い出した。平凡な日常の生活世界からは、ともにはるかに隔絶した異界と呼ぶしかない世界である。すくなくとも、わたしはついに深海に降り立つことも、エベレストに登ることもないだろう。

民俗学者にとっての海とは、ほぼ渚や浜辺にかぎられる。そこは豊かなフォークロアの宝庫である。海の彼方には、懐かしい異郷があると信じられている。亀の背中に乗って、海の底の竜宮城を訪ねた浦島太郎の物語があるが、これとて浜辺がはじまりの場所である。海の神が島や海辺の村々を訪れる晩には、祭りや神楽が催されるだろう。浜辺に漂着する寄りものをめぐっても、さまざまなフォークロアが存在する。しかし、海の彼方や深い海の底は、じつはほとんど民俗的な想像力の届かない世界として放置されてきたのである。

ところが、興味深いことには、世界じゅうのさまざまな民族が語り継いできた創世神話のなかには、思いがけず、海の底からとってきた泥から世界や人間を創ったと語るものが多いのである。対談のなかでもひとつの例を紹介しているが、わたしはそれが、地球上における生命の誕生の物語とはるかに繋がっているような妄想に、最近はとり憑かれているのである。深海という環境が、生命が誕生した四〇億年前の地球環境に似ていることから、そこでの生命のあり方が起源の問題とからんで注目されているようだ。

　それにしても、わたしにとって、海洋学というのはまったくの未知の領域である。だから、白山義久さんとの対談はたいへん興味深いものであった。そもそも理系の学者の言葉遣いそれ自体が、生粋の文人かたぎのわたしには、時折エイリアンめいて感じられる。逆もまた真なり、ではあろうが。

　そして、わたしたちのフィールドワークが身ひとつの地理的な移動にすぎないのにたいして、海洋学のフィールドワークは大がかりな調査船や深海潜水船や機材などなしには不可能なものである。莫大な予算も必要とされる。ここでもまた、対極的な研究領域なのである。その意味合いでは、つねに調査や研究の意義について、とりわけ社会的な貢献といったことがあらわに求められ、説明責任が問われるにちがいない。

　海は依然として、わたしたちには神秘に満ちた世界であり続けている。そこから、生命の起源にまつわる謎がほどかれてゆく可能性があると同時に、さまざまな資源が豊かに埋もれている場所としても注目される。それゆえに、ときにはきな臭い国際政治のつばぜり合いがおこなわれる場所ともなる。そういえば、一九五四年につくられた初代の『ゴジラ』という映画は、太平洋の深海に棲息していた恐竜が水爆実験の放射能を浴びて、怪獣・ゴジラに変身するという設定ではなかったか。そのゴジラは、太平洋上に浮かぶ島では、海の彼方から幸福と災厄をもたらす民俗的な海の神としての顔ももっていた。

　わたしたちの生きている現代はあるいは、身の丈の民俗知と、巨大なテクノロジーを抱いた海洋学の知とが、思いも寄らぬ出会いを果たす、そんな可能性に満ちた時代でもあるのかもしれない。フィールド科学はいま、新しい未知への扉を開きつつあるのだと思う。

■編者紹介

白山義久（しらやま・よしひさ）

海洋生物学者。東京生まれ東京育ちだが、子どものころは夏のほとんどを母の実家の三重県ですごした。海洋生物学をめざしたのは、大学一年のときに沖縄のサンゴ礁を見たときから。その後、深海の研究に移り、研究船のデッキで、思索にふけるのを至上の喜びとしていた。和歌山県白浜町にある京大臨海実験所にいたときは、海岸から夕日をながめるのが楽しみだった。京大フィールド研のセンター長時代に、森に入る楽しみにはまって、いまでは週末に木を切るのが趣味になっている。

■わたしの研究に衝撃をあたえた一冊『大地』

パール・バックのこの小説に描かれた世界は、都会っ子の自分に、自然と対峙しながらの暮らしのきびしさと自然の驚異とを、そして人間の強靭さを、文字だけで鮮烈に伝えてくれた。人類が大自然の中のほんの小さなかけらにすぎないことを自覚して、その後の自然のみかたがまったく変わってしまった名作である。海洋学をめざしたきっかけとはなっていないが、東京砂漠に暮らす少年が自然科学をめざすようになったきっかけをあたえてくれたのは、まちがいなくこの小説だった。

パール・バック著
新居格訳　中野好夫補訳
新潮文庫（全四冊）
一九五三年（小野寺健訳
岩波文庫、一九九七年）

＊　＊

赤坂憲雄（あかさか・のりお）

わたしはとても中途半端なフィールドワーカーだ。そもそも、どこで訓練を受けたわけでもない。学生のころから、小さな旅はくりかえしていたが、調査といったものとは無縁であった。三十代のなかば、柳田国男論の連載のために、柳田にゆかりの深い土地を訪ねる旅をはじめた。それから数年後に、東京から東北へと拠点を移し、聞き書きのための野辺歩きへと踏み出すことになった。おじいちゃん・おばあちゃんの人生を分けてもらう旅であったか、と思う。

■わたしの研究に衝撃をあたえた一冊『忘れられた日本人』

一冊だけあげるのは不可能だが、無理にであれば、宮本常一の『忘れられた日本人』だろうか。宮本の〈あるく・みる・きく〉ための旅は独特なもので、真似などできるはずもなく、ただ憧れとコンプレックスをいだくばかりだった。民俗学のフィールドは、いわば消滅とひきかえに発見されたようなものであり、民俗の研究者たちはどこかで、みずからが生まれてくるのが遅かったことを呪わしく感じている。民俗学はつねに黄昏を生きてきたのかもしれない。

宮本常一著
岩波文庫
一九八四年（未來社、一九六〇年）

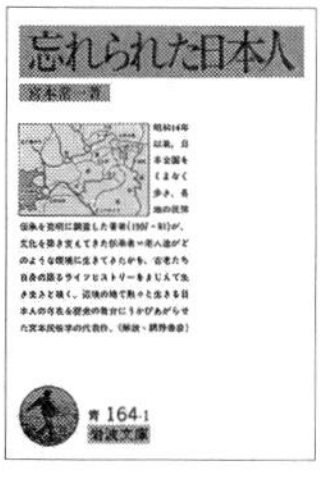

フィールド科学《かがく》の入口《いりぐち》

海《うみ》の底深《そこふか》くを探《さぐ》る

2015年9月25日　初版第1刷発行

編　者――――白山義久　赤坂憲雄

発行者――――小原芳明

発行所――――玉川大学出版部

〒194-8610　東京都町田市玉川学園6-1-1
TEL 042-739-8935　FAX 042-739-8940
http://www.tamagawa.jp/up/
振替：00180-7-26665
編集　森　貴志

印刷・製本――モリモト印刷株式会社

ISBN978-4-472-18204-4　C0040 / NDC452

装画：菅沼満子
装丁：オーノリュウスケ（Factory701）
編集・制作：株式会社 本作り空Sola